「十三五」普通高等教育
本科部委级规划教材

服装艺术设计

第2版

刘元风　胡月　主编

U0241667

中国纺织出版社有限公司

国家一级出版社
全国百佳图书出版单位

内 容 提 要

本教材是原普通高等教育"十五"国家级规划教材之一，立足于现代服装艺术设计教育及国内外服装产业对人才的需求，从艺术设计理论、服装艺术设计规律、服装产业发展等综合角度，进行了全面、系统的阐述。

教材由三大部分内容组成，分别为服装设计的基础理论、创作要素以及服装的分类设计。内容充实，附有经典图例和案例分析，旨在培养学生全面掌握服装专业的相关理论知识和专业技能。

本教材适用于各类服装高校的专业教学，也适用于服装设计从业人员和广大服装爱好者学习和研究，有一定的参考价值。

图书在版编目（CIP）数据

服装艺术设计 / 刘元风，胡月主编 . --2 版 . -- 北京：中国纺织出版社有限公司，2019.11（2024.3重印）

"十三五"普通高等教育本科部委级规划教材

ISBN 978-7-5180-6449-6

Ⅰ.①服… Ⅱ.①刘… ②胡… Ⅲ.①服装设计－高等学校－教材 Ⅳ.① TS941.2

中国版本图书馆 CIP 数据核字（2019）第 155646 号

策划编辑：孙成成 责任编辑：谢婉津
责任校对：高 涵 责任印制：王艳丽

中国纺织出版社有限公司出版发行

地址：北京市朝阳区百子湾东里 A407 号楼 邮政编码：100124

销售电话：010 － 67004422 传真：010 － 87155801

http：//www.c-textilep.com

E-mail：faxing@c-textilep.com

中国纺织出版社天猫旗舰店

官方微博 http：//weibo.com/2119887771

北京通天印刷有限责任公司印刷 各地新华书店经销

2006 年 1 月第 1 版 2019 年 11 月第 2 版 2024 年 3 月第 4 次印刷

开本：787×1092 1/16 印张：19

字数：315 千字 定价：49.80 元

前言

　　服装艺术设计是高等院校服装专业教学中的核心课程，其内容涵盖了服装的基础理论、服装设计的形式法则、分类服装的设计要素以及与服装设计相关的多方面知识。

　　《服装艺术设计（第2版）》教材的编写，是在总结我国三十多年的服装教育理念和教学经验的基础上，吸纳国际上有益的教学内容与方法，结合国内外服装文化和产业的发展对于当代设计人才的实际需求，对服装艺术设计教学的相关知识进行理性的筹划和有序的整合，既注重专业基础理论的系统性和规范性，又重视专业教学的多样性和可操作性。同时，教材中贯穿和强化了国际视野、民族情怀、产业观念和专业精神四个方面的重要教学思想，以期培养学生高远的眼界和全面吸纳知识的能力。

　　高等教育中的艺术设计教育，其宗旨是培养学生的综合素质和专业能力。因此，在教材内容上除了通常的服装设计理论和设计的形式法则之外，增加了艺术设计的发展概述、艺术设计与市场营销、服装艺术设计的演变及其规律等内容，突出了服装的设计定位和创意思维，并强调了案例教学的启发和引导作用，从而拓展了当代服装艺术设计的教学内涵，强调了教学的时代性、人文性和应用性特色。期望通过本教材的指导，使学生尽快完成从理论到实践、从专业到产业的转化过程，明确专业学习的目标以及途径和方法，并能够培养学生勤于思辨、勇于实践、善于交流、乐于合作的良好学风，提升服装产业从业人员水平，增强其自信心和责任感，并因而致力于推动服装产业国际化。

　　为便于读者的学习和掌握，本书在各章节中穿插了相应的

"名师简介""品牌简介""专业知识窗""综合知识窗"四种小栏目作为主题内容的散点拓展。同时，在教材的每一章后面都附有精选的思考题和参阅书目推荐，意在丰富和充实学习内容，使读者深入专业思考并拓宽专业视野；另外，还提供了服装艺术设计教学课程的参考性课时数安排，这些均构成了本教材的特色。

本教材的编写历时两年，新版改编历时一年，在有限的撰写时间中，难以达到尽善尽美，加之社会经济、科技与艺术发展的突飞猛进，时尚潮流的迅速演变，使得教材中所提及的专业信息和案例分析都会受到时代和时间的局限。同时，本教材中难免会有偏颇和欠缺之处，恳请广大师生予以指正。

本教材由刘元风教授和胡月教授主编，胡月教授负责第一章至第八章，刘元风教授负责第九章至第十四章，第1版参编者还包括：刘静轩、王艺璇、宋鸽、张春佳、李迎军、王明杰、丁兵杰、苑国祥、邓跃青。

在新版教材的增改工作中，由刘元风、胡月教授负责总体定位调整和内容审核，陈然萱、周游、时代、杨焱分别负责具体章节内容的增补修订，杨焱负责书稿版式调整，张春佳、孙成成负责整体内容调整。

本教材的编写工作得到了中国纺织出版社的大力支持，在此表示真诚的感谢。

刘元风　胡月

2018年11月19日

目录

Ⅱ 第二部分　服装设计创作要素

I

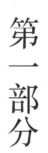

第一部分

服装设计基础理论

第一章
服装与人类社会

从20世纪80年代中期至今，中国的服装艺术设计教育已有了近30年的经验积累。以迅猛发展的服装行业人才的需求为参照，我们发现以往的教学缺少了一些非常重要的理论内容，造成了人才培养上的偏差。问题主要出在由于教育方对现代设计的认识不足，因而只注重技巧能力的训练，而忽略了对学生思考能力、理论能力的培养，欠缺专业综合知识的教学内容。其中，理论教学的缺乏是我国大多数艺术设计本科、研究生教育的通病。

从国际水平而言，我国的服装行业目前仍然是相对落后的，仍然处在国际行业分工的末端，是典型的劳动密集型产业。处于前端的经济发达国家掌握着服装行业的主导方向，以技术、信息、标准来赚取高利润的回报，而我们是以几十万的劳动力来换取低利润的回报。可以说，经济发达国家的服装行业已进入了以"头脑"赚钱的后工业时代，而我们仍处在以"双手"赚钱的工业时代，图1-1为江苏省海安县一家扎染厂的工人对出口服装进行手工绑扎技术操作，付出了大量的劳动力，但利润回报却很低。在这样的国际劳动分工之下，结合服装行业的实际需求，我国的服装教育专业应该培养大量的有头脑、有眼光、有抱负的综合型设计人才，而不是单纯的艺术型设计人才。在尽可能短的时间内，依靠这样的人才提升产业的水平，从而改变行业的现状，使我国从服装出口大国转变为服装出口强国。

图1-1 手工绑扎操作

正因为如此，理论教学是我们服装艺术设计教育中非常重要的内容。通过理论学习，开辟认识渠道，让学生更清楚地了解和关注行业实际；通过理论学习，建立思维习惯，让学生学会和提高找出问题、分析问题、解决问题的方法和能力；通过理论学习，培养学生专业的认同感和事业心，让学生明确学习方向和就业方向，达到学以致用的目的。理论教学使我们的服装教育达到"授之以渔"，而非"授之以鱼"。

服装业是一个充满矛盾的行业，传统与创新、束缚与机遇并存。探究服装在人类历史中的各种表现，追寻现代服装业发展的轨迹，或者了解欧洲人如何做设计、美国人如何做市场、日本人如何在对外学习中传承本民族文化，最重要的目的无非是为了启发创新意识，正所谓：学而不思则罔，思而不学则殆。汲取的经验和理论只有通过创造式的发挥，才能为我国的服装业开辟新局面、铸就新优势。

第一节　服装的社会化概念

作为服装的穿着者，大多是从自己的实际情况出发来理解和选择服装。但是，作为一个服装专业的学习者，对服装的理解就不能仅限于个人，而是要将眼光投向社会，了解社会与服装之间的关系，了解社会大众的消费需求。

一、服装是人造物质形态

作为人类共有的创造物，服装经历了数千年的历史。

人类文明史实际上是人类对地球万物自然状态的改造过程，为了摆脱自然状态而达到文明状态，人类付出了巨大的努力。其中，服装的产生和发展非常有说服力地表明了人类不断追求文明状态的事实。以物质形态论，人与衣服的关系是建立在实用性基础上的。长期以来，服装的实用功能不断提高，其御寒防暑、庇护身体的作用早已成为一般的功能。现代服装的物质实用功能研究正朝着更高的目标发展，比如高科技服装功能的研究、日常生活方面的舒适方便、贸易经济方面的利润回报、环境保护方面的回收分解……作为社会物质体系中的重要组成部分，服装扮演着不可或缺的角色。因而，论及服装的物质性，我们需要结合现代人类社会而展开，并且应当从专业的角度去了解。

1. 服装的生活实用性

作为现代人类的主要社会行为，物质的生产和物质的消费应当是平衡的、协调的。"衣食住行"衣为先，说明人类的社会生活已无法脱离服装。而且，随着社会物质生活水平的提高，服装的"非耐用性"日趋明显。进入新世纪，服装的生产和消费均达到了前所未有的高度。随着产量的增加，服装市场越来越细分化，衣服的种类也越来越多，从而极大地满足了人类"衣生活"的需求（图1-2）。

服装的生活实用性包括与人体生理机能、日常穿用功能以及社会身份与价值功能等各个方面，因此它是一个相对的评价标准。而且，它随着不同的社会历史时期而产生变化。19世纪西欧各国还曾广泛流行女性的紧身胸衣和极端膨大的裙型，与今天的现代生活已格格不入，可是在当时的权贵与有闲阶层看来却是平常而入时的穿着打扮。如今，现代社会已经发展出相对应的生活实用着装原则，人们愈来愈关注自己在生理与心理方面的健康，强调"衣为人"的消费观。作为服装设计师，必须从现代的生活方式和消费需求出发，从而确定自己的设计对象。简而言之，就是要思考和解决"卖给谁""卖什么"和"怎么卖"的问题（图1-3）。

图1-2　以消费者为目标进行思考是服装设计师最基本的工作，只有在了解国情和国民生活水平的基础上，才可能有针对性地进行产品的开发

图1-3　服装消费者对服装产品拥有绝对的选择权

2. 服装的产品性

同建筑、器皿、家具等人造物质相同，服装的生产需要人类花费相当多的时间和精力。从种植、畜牧和化学合成得到各种原料，到纺纱、织布和印染加工成各种衣料，再加上裁剪、缝制和整理制作成各种衣服，这个过程是相当长和复杂的。目前，尽管生活中仍然存在着度身定制单件加工衣服的传统手工或半手工生产方式，但是解决穿衣之道还主要依赖于现代工业化批量生产的方式。

欧洲工业革命的车轮加速了机械制造设备的发展与应用。1790年，英国首先发明了世界上第一台先打洞、后穿线、缝制皮鞋用的单线链式线迹手摇缝纫机；1841年，法国人发明了机针带钩子的链式线迹缝纫机；1851年，美国工人胜家（I.M.Singer）发明了锁式线迹缝纫机，并成立了胜家公司。早在19世纪60年代之前，服装的某些部件已经开始用缝纫机来制作；1862年，美国的布鲁克斯兄弟（Brucks Brothers）创造了裁剪纸样的成衣技术，从而为现代服装的批量化、规格化生产奠定了基础（图1-4~图1-6）。

3. 服装的商品性

商品是人们为留意、获取、使用或消费而提供给市场并用于交换的一切物品，以满足某种心理欲望和实际生活需要。商品包括有形的物体、服务、组织和构思。服装本身属于有形的商品，因此它至少包括五个特征：质量水平、特点、式样、品牌名称以及包装。服装企业在设计研发的阶段，首先考虑的应是服装带给消费者的核心价值，即消费者真正需要购买的商品效用，譬如某种生活方式或某种个人形象，其次才是服装产品有形的层面。这也是非品牌服装与品牌服装、品牌服装与名牌服装本质上的差别——一个优秀品牌名下的服装代表的不仅仅是服装，它还可以反映出"你是谁"和"你的生活态度"，尤其是在强调个性化生活的今天，消费者选择品牌其实就是选择一种生活主张并以此展现自我的个性。国

图1-4　1957年意大利工业产品设计师马塞罗·尼兹里设计的"米瑞拉"缝纫机

图1-5　服装工业生产场景之一：缝纫车间

图1-6　服装工业生产场景之二：整理车间

际服装名牌阿玛尼（Armani）、马克·贾库柏（Marc Jacobs）、杜嘉班纳（Dolce & Gabbana）、莫斯基诺（Moschino）、高田贤三（Kenzo）等之所以在众多同类品牌中脱颖而出，关键在于其满足消费者精神需求方面做得非常出色。一个在消费者心目中认同度很高的品牌，就能以更高的价格卖出更多的产品。通过这种服装商品实现利润，从而使市场上的服装品牌也随之呈现出阶梯型的差别（图1-7~图1-9）。

图1-7　与华丽的歌剧和堂皇的建筑相比，同样产生于意大利的阿玛尼时装则显得简约、优雅　　图1-8　极具魅力的阿玛尼男装　　图1-9　Kenzo的服装风格中总能流露出东方的影子，构成了Kenzo品牌独一无二的魅力

▎名师简介▎

乔治·阿玛尼（Giorgio Armani，1934~　　）

意大利时装设计大师阿玛尼的设计原则是："我总是让人们对衣服的感觉与自由联系在一起，穿戴起来应该是非常自然的。"

20世纪60年代，阿玛尼从领带、男装起步，逐步扩展到女装。他的设计风格含蓄典雅，飘逸舒适，深受全世界高知阶层的服装消费群体的青睐，阿玛尼品牌代表着服饰装扮上的高品位、高质量。

阿玛尼作为一个全球时装和高级消费品生产集团，零售额超过4亿欧元，拥有4700名员工和十几个工厂，以及在36个国家开设超过250家独立专卖店。进入21世纪后，时装业界风起云涌，变化万千，许多名牌纷纷被收购和兼并，而阿玛尼集团现在仍是业界中少有的独立私人公司，阿玛尼品牌在全球市场上所占的重要地位和发展潜力印证了该集团经营策略的成功。

高田贤三（Takada Kenzo，1939~　　）

日本时装设计师高田贤三创建的品牌Kenzo，其设计风格源于民族文化，其作品中更是承载着各国绚烂夺目的民族之光。

高田贤三的身上仿佛流淌着多种文化的血脉，故乡和巴黎的两种截然不同的情感交织是高田贤三不同常人的灵感来源，他找到了东西方文化交融的最佳平衡点。他认为设计的首要原则是"自然流畅、活动自如"，在结构上追求对于身体的尊重。高田贤三是第一位采用传统和服式的直身剪裁技巧，不需做褶，不用硬挺质料，却又能保持衣服挺直外形的时装设计师。高田贤三说："通过我的衣服，我在表达一种自由的精神，而这种精神，用衣服来说就是简单、愉快和轻巧。"

服装实现的前提是人的穿用，也就是说人和衣服的结合才构成服装，所以服装的物质性必须通过穿用者才能得到证明。在现代商品经济的社会环境中，服装企业必须以消费为导向，设计生产满足各种不同消费需求的服装。如此，服装的最终价值是消费者的认可，而这种价值是通过市场销售而达成的。

"衣食住行"衣为先，说明人类社会生活已无法脱离服装这一人造物质形态。人们依靠服装来装扮自己甚至改变自身，将自己用服装包裹成适合的样式，进而在文明社会中学习、生活。

二、服装是精神文化载体

你到世界各地旅行时，或是从电影、电视、杂志等传媒中可以发现，不同国家、不同地区的衣着装扮，与当地的风光景物总是融为一体，从而构成你对此地的整体印象。所以，发展至今，服装早已不只是简单的人体包裹，不仅限于蔽身护体、御寒防暑这些基本功能了（图1-10、图1-11）。

从服装产生之日起，除了其实用性外，就是人类思想意识的外化表达形式之一。美国学者卢里（Alison Lurie）在其《解读服装》（*The language of clothes*）一书中透彻地指出："几千年来，人类初次的沟通都是通过服装传达的信息。我在各种场合（包括街上、议会或舞台）还未与你交谈之前，通过你的穿着，我就可以得知你的性别、年龄和社会阶层。甚至可以读出一些更重要的信息，如你的职业、家庭环境、个性、思想见解、品位、兴趣，还有最近的心情。也许我无法将观察到的结果转换成文字，但是在不知不觉中已经牢记在心；而你也用同样的方法在评判我。因此，从我们见

图1-10　藏族女子的节日盛装，其粗犷、大气的　　图1-11　肯尼亚少女的节日盛装，充满了浓郁的热带原始风情
装饰风格与高原的广阔交相辉映

面和交谈的那一刻起，已经用一种比语言更古老和更世界性的语言在彼此沟通，那就是'服装'的词汇、词性和语法。"

　　谁也不能够否认服装带给人类的那种生生不息的社会文化力量，纵观漫长的人类历史、横观丰富的各国文化，在其历史特征和文化特色中都缺少不了服装。正是通过服装这种表达形式，地球上的各民族共同创造了丰富多彩的服饰文化。除了简单的"穿"的功能以外，服装的功能被无限地拓展了。它可以表达穿着者心情、说明穿着者身份；它可以表达政治理想、阐明性别……譬如，清末民初的中国，制度的变革、社会的动荡和思想的革新使此时的服装承载了大量的信息：西服、马褂、中山装、长袍……无一不是无声地向外界传递着穿着者们或激进、或保守、或温和、或折中的生存状态和政治态度（图1-12）。

图1-12　20世纪初中国正处于西洋服装刚进入中国，与华服混杂的着装时期

　　在飞速发展的现代社会环境中，人类寄托于服装越来越多的希望。现代服装的作用之广大远非几句话能言尽，文明越是高度发展，服装在精神文化方面的地位就愈发重要了。

1. 服装的社会性

　　没有社会的存在，就没有了推动服装发展的动力。服装的实现前提是人的穿用，而自人类社会产生以来，人便是社会化了的人，诞生和成长于特定的社会与文化环境中，形成了适应于该社会文化的人格，掌握了该社会所公认的行为方式。在成为社会人的行为过程中，服装的两面性是非常鲜明的。一方面，服装是"为我"的，是依靠每一个独立的个体实现的；而另一方面，服装又是"为他"的，是个人按照一定的社会规范穿着起来的。只要走出家门进入社会，每一个人的着装就要顾及他人的意见与团体的认可，正如我们的其他行为需要得到社会或团体的认可一样，"衣行为"的认可也是十分重要的。服装是个人与社会之间关系表现的重要环节，它既要实现个性和自我表现，又要合乎社会规范，为社会大多数人认可。许多心理学者认为，一切合乎社会道德的行为都是因"他人"的态度而发生的，这在心理学上被称为社会赞许动机（图1-13）。

图1-13　从酒店职业服装上能够辨识出不同的职位、工种

社会赞许动机

人类有一些行为动机在于取悦别人，如果做了一件事情得到别人的赞赏，就会感到满足，这类动机叫作社会赞许动机。这一动机引起的行为首先较多地见之于儿童，如婴儿在做出某些逗人喜爱的动作后，母亲便点头微笑抚摸婴儿，久而久之婴儿便懂得了行为与赞许之间的关系，并随着年龄的增长而得到巩固和发展。人是社会性的动物，无法离开社会孤立地存在，因此无论是儿童还是成人，都会下意识地寻求社会赞许。

可以说，服装是人与人之间、人与社会之间的"缓冲带"，在面临否定和尴尬时，可以起到一定的保护和缓解作用；服装是社会角色的辨识标记，人的"第二层皮肤"。有这么一种说法：现代人类的交往，除了面部与手的裸露以外，我们认识的全是他（她）的服装；服装是社交场合上的"名片"，能够说明许多用文字和语言都说明不了的一个人的方方面面；服装是人生舞台上的"潜台词"，娓娓道来那风华流变、斗转星移……

2. 服装的文化性

关于文化的定义，《现代汉语词典》上是这样解释："文化是人类在社会历史发展过程中所创造的物质财富和精神财富的总和。"

正是由于服装是物质性与精神性的集合体，从而具有了非常独特的文化性，譬如服装的历史文化记载、服装的地域文化特征、服装的心理文化表征等。20世纪法国杰出的时装设计大师迪奥（Dior）在巴黎大学讲演中强调："服装与历史同在，服装与文化同在。"

人类历史上曾发生过许多值得研究的服饰文化现象。当我们深入其中后就不难发现，这些服饰文化现象的产生，动因往往来自于社会。从20世纪中叶开始，西方青年的穿着以反传统为主题，不断地推陈出新，以摧枯拉朽之势猛烈地冲击着以往的社会着装观念。西方青年文化思潮历经半个多世纪，其反叛的对立面正是不尽合理的现实社会。又如在中国的改革开放初期，男士们均以穿着西装为时髦，上班穿、在家穿、结婚穿、走亲戚穿、逛公园穿、出国旅游也穿，完全不分场合。这是一种非常特殊的社会文化现象，究其原因，无非是盲目追赶时髦的社会集体潜意识使然，也是长期的社会禁锢带来的"矫枉过正"。到了世纪之交，当人们的服装款式接近国际化之后，在厌倦、反叛、怀旧、追求个性化的思潮影响下，中式服装又突然成了时尚首选。从20多年前的单一、规范着装到西装的介入，再到中式服装的兴起，服装的变化反映出一个民族文化心理需求的变化（图1-14、图1-15）。

服装不仅与每个人的生活密切联系，而且对每个国家的文化发展起着重要的作用，甚至成为民族文化的特征、文明发展程度的一种体现。

图1-14　图中是20世纪60年代席卷欧美的嬉皮士（Hippies）浪潮中年轻人的装束。他们往往留着长发、长须，喜欢褪色的牛仔裤以及手镯、念珠、耳环等一些古怪的饰物，而对所谓传统的、经典的整齐穿戴则不屑一顾

图1-15　这是一张20世纪80年代婚礼照片。通过照片上新郎、新娘的婚礼服装，可以看出当时西方服饰对国民文化生活的影响

3. 服装的审美性

审美性是服装所具有的又一重要特性。英国学者朱利安·罗宾逊（Julian Robinson）在《美学地图》中指出："人类色相美乃是创造力与审美本性的表达，是我们对人类特性的赞美，是内在精神的流露。这似乎是某种神力注入我们灵魂里的一股必要的生物性，它超乎一切思考分析之上，我们除了俯首认可别无他策。它具有既真实又虚幻的特质，是我们的心态、幻想、传统、困扰、生活方式的象征，能帮助我们建立个人自我意识与集体意识。它是生命本质的必要成分，是人类生存之奥秘的反映，烙印在我们最内在的意识中，传递着超越理性的重要生理信息。"在文明社会中，人与衣服共同构成的外部色相的美丑是非常重要的，具有不可估量的实际意义和价值，由此便可以解释发生在历史上的许多用常理不能解释的服饰装扮行为。譬如，在西方，从16世纪后半叶开始，女性的细腰被认为是表现性感特征的重要因素，最理想的腰围尺寸是13英寸（约33厘米），于是在此后的300余年里，为了符合流行的审美，为了穿得下那种华丽的蜂腰阔摆造型的礼服裙，获得男士们的赞美青睐，女性从少女时代起就开始束腰，用各种质地款式的紧身胸衣将腰身勒得很细。紧身胸衣在满足人们审美欲望的同时，也给女性的肉体带来了极大的危害。解剖研究证明，长期穿用紧身胸衣的女性，其骨骼和内脏均因受挤压而变形，从而使人体的三大机能——呼吸、消化和血液循环同时受阻，引发多种疾病，从而缩短女性的寿命。同样的现象在中国的战国时期就已经发生过，"楚王好细腰，宫中多饿死"；中国历史上女性的"三寸金莲"，也同样是以损害女性身体为代价，以获得社会认可的"美"的评价，从而形成"变态"的衣饰行为。由畸形审美而导致的过激行为会在今后的科学审美指导下得以纠正，但是，不可否认的是审美始终是推动服装发展的一种强大动力。在物质生产力相当发达的当代社会，服装满足基本生理需求的作用已逐渐势微，更令人关注的是不断改变的审美时尚（图1-16~图1-19）。

不同的时代、不同的民族，服装的审美标准又是千差万别的，中国历史上的秦朝以黑为尊，明清以黄为贵；西方的新娘身披白纱表示纯洁；中国的新娘穿大红的嫁衣表示喜庆。甚至在同一社会中，不同的文化群体对美有着不同领会。都市白领们偏爱收敛、含蓄的职业装，而学生群体则偏爱青春、时尚的休闲装。因而

图1-16　在过去的500年里，为了使自己符合当时的审美要求，西方女性们长期忍受束腰的痛苦

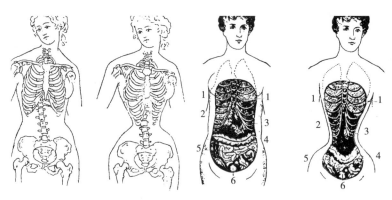

图1-17 紧身胸衣致使女体的骨骼、内脏受到严重的挤压

图1-18 清代妇女长期
缠足后造成的畸形

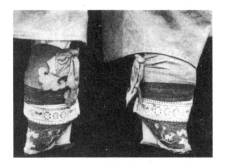

图1-19 三寸金莲

专业知识窗

三寸金莲

　　社会学家认为，始于宋代的缠足陋习是封建男权社会强加在女性身上的一种畸形审美。女孩缠足一般从四五岁开始，用布条将脚裹紧，使脚长不大。缠足时先将脚拇指以外的四指屈于足底，用白棉布裹紧，等脚型固定后，穿上"尖头鞋"，白天让两女仆扶着行走，以活动血液；夜里将裹脚布用线密缝，防止松脱。到了六七岁时，再把趾骨弯曲，用裹脚布捆牢密缝，以后日复一日地加紧束缚，使脚变形，要缠到"小瘦尖弯香软正"才算大功告成。经过多年残酷的缠裹，一双脚几乎从皮肤到肌肉、关节、骨骼都发生巨大的变化。从外形看，皮肤白细柔软，脚心深陷；从底面看，基本上是一个三角形的架构，无法正常地以脚掌用力走路，只能"待字闺中"。

　　缠足的痛苦很难想象，但脚越小越美，却是当时整个社会的共识。

　　小脚被称为"金莲"，专为小脚所做的鞋称为"莲鞋"。莲鞋的南北风格迥异，北方的鞋粗犷、大方，以山西大同为代表；南方以浙江绍兴为代表，工艺好，造型新颖。每个地方的鞋子式样与绣花纹饰都有变化，但表现出来的民间情趣却是相似的。凡是经济繁荣、文化发达的地方，其绣鞋也必定精巧繁复，材质考究。单从略显陈旧的绣鞋本身，也能折射出不少逝去的文化内涵。

　　20世纪初，缠足禁令的发布使中国妇女得以免除延续千年的痛苦和束缚，作为畸形审美产物的三寸金莲和莲鞋逐渐退出了历史舞台。

我们应该从社会学科入手，了解由于自然环境、生产力水平的不同造成的文化差异，学会欣赏和甄别各种产生在不同地域、不同时代的服饰美。

综上所述，可以得出这样的一个结论，服装具有实用与审美、物质与精神、个体与社会等双重性。研究服装必须将半径拉大，画一个大大的学习圆圈，因为服装是横跨自然学科、人文学科和社会学科的综合性学科。

第二节　人类着装的基本动机

人为什么要穿衣服，是出于什么样的动机？人类服装的初始是什么，现代人类的择衣标准又是什么？如果不将这些问题弄清楚，服装的设计就成了盲目的行为。

一、原始着装动机

纵观人类的全部历史，生活在地球东西南北的各色人种，都完成了从裸露到穿衣的文明过程。圣经中被称为人类始祖的亚当和夏娃，偷尝了禁果以后，"他们俩人的眼睛就明亮了，才知道自己是赤身裸体，便用无花果树的叶子为自己编作裙子……"这是一段盛行于西方的"创世纪"中关于人类祖先开始着装遮体的传说。尽管这种说法与中国古代《易经》中的"黄帝、尧、舜垂衣裳而天下治"的传说一样过于简单和含混不清，却也是人类衣着动机的各种解释之一。

史称黄帝为"人文初祖"，标志着中华民族的历史开端，传说当时已有丝麻织物的衣裳，是黄帝的妃子嫘祖发明了养蚕，大臣伯余发明了制衣。当然，服装绝不是某个人的发明，譬如养蚕缫丝要归功于广大妇女，乃"女始之功"。耐人寻味的是"垂衣裳而天下治"，即不再以兽皮、树叶裹身，而是自上而下建立了一定的服装制度，成为治理国家的重要举措。可见服装在古代社会生活中的作用，是人类进入文明的重要标志（图1-20~图1-22）。

服装究竟缘何发生？史学家、社会学家、人类学家、心理学家们众说纷纭，莫衷一是。将其归纳可得出以下六种学说。

图1-20　清朝官员的官服补子上绣有不同的兽、禽图饰，以示文武和官位的高低

图1-21 武三品官补子——豹

图1-22 文八品官补子——黄鹂

1. 保护说

保护说即"适应环境学说"，是将衣物视为人类物质生存、肉体保护的工具（寒、暑、风、雨、雪、坚硬的岩石、带刺的树枝、昆虫的叮咬、兽类的齿爪），应该说这也是最基本、最原始的动机。中国北方的鄂伦春族以动物皮毛制成衣服以抵御严寒，江南水乡农民用长在河里的蓑草编成的蓑衣来遮挡绵绵细雨，早期人类的衣着主要根据自然环境气候的需要而因地制宜，利用当地物产加工成服装（图1-23）。

服装的保护性能作为服装起源的时间尚有争议，因为保护说含义之一的气候适应说，强调服装的诞生是基于人类生理的需要。随着人类的进化，人身上的体毛逐渐退化。气候的冷暖变化，直接影响人类的生理需求。保护说另一含义"防止昆虫或外界的伤害"理论认为，原始人用衣服或兽皮做成的条带围在腰部，走路时条带的飘动可以起到驱赶昆虫和其他野生动物的作用。

初看起来，服装的"保护作用"似乎很简单，若加以观察，就会发现其实也很复杂。因为，发展至今服装已经不仅仅是为了防寒而成为人类的保护品，它

图1-23 可作为雨衣的江南水乡蓑衣

随时代的变迁，保护的意义逐渐多元化。例如，武士的盔甲，足球运动员的护膝、护垫，击剑运动员佩戴的防护面罩、消防队员特制的防火隔热服装等。这些服装的保护功能逐渐完善，减少了危险和伤害（图1-24）。

图1-24 橄榄球比赛的球衣可以减轻激烈冲撞带来的伤害

再将服装的保护功能深化，它还有另一层功能，那就是防止"道德危险"。譬如，修女的服饰，是内在抵抗力的一种象征符号，象征穿戴者品格坚定，道德标准严格。

2. 羞耻说

羞耻说不失为一种精神上的保护说。黑格尔说："服装的存在理由一方面在于防风御雨之需要，因为大自然给予动物以皮革羽毛而没有给之予人。另一方面是羞耻感迫使人用服装把身体遮盖起来。"羞耻感是伴随人类文明发展出来的集体心理感受，有关羞耻学说的论述，在西方通常会以《圣经》中亚当和夏娃的故事来解释服装的起源。

"羞涩"在心理上的动机始于自我和他人的相互依存性，以中国传统哲学文化看待，是在一切合乎"礼"的行为条件下所形成的自我心理感受。产生羞涩感不仅影响我们自身的行为，同时，也会对"衣冠不整"的现象产生排斥，这种态度还会阻碍我们炫示衣服或者随个人所好穿着某种形式的服装。对于现代人来说，理解这一学说是不难的。今天在公众场合下的身体裸露不仅被大多数人所反对，甚至还会受到一定的法律处置。

不过，以羞耻学说作为人类服装的起源学说这一观点，却也常常遭到批判，因为在一些原始部落中，脱去衣服才是尊严和礼教的表征（图1-25、图1-26）。

图1-25 南非一些已婚妇女的胯部围裙，其串珠的闪光和摇摆可以造成很强的视线吸引力

3. 性差说

性差说即吸引异性说，是许多学者根据对原始人群的考察提出的一种与羞耻说相悖的说法。出于审美本能和种姓繁衍的目的，人体的遮蔽行为恰是为了吸引异性。德国学者格罗塞在其著作《艺术的起源》中精辟地指出："原始人类的身体遮护，并不是对性器官的遮掩，而是为了表彰，从而引起异性的注意。"人类学家在对非洲原始部落进行考察时，发现原始民族全身赤裸，而精心采用涂绘、加装饰物的方法来突出性器官，图1-27中的少女以繁多的珠饰工艺品装饰第二性征，向周围的异性传递性成熟的信息。

时至今日，这一学说仍然能在现代文明社会得到印证。商场里内衣专柜中华丽的名品内衣即使价格昂贵，仍购买者甚众。图1-28所示为穿着露肩服的女士。

图1-26　一方面，羞耻感要求与异性成员在一起时，应遮盖身体的特定部分；但另一方面，那些被遮盖的部分恰恰会吸引注意力

图1-27　非洲的许多群落都有展示甚至强化性器官的习俗

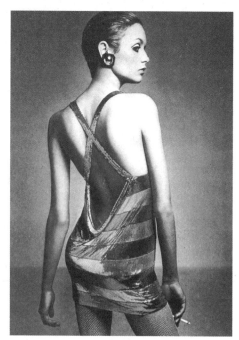

图1-28　穿着露肩服的女士

服装艺术设计 —第2版—

4. 装饰说

通过对原始部落的观察，达尔文得出了这样的结论："世界上有不穿衣服的民族，但是没有不进行装饰的民族"。与性差说相同，装饰说也是出于审美本能和种姓繁衍的目的，或者出于部落识别的目的，古代原始人以各种能够想出来、做得到的方式来装扮自身，以增加吸引力或区别于他人。在一些原始部落里，为了求得群族的认同以及表达对种族信仰的坚定，会在身上涂抹或穿戴象征该种族图腾的符号，以博取该种族间的尊重和互相信任，也是信仰的一种寄托。我国黔西南地区有许多少数民族相邻而居，可是在服饰装扮上却各异其趣，形式上非常的丰富多彩，是用来区别不同民族和支系的主要参照物。以苗族为例，按地理分布由西向东，从服饰的结构、装饰的部位及穿着方式等构成的风格来看，苗族女装可分为14型77式。苗族支系的认同首先体现在对服饰的认同上，服饰是他们辨认同一支系族群的标志。不同的苗族支系服饰差异非常大，从纹饰色彩到款式工艺都形成了各自独特的风格（图1-29）。

图1-29 贵州施洞苗族盛装

5. 图腾崇拜说

人类初始对许多自然现象不了解，不能解释电闪雷鸣、生老病死等自然现象的发生。在恐惧、敬畏之下而产生出原始崇拜（崇拜对象各异），对之祭祀供奉、膜拜祈求以图平安，而对崇拜对象绘之、雕之为图腾，图腾文化对服装的发展有很大影响。祭祀活动是原始人类社会生活中的大事，参与者分地位高低、角色的重要与否，其服饰装扮或多或少会与平日不同，以表达自己的虔诚。而这些祭祀服饰逐渐地日常化，但还保留了地位角色的差异（图1-30）。

时至今日，在人类的衣着行为当中仍存有很多的心理诉求。美国篮球明星迈克尔·乔丹（Michael Jordan）于1994～1995年赛季复出，穿的是45号球衣，结果输了总决赛。无奈之下，他又穿回23号球衣，率领公牛队连续两年夺冠。虽然这里球衣的号码与原始的图腾崇拜在外表形式上相去甚远，但两者在深层次

图1-30 对于部分印第安人来说，子安贝壳被认为具有驱除邪恶的力量，常在部落的祭祀活动中佩戴

图1-31 身穿23号球衣的美国篮球明星乔丹创下惊人的球场价值，按整个赛季的平均出场时间计算，他在场上的每一秒钟便可挣到350美元

上所反映的人类对服装的精神寄托和自我心理暗示并无不同——认为某种神秘的力量会通过某件特定的服装传递给自身（图1-31）。

6. 象征说

社会的形成导致人与人在地位、权力上的差别，为了以示区别，以各种佩挂在人身上的衣物配件作为某种象征（勇士、酋长等）或者某种记录（功劳、罪过等）。在原始社会已存在这种身份的象征，以狩猎为生的民族中的佼佼者总是将被捕获的动物皮毛做成衣物披挂在身上，以炫耀标榜自己的勇敢强壮（图1-32）；德高望重的酋长和头领往往从头到脚隆重装扮，明显地区别于其他人，即使他们已年老体衰，也决不肯放弃这种沉重繁复但具有象征意味的装束。服装的象征作用不光在原始或狩猎民族中体现出来，在古今中外的文明社会中亦是如此。我国自古以来崇尚服装的清规戒律，借服装的型制、色彩、图案等以区别等级、维系伦常。

图1-32 新几内亚西省原始部落的男性成员头戴炫耀他狩猎成果的羽冠

服装在不同时期的穿着可以反映不同的社会角色，象征着穿着者的身份和地位。复杂的装饰除了与阶层、等级、职业有关之外，也是财富的象征。富裕的人购置昂贵的面料，穿着讲究；而贫困的人甚至无钱穿衣。正如西方心理学体系中的"自我彰显"理论所强调的那样：个体透过外观的装饰及自我吸引力的表现，以达到自我肯定的目的。服装是社会发展的产物，是人类文明进展的标志，同时也发展成为了人类身份的说明书，服装无疑体现了"自我彰显"功能。例如穿着紧身衣、高跟鞋、礼服等服饰，足以表明穿着者不必体力劳动的特征。在政府机关、职业团体和军队里，特定的服装可以表示领袖、领导的优越地位，显示一定的权威性。

从以上这些不同的观点来看，要把居住在世界各地以及各生活环境、文化习俗不同的人们的衣着行为、衣着目的以单一动机来阐明是困难的，其发生动机肯定是多元的。依照不同的需求所产生的不同动机恰恰说明了穿着服装的"动机与需求"密切相关，这些学说之间相互补充。但是，我们仍然可以将其概括为两大方面：即生理与心理方面的保护功能和表现功能，可以说是物质与精神需要的相互依存。衣着行为同时将实用的与观念的两种动机外化凝聚在服装这个物质对象上了。

18世纪，美国科学家本杰明·富兰克林（B Flanklin）说："人类是制造器具的动物。"这种界定当然有道理，制作器物、改造自然为人类的重要特征，而穿着衣裳更为人类独擅。在人类的所有造型活动中，服装是一种特殊的造型活动，随着人类文明的发展，服装具备的作用、功能更全面了。人们更多地利用服装的款式、色彩、面料、图案等因素的配合来表现自我、传递信息。同时，作为社会人，对服装的功能感受更积淀了观念性的丰富想象和深刻理解。服装领域能发展得如此丰富多彩，恰是得益于人类生活方式的不断改变，生活质量的提高以及精神需要的繁杂多样。但是，不管人类社会如何发展，服装最基本的"保护"和"表现"两大功能，始终不会改变。

二、现代择衣标准

几千年后的现代服装早已是今非昔比，但是我们细细研究，却找出了现代人与古代人在服装观念上许多相同的基本点，人类的基本着装原因从来都是为了适应自然环境和社会环境。当然，对于我们现代人来说，自然已被逐渐改造，社会却是向高度文明迅速地发展，因此，对服装产生的是更高的现代社会要求。

许多年来，西方国家的学者将现代大众的择衣标准定格在五个"W"和"O. P. T"理论上。

1. 五个"W"理论

（1）Who（什么人）——着装者（着装群体）。设计服装之前，首先要对着装对象进行确认。事实上，由于经济社会中必然存在因财富占有量的不同而造成的不同社会层次，每一层次的成员大体上都具有相对统一的价值观、兴趣爱好和行为方式，不同人、不同的社会消费阶层的产品偏好和品牌忠诚与服装设计的针对性形成了互为因果的关系。喜欢华贵典雅的法国经典服装品牌夏奈尔（Chanel）的女性和喜欢反叛街头风格的英国前卫服装品牌让·保罗·戈蒂埃（Jean Paul Gaultier）的女性一定有着不同的价值观和生活方式，相应地，她们也属于不同的社会阶层。这种确定设计服务对象的过程是因服装产品开发而作的设计定位。有了特定的服务对象，设计才会有明确的针对性，从而产生让消费者认同的附加值和随之而来的品牌忠诚以及高额的利润（图1-33、图1-34）。

图1-33　让·保罗·戈蒂埃为美国歌星麦当娜设计的演出服装，基本上采用的是女性紧身内衣，而内衣外穿正是他自20世纪70年代开创的反叛风格

惊世骇俗的让·保罗·戈蒂埃
（Jean Paul Gaultier，1952~　　）

让·保罗·戈蒂埃的作品既能体现高级时装的传统，又蕴涵着流行时装的新鲜感。他打破了高雅与粗俗、华丽与朴实、精美与丑陋之间的界限。他善于广泛收集素材，然后融合在一起使用。

20世纪70年代，让·保罗把当时的两大社会潮流——女权运动和同性恋解放运动——引入时装，从而打破了男女装的界限。甚至在1985年春夏举办的《神创造成男性》服装发表会上，展示了为男性设计的裙子。

作为超现实主义的设计师，让·保罗在服装设计上总是与众不同、标新立异，创造出了一种把本来无法结合的东西结合起来的手法，从而形成他独特的设计风格。

图1-34　经典套装是卡布丽尔·夏奈尔（Gabrielle Chanel）战无不胜的法宝，从20世纪20年代至今，历经90多年的女装风格仍然具有很强的生命力

（2）Why（为什么）——着装目的。衣着行为不仅是个人情感的表达，在更多情况下是个人以某种社会角色出现在相应的社会交往之中，并且需要顾及有关的习俗和礼仪，以至群体的认同感。

（3）Where（什么地方）——着装地点和场合。具体的生活场景往往和社会角色、出席目的的交织在一起。亲朋聚会与正式会议、外出旅游与因公出访肯定存在着不同的着装要求。然而，随着社会的快速发展，原有的规矩、习惯也在发生改变。比如近几年，男式商务休闲装开始流行，逐渐模糊了便装与正装的界限。正是这种消费趋势的存在才引起此类产品的出现，生活方式的变化孕育着新的设计和新的商机。

（4）When（什么时间）——着装季节或时辰。以季节时令来分类着装是最通常的方式，也是人们为适应自然气候的结果。服装生产商每年分春夏、秋冬两季推出新款设计，引导新流行的周期已在我们生活中形成了惯例，成为生活时尚中的重要部分。另外，按照每日的时间段和生活内容来选择衣着，这些习惯保留并传播开来，直到现在，无论高级时装还是成衣，几乎所有时装发布会的作品，均不外乎日装和晚装两大类。

（5）What（穿什么）——着装种类。综合考虑角色、场合、目的、时间之后，还存在着符合习俗或礼仪的着装。对于一般的消费者，成衣设计师们早就依照不同的生活方式为他们准备了相应的、可供选择搭配的服装和配饰，到时候只需完成购买的行为就能够解决"第二层皮肤的问题"。

2. "O.P.T"理论

Occasion（场合、场面、机会），Place（地方、地点、位置），Time（时间、时刻、时令）。

不难看出两种理论的相似之处都是以时空为重，也就是说，与原始着装动机相比，在现代社会中是以着装的外部环境为主要参考，其次才能得出什么人穿什么衣服的最终答案。由于自然环境的规律相对稳定，因此现代服装设计需要关注的是相比之下复杂得多的社会环境。正如许多动物在遇到自然环境变化时，能以一系列遗传下来的生物机能改变个体或群体的行为，以适应这种变化；在更高级的生物中，特别是灵长类动物与人类，直接由遗传决定的适应自然的行为已不那么重要，而后天学习并积累的行为体验成为了更重要的适应社会环境的方式。

由who→when where why←what五个"W"构成的择衣着装过程告诉我们的是：

（1）衣着者通过着装不仅是实现自我认识和自我表达的过程，而且着装还是一种社会交流的过程。

（2）衣着行为与社会规范有一种逻辑的依赖关系，因为每个人的服饰仪表通常是社交上最初的和很重要的印象。

第三节　社会因素对服装的影响

对于现代人而言，服装不仅仅是一种物质上的满足，而且更重要的是精神上的需求，服装是高度发展的人类文明中的重要部分。无论是博物馆里的古代服装，还是市场上的现代服装，任何一款无不接受了政治、经济、宗教、文化、科技等社会因素的影响。对服装设计而言，设计任何款式、色彩和材料的服装都必须与衣着者及其所处的社会紧密联系，服装也就不可避免地要受到各种社会因素的制约。

一、服装与社会政治经济

社会政治不可避免地影响到人们的衣食住行。政治的开明、开放或保守、封闭，稳定与动乱，在穿衣戴帽上都能体现出来。中国的唐朝统治稳定而强盛，因此带来了生活的繁荣、文化的发展。唐代的纺织和服装，更是花团锦簇，闻名于天下，服装款式上出现了前所未有、后所不及的开放，袒胸露臂、披绡挂纱，成为中国服装史上的辉煌年代。近代服装史上，西方的工业革命、资产阶级革命及20世纪的两次世界大战，都给予服装以极大的影响（图1-35、图1-36）。

图1-35　从唐代著名画家张萱的《捣练图》中足见唐代上层女性衣饰的华丽讲究　　　　　　　图1-36　服装是表达自我的手段

各个历史时期以及各个国家和民族的政治变革、政治动乱，都会对当时当地的服装产生极大的影响。在中外历史上，统治者甚至以服饰制度作为稳固政权、推动社会的重要辅助手段。在中国近代史上，满族入关后，即在服饰方面建立了前所未有的严酷法律制度，强令汉族剃发易服，"衣冠悉遵本朝制度"，违反此法令者，轻则罢官入狱，重则满门抄斩，正所谓"留头不留发，留发不留头"的写照。服装为个人表现的符号，统治者通过强加在个人身上的这种符号，暗示谁也不能打乱这个已经形成的社会统治秩序。这种心理上的长期暗示很容易形成惯性，清政府就是以此来压制汉族人的反抗心理，从而巩固其统治。同样的方法，也可以达到相反的目的，1911年的辛亥革命推翻了封建皇权统治后，在民国政府颁布的若干法令中，其中一项就是规定了"政府官员不论职位高低，都穿同样的制服"，废弃了几千年来以衣冠"昭名分，辨等威"的传统与规章，这一举措通过服饰平等使民主思想进一步深入民心，从而达到在思想领域推翻封建统治的目的。

社会经济是一切上层建筑的基础。物质生产水平与市场消费状况对服装产生巨大的影响，带来根本性的制约。服装是一面镜子，直接反映出社会物质生产力水平和政治经济的面貌。第二次世界大战给全世界人民带来了沉重的磨难，战时的欧洲，物质严重短缺，为了蔽体保暖，人们甚至用军衣、窗帘、枕套来改制服装，而款式都是符合俭朴而实用的战时需求，因此，这个时期被西方服装史学家称为"最丑陋的时代"。而1947年克里斯蒂恩·迪奥（Christian Dior）以其奢侈优雅的造型，象征着和平时代的到来（图1-37）。

第二次世界大战之后的20余年，随着经济的复苏和振兴，以法国为代表的高级时装和以美国为代表的成衣业均有非常快速的发展。1947～1957年，被称为法国高级时装的"迪奥时代"，以迪奥为首的一批设计师将高级时装业推向了最辉煌的巅峰时代，为法国的出口贸易立下了汗马之功，因此，法国政府授予迪奥法国公民最高荣誉，颁发给他"荣誉骑士奖"。

20世纪60年代初，高级成衣开始崛起，成衣产业首先是在美国发展起来的。第二次世界大战之前，美国的成衣生产主要依靠向巴黎的高级服装店购买纸样。随着第二次世界大战的爆发，巴黎的时装和纸样已难以进入美国，美国本土的设计师由此得到了施展才华的机会，设计出大量适合美式批量生产的成衣。

1960年，美国的成衣商将夏奈尔套装的纸样成衣化，在世界引起轰动。随着20世纪60年代大众消费时代的到来，能够适

图1-37 "新式样"的成功得益于经历了严酷战争后人们对美好生活的向往

应时代需要的成衣产业在世界范围内受到了广泛重视并得以迅猛发展。订单日趋减少的高级时装店为了生存和发展，也纷纷走向成衣化，将其高品质的服装、香水、化妆品、装饰品等产业化。

名师简介

克里斯蒂恩·迪奥（Christian Dior，1905～1957）

克里斯蒂恩·迪奥是20世纪最重要的时装设计大师之一。1947年，他设计的女装复苏了古典的高雅风格，"新式样"（New Look）像旋风般地震撼了整个欧洲、美国，成为20世纪最轰动的时装改革，为第二次世界大战后的时装带来了深刻的影响，重新振兴了法国高级女装业，因此，他成为了战后时装界的精神领袖。

迪奥的服装设计大气而优雅，突出女性曲线优美的自然肩形，强调丰满的胸部、纤细的腰肢、圆突的臀部，强调了女性的柔美。在10年的设计生涯中，他每年推出具有突破性的款式外形，分别以H型、A型、Y型、郁金香型、箭型等命名，创造了以外轮廓变化为时装设计要素的方法，引领了现代服装设计的造型发展方向。

与此同时，作为一种职业，高级成衣设计师队伍也应运而生。其中广为人知的有法国的卡尔·拉格菲尔德（Karl Lagerfeld）、索尼亚·里基尔（Sonia Rykiel），意大利的乔治·阿玛尼、杰弗兰克·费雷（Gianfranco Ferre）、杰尼·范思哲（Gianni Versace），英国的维维安·韦斯特伍德（Vivienne Westwood），美国的卡尔文·克莱恩（Calvin Klein）等。

随后，服装业步入动荡变化的时期，以青年文化运动为契机，大众成衣逐渐向年轻化和无性别化发展。与服装的发展相对应，在北美大陆，这20余年是美国有史以来经济最为繁荣的时期，中产阶级持续扩大，中间家庭收入快速增长。而西欧各国也得益于马歇尔计划的支持，经济逐渐复苏并进入中产阶级社会。20世纪60年代，年轻人的富足增强了他们的消费倾向和对市场的控制，成为当时成衣业迅速发展的主要动力，同时，极大地推动了服装产业的发展。20世纪60~80年代的20年，是整个人类服装历史上消费最狂热的年代，也是服装名牌层出不穷的黄金年代。

由此可见，服装的消费与社会总体的经济水平有关，同时也受到整个社会财富分配格局的影响。

二、服装与社会文化艺术

各民族文化的历史积淀，深深根植于人们心底。文化包括文字、语言、民俗、各种文艺形式及生活方式等。

服装本身也是一种文化，并与其他文化类别相互影响，共同汇成人类文明。时至今日，服装更是与其他文化、姊妹艺术有密不可分的联系。著名的法国设计师夏奈尔的朋友中有著名的音乐家、画家、剧作家、摄影师，她的设计自然受到各类艺术的影响。20世纪30年代超现实主义女设计师艾尔莎·夏帕瑞丽（Elsa Schiaparelli）本人就是画家，为时装与绘画的结合做出了贡献。擅长于设计金属服装的西班牙设计师帕克·拉巴纳（Paco Rabanne）和意大利设计师费雷都是建筑设计专业科班出身，他们将建筑美学融会贯通于时装设计，创造出独特的艺术风格。法国设计师蒂埃尔·缪格勒（Thierry Mugler）早年是一位杰出的芭蕾舞演员，因此，他的作品总是带有很强的戏剧性。

作为民族文化的一种持久标志，各民族的服装都必然出自于不同的哲学内涵、审美意识、风俗习惯。譬如东西方文明发源于不尽相同的物质条件与自然环境，而且是以不同的速度、不同的轨迹沿着螺旋形线向上发展、提高和扩散着。在它们各自演变与成长的过程中，在不同的汇合式交叉点上，又取长补短，彼此借鉴，相互吸引，从而逐渐形成具有各自浓郁特色的东方和西方服装两大体系。黑格尔以其西方人的理解调侃："我们的衣袖和裤管紧贴着胳膊和大腿，使这部分的轮廓形状可以看得很清楚，而且丝毫不妨碍它们的兴止动静。反之，东方人的宽袍大袖和大裤筒对于我们西方人好活动而事务又多的生活极不相宜，而适合像土耳其人那样终日盘腿静坐，行动起来也是古板正经、慢条斯理的人们。"

除了物质条件和自然环境，东西方各自的思想意识形态、对宇宙空间事物的观察理解方式和审美观念的不同也反映在服装上。中国传统的宇宙空间意识中讲究的是人与自然、自然万物之间的对立统一、相互依赖、相互渗透，"一阴一阳谓之道"，是一种有节奏的空间意识；观察事物的观点也不是固定不变的，而是"乾坤万里眼，时序百年心"的随心而变，这也是中国画的境界，是对现实的超越而不是模仿。这样的思想使中国服装不注重其为人体所带来的空间占有感，它们宽大、少支撑点，内空间随人体运动而变化，使自己融于空间，与空间达到和谐的变化统一，从而产生一种具有节奏韵律的含蓄的动态美。与此相反，西方人自古对空间持有一种控制、冒险与探索的态度，特别是文艺复兴之后，自然科学得到了前所未有的发展，人们从中世纪神权的桎梏中解放出来，以自我为中心，对自然充满控制和占有的欲望；以科学、客观的角度观察事物，在审美上追求立体感和空间占有感，这些思想使西方的服装表现为空间占有感极强，善于使用内空间做人为的定型，从而使服装外观具有一种凝固的静态美。

图1-38　1532年雷根斯堡（Ratisbon）画家阿尔特多夫尔（A.Altdorfer）的风景画

大自然中的相同种类的树木、山石的形貌大体上是相似的，并不会因国土的不同而产生太大的差异。但当它们被持有不同思想意识形态的画家表现出来时，给予人的却是截然不同的感受（图1-38、图1-39）。

随着交通和新闻媒介的日益发达，人类生活趋于国际化，服装亦是如此。人们每一季在换装前，首先要注视巴黎、米兰、纽约、东京等地的变化。同时，各门类的文化艺术形式变化迅速，20世纪以来各种艺术思潮对服装的牵制越来越大，20世纪初，受新艺术运动倡导的

图1-39　南宋·马远《踏歌图》

伊夫·圣·洛朗（Yves Saint Laurent，1936~2008）

伊夫·圣·洛朗是法国时装界赫赫有名的设计大师，他在国际上亦享有很高的声誉。圣·洛朗从20世纪50~90年代一直以旺盛的精力、超凡的创造力活跃在世界时装设计的舞台，他所涉猎的产品包括时装、配饰、化妆品等，无不显露出朝气、端庄、隽永的大家风范。

圣·洛朗是一个对艺术充满了敏感与热爱的人，他的服装中揉入了风格迥异的艺术化的元素，其中最具代表性的便是他的1965年秋冬系列"蒙特里安"主题，这是他从母亲送给他的圣诞贺卡上获取的灵感——抽象派画家蒙特里安的一幅画作。

流动曲线造型式样的影响，这个时期的女装外形从侧面看呈优美的S形；伊夫·圣·洛朗（Yves Saint Laurent）在1965年发表的有黑色线和原色块组合的针织短裙，也是借鉴了20年代现代主义设计运动中荷兰"风格派"的创始人之一蒙特里安（Mondrian）的几何结构非对称式绘画中的元素。20世纪60年代，随着科技的高速发展，几乎所有领域的艺术家们都放弃了传统的手法和素材，向新事物挑战，丰富了服装的多样性。进入20世纪以来，民族服装文化在服装领域越来越凸显其生命力。欧美文化圈与其他文化圈之间的服装形态与文明的相互交融、相互促进，成为世界服饰文化中的一个极其重要的方面（图1-40）。

图1-40 "蒙特里安"系列作品不仅在圣·洛朗的设计王国里成为亮点，就是在整个服装设计史上，都堪称经典之作。由此我们不难看出艺术作品本身对服装设计而言有着不容忽视的借鉴价值，但前提是要有一双善于发现的眼睛（蒙特里安是抽象画派的创始人之一，主张用几何形状构成"形式的美"，作品多以直线和矩形组成）

三、服装与社会科技生产

毋庸置疑，科学技术、生产水平与服装有着密切的关系。首先，科学技术的水平制约着服装的发展，而科学技术的每一次发展，都会推动服装的发展与变化。

譬如能源技术的进步拓展了纺织和服装行业的发展空间。18世纪下半叶，以煤为能源的蒸汽纺纱机和织布机在工业革命中起到了相当重要的作用，大量生产的纺织品为早期工业社会积累了财富，同时，为满足全社会民众的纺织品需求提供了可能，也为随后发展起来的成衣工业创造了条件。英国是第一次科技革命的最大受益国，史无前例的科技革命使英国从一个传统的农业国跨入先进的工业国，工业产品成倍增加，棉布产量从18世纪80年代到19世纪80年代100年间增长160倍，成为名副其实的"世界工厂"。1922年开始的高分子材料的时代，使美国、欧洲、日本很快成为合成材料纺织服装业的发展中心；20世纪中叶人类进入现代高技术时代，欧洲、北美、日本等国家成为高科技纺织服装业中心、消费时尚中心、世界贸易中心，发挥着产业高端的作用。

人类进入了21世纪后，纺织科技进步可以说是日新月异，高性能纤维的开发和应用，高性能特种纤维，超高强、耐高温、耐磨的纤维已成为军工及其他工业、农业、交通、

图1-41　西班牙设计师帕克·拉巴纳用塑料、金属、纸张等材料代替传统纤维制成的高级时装

水利、医疗等部门的重要材料，特种功能性纤维成为纺织品服装高附加值的基础，绿色环保纤维成为新世纪的发展方向（图1-41）。

从人类历史上看，几千年农耕文明中的手工纺织技术已经发展到非常精湛的程度，为工业化纺织生产打下了坚实的基础，直到今天，我们还能够在古老技术里不断地挖掘出很多有用的东西，并加以工业化改造后服务于现代生活。但是，200多年的工业文明才真正满足了人类的穿衣需求。首先，工业纺织和成衣技术达到了农耕文明解决不了的生产高效率；其次，与化学、机械等现代工业技术结合，纺织品、服装的科技含量达到了前所未有的高度，使服装产品在实用功能上进一步地满足了人类的需要。进入信息文明时代，纺织服装行业的各个环节都正在被计算机技术改造，如成衣技术中的CAD、CAM，信息管理技术中的ERP等。再如数码印花技术和织花技术创造了纺织品图案无限变化的可能，3D打印技术赋予了服装设计更多的创造性，满足个性化的消费需求。从而显示出后现代主义提倡的资源节俭、适度消费、个性张扬的理想状态（图1-42）。

图1-42　在时尚界，3D打印技术意味着天马行空的设计理念都将会展现在作品上

3D打印技术

　　3D打印（3D Printing），属于快速成形技术的一种，它是一种以数字模型文件为基础，运用粉末状金属或塑料等可粘合材料，通过逐层堆叠累积的方式来构造物体的技术（即"积层造形法"）。过去其常在工业设计等领域被用于制造模型，随着这项技术的不断普及，也逐渐运用于服装设计之中。3D打印无疑是一种颇具创造性的新技术，尤其是对于设计领域具有重大意义，能够帮助设计师们更简单方便地制造设计原型，对时尚市场有着极大的影响潜力，技术和时尚已经悄然地融合在了一起。

　　制约服装的因素很多，还有与宗教信仰的关系、与人类战争的关系、与福利保障的关系等。在不同的时代和不同的国家，影响服装的主要社会因素当然是不同的。明白了这个道理之后，当我们深入研究服装设计，首先不能局限于点、线、面、结构等技术要素或形式美法则，必须思考和了解服装背后所蕴藏的丰富内涵，这样我们才能让设计摆脱依样画葫芦的匠人方法，掌握主动，创造出能够符合时代、满足消费的服装来。

思考题

1. 人类文明史上由"人为衣"逐渐转变为"衣为人"的着装观念说明了什么？

2. 在每一个生命个体上，服装表现出的社会化和个性化是绝对矛盾的吗？

3. 比较原始服装动机和现代择衣标准有哪些相同之处？有哪些不同之处？

4. 改革开放40年后，我国城市的生活消费品市场很快就进入了供过于求的状态，服装也形成了买方市场，为什么？

5. 为什么说设计是受到社会制约的一项工作，反之，社会又为设计提供了无限的实现空间？

6. 学习服装艺术设计，为什么要了解社会、关注行业？

7. 为什么说在现代产业背景下，服装设计是一种社会行为而非个人行为？

8. 在有形物质产品的设计、生产和销售过程中，能否通过人为的介入和干预而达到理想的社会公共行为变革，譬如促进环境保护、节约能源等意识和措施的建立？

推荐参阅书目

[1] 朱利安·罗宾逊. 人体包装艺术：服装的性展示研究 [M]. 胡月，等译. 北京：中国纺织出版社，2001.

[2] 袁仄. 人穿衣与衣穿人 [M]. 上海：中国纺织大学出版社，2001.

[3] 林语堂. 生活的艺术 [M]. 哈尔滨：北方文艺出版社，1987.

[4] 罗伯特·路威. 文明与野蛮 [M]. 吕叔湘，译. 北京：生活·读书·新知三联书店，1984.

[5] 欧·奥尔特曼，马·切默斯. 文化与环境 [M]. 骆林生，王静，译. 北京：东方出版社，1991.

[6] 格罗塞. 艺术的起源 [M]. 蔡慕晖，译. 北京：商务印书馆，1984.

[7] 向翔、龚友德. 从遮羞板到漆齿文化 [M]. 昆明：云南教育出版社，2001.

[8] 丹尼尔·布尔斯廷. 美国人——建国历程 [M]. 北京：生活·读书·新知三联书店，1999.

[9] 丹尼尔·布尔斯廷. 美国人——开拓历程 [M]. 北京：生活·读书·新知三联书店，1993.

[10] 丹尼尔·布尔斯廷. 美国人——民主历程 [M]. 北京：生活·读书·新知三联书店，1993.

第二章
现代艺术设计与服装

在现代生活环境中，设计已成为一项不可或缺的社会工作。它以服务于人为目的，同时，也为社会创造了巨大的财富。现代艺术设计提供人们以舒适、安全、美观的工作环境和生活环境，提供人类以便捷的工具，同时，也是促进社会交流的重要手段。

设计指的是把一个计划、规划、设想、问题解决的办法，通过视觉的方式传达出来的活动过程。它的核心内容包括三个方面：①计划、构思的形成；②视觉传达方式，即把计划、构思、设想、解决问题的方式利用视觉的方式表达出来；③计划通过传达之后的具体应用。现代设计是为现代人、现代经济、现代市场和现代社会提供服务的一种积极的活动，它要求自身具备针对性、规划性、秩序性和协作性。

第一节　现代艺术设计的发展

作为人类改造自然的行为，设计与文明同步。在很多设计理论书里，我们都能读到对"设计"一词的解释，设计是思维与行为的结合，并且最终达到实施应用。可以说古代人类所有的生存行为里包含了复杂的思维活动，盖房造车、筑桥铺路、烧陶冶铁、织布刺绣等，无一例外。但是，人类社会对设计本身的认识，即设计概念的真正确立，却是迟迟地落在了20世纪的上半叶。

实际上，设计工作的职业化就是设计作为一种独立存在的工作，对于当代人类文明的发展来说，是非常重要的一件大事。在今天，这个事实已被证明，因为我们的衣食住行、工作娱乐等所有的生存方式无不经过设计。蕴涵了人文社会科学和自然科学的设计工作的全面展开，给人类的社会生活带来了前所未有的高水平、高质量。在今天这样一个文明高度发达的信息时代里，人们对设计的依存度是非常高的，正如工业时代人们对制造的依存度。而恰是工业时代的大量制造，为设计与生产的分工奠定了基础。高效率生产的机器像是一只无形的手，将农耕时代那隐藏在生产中的设计剥离出来，从此人类社会产生了一种称为设计的工作，产生了一种称为设计师的职业，产生了一门称为设计学的专门学科。

18世纪中叶以后，工业革命在欧洲等国相继爆发，人类社会从此进入工业时代。

随着机器生产效率的日益加大，大众化社会消费对工业产品的设计提出了前所未有的复杂要求，于是，有相当多的从事工艺美术的艺术家纷纷转向对工业美术的探索。无论是美术的观念，还是美术的形式，都要符合工业化大批量生产的要求，从而完成跨时代的转变。而这种跨时代的转变并非一蹴而就，而是经历了多次的设计运动之后才达成的。

一、工艺美术运动（the Art & Crafts Movement，1864~1896）

工艺美术运动是英国19世纪下半叶的一场设计运动，起因是针对家具、室内产品、建筑的工业批量生产所造成的设计水准下降的局面。1851年在伦敦举办了第一届世界博览会，当时有很多艺术家对展出的工业早期粗糙产品嗤之以鼻，主张回归中世纪传统，以精湛手工艺技术加上受过专业训练的艺术眼光来设计制造生活用品。这批艺术家将他们的艺术理想寄托在家具、书籍装帧、纺织品等实用物品的设计上，并身体力行地亲自进行设计和制作。因而形成了历史上从未有过的对日常实用物品的关注和重视，而且是以艺术家而不是以工匠为制作群体的一场运动。实际上，这一时期尚属工业设计思想萌发前夕，所以在工业品的制造和设计上显得十分幼稚，因而引发了众艺术家们对工业产品和工业制造方式的怀疑，产生了这场表面上反对历史潮流的设计运动。

工艺美术运动之所以被誉为第一次的设计运动，是因为当时有一批身体力行的艺术家和力主改革的理论家提出了很多与时代发展一致的艺术思想，并付诸于实践。例如"美术与技术结合""纯艺术与工艺美术的地位相同""在家里不要放一件实用而不美的东西""艺术应该让大众理解"，在这具有一定民主性的艺术思想的引导下，更多的画家投入到首饰、墙纸、家具、纺织品、书籍装帧等实用物品的设计工作中，广泛地推动了设计的发展。当然，工业化带来了一系列新的社会问题，整个欧洲处于动荡不安的变革之中，加上工业产品的尚不尽如人意，在不知所措中，艺术家们采取了退隐到过去年代的方式来进行逃避。他们采用中世纪的淳朴风格和日本装饰风格，发展出一种与各个历史时期都不相同的艺术形式。由于这场运动的消极因素，而注定了不可能有设计观念和形式上的更大突破。它对于工业化的反对、对于机械的否定和过于强调装饰，增加了产品的成本，也就不可能被大众享有，民主思想与生产方式的矛盾使这场运动最终以知识分子的理想破灭而告终。工艺美术运动的代表人物有创始人、实践家威廉·莫里斯（William Morris）和思想奠基人、艺术理论家约翰·拉斯金（John Ruskin）。

法国高级时装业于20世纪初形成，代表着服装设计与其他领域同步跨入了新时代，并开启了以设计师左右时尚的历史。其代表人物是来自英国的时装设计师查尔斯·弗兰德里克·沃斯，由于他对现代服装事业所起到奠基作用，被誉为"现代时

查尔斯·弗兰德里克·沃斯
（Charles Frederick Worth，1827~1895）

英国人沃斯以巴黎为自己事业的大舞台，成功地建立了法国高级时装业，组织了时装联合会，在19世纪中叶使时装设计与其他设计门类同步进入了一个全新的时代，为现代时装的发展奠定了基础。

沃斯的设计风格华丽、娇艳、奢侈，用料极其铺张，习惯在衣身部位装饰上精致的褶边、蝴蝶结、蕾丝花边等。当然，他的顾客都是社会最上层极尽奢华的女性。在工业时代的影响下，上流社会的生活方式也发生了许多变化。因此，沃斯对当时的服装进行了大胆地改进，最著名的是1864年他废除了鸟笼式裙撑，从而结束了欧洲宫廷长达数百年的女性服装造型。严格地说，沃斯的时装风格带有旧时代的遗风，代表了19世纪下半叶流行的新古典主义的仿古风格。他所创造的女性形象，完全不具备大工业时代的特征，更不具备现代主义设计特征。

装之父"。沃斯设计的女装晚礼服也参加了第一届世界博览会，虽然当时欧洲女装还处于紧身胸衣和裙撑的时代，而且制作方式全部都是手工。所以，正如工艺美术运动的时代局限，法国高级时装从一开始就不是工业大生产的产物（图2-1）。

二、新艺术运动（Art Nouveau，19世纪末~20世纪初）

新艺术运动发源于法国，虽然历时只有10年左右，但是规模和影响却在工艺美

图2-1　身着沃斯设计服装的法国欧仁尼皇后和女官们（1860年）

术运动之上，涉及十几个欧美国家，并且囊括了建筑、家具、产品、首饰、服装、书籍装帧和插图等各个设计领域，甚至于纯艺术的绘画和雕塑等几乎所有的视觉艺术。这是一场世界范围的设计探索和实验，甚至没有统一的风格。在设计学理论上，认为该运动对20世纪的影响仅次于现代主义运动。

新艺术运动与工艺美术运动相比，二者均受到日本装饰风格，特别是日本江户时代的艺术与装饰风格及浮世绘的影响。新艺术运动在艺术形式上也是反对矫饰的维多利亚风格和过度装饰，但更强调师法自然，以植物、动物为题材进行装饰，运用大量的有机形态曲线，而工艺美术运动还以中世纪的歌德风格作为参照和借鉴。但从总体上看，这两次运动有诸多相似之处，同样提倡手工生产方式，同样受自身风格的限制而只能服务于权贵阶层。故此，新艺术运动仍然是在工业化势不可挡、贵族化繁复装饰泛滥的双重前提下进行的一次不成功的设计改革运动。

作为传统设计和现代设计之间的一个承上启下的重要阶段，新艺术运动创造的风格对后来的设计发展还是有启发的，尤其与当时社会发展过度的工业化之后出现的后现代主义设计风格有许多共同之处。另外，新艺术运动在各欧洲国家发展的特点各异，譬如比利时的"分离派"，探索方向和特点主要表现在简单的几何外形和细部的有机结合，创造出一种手工艺时期和工业化时期相互交接的特殊风格，而且"分离派"的设计强调功能，呈现出立体主义的形式特点。另外，法国的"六人集团"、德国的"青年风格"等，同样都为各国的现代设计奠定了基础，并共同推进了欧洲的设计发展。另外，从艺术水平所达到的高度来评断，这场运动中涌现出了一批世界级的艺术大师，如西班牙建筑师安东尼·高迪（Antonin Gaudi）、英国的插画家奥勃利·比亚兹莱（Aubrey Beardsley）等（图2-2~图2-5）。

图2-2　在巴塞罗那的帕塞奥·德格拉西亚大街上，坐落着高迪设计的米拉公寓，这座闻名于世的"石头房子"于1984年被联合国教科文组织宣布为世界文化遗产

图2-3 高迪设计的圣家族大教堂从1884年动工，1926年高迪去世后由他的副手接替工作，至今尚未竣工。教堂主体与周围的钟楼布局相协调，建筑整体显得十分生动，完美地体现了新艺术时期的象征主义风格

图2-4 比亚兹莱善于将日本浮世绘风格与西方中世纪风格相结合，这张表现罗马女巫的插图充分体现了他的幽默感和想象力

图2-5 黑白方寸之间的变化魅力无穷，比亚兹莱的绘画风格成为新艺术运动的典型

　　源于自然的造型成为新艺术家们常用的主题，而自然中动植物蜿蜒、柔美的曲线就成为新艺术的一个重要标志。这个时期，法国高级服装的代表风格是融入新艺术运动中的"吉普森少女装"（Gibson Girl Style）。为了强调曲线，女性服装使用了比维多利亚时期还要紧窄的紧身胸衣，使服装风格更加脱离了当时已发生巨大改变的现代生活方式，因而流行的时间很短，很快就成为了过去（图2-6）。

　　需要提及的是，在今天，一个世纪以前的新艺术运动重新引起了艺术设计界广泛的关注，大量的新艺术作品被重新展示，其收藏价值也大幅度提高，有关新艺术

| 名师简介 |

安东尼·高迪（Antonin Gaudi，1852~1926）

　　安东尼·高迪是现代最伟大的建筑师之一，他设计的建筑奇异而又美轮美奂，被认为是20世纪世界最有原创精神、最重要的建筑，是新艺术建筑的代表作品。他对色彩、材料及各种曲线的运用精妙娴熟，东方风格、新哥特主义以及现代主义、自然主义等诸多元素都被他"高迪化"后，统一表现在他的建筑中。在高迪创造的奇异建筑里，流动着万物的生机、自然的生命。

　　高迪崇尚大自然，自然是他灵感的源泉之一。在高迪设计的建筑中，绝少运用死板的直线，因为高迪认为自然界没有直线存在，如果有，也是一大堆曲线转换而成的。高迪迷恋动植物以及山脉的造型，他观察入微，他所看到的自然美并不是刻意的美，而是具有效用、实用的美。他的作品为西班牙巴塞罗那城注入了独特的韵味，也为20世纪建筑史写下了辉煌的一页。

奥勃利·比亚兹莱（Aubrey Beardsley，1872~1898）

作为世纪末情调的代表者，现代艺术的源头之一，年仅26岁便逝去的天才画家比亚兹莱用线条和黑白色块给后世留下了巨大的影响。

比亚兹莱的画充满着诗性的浪漫情愫和无尽幻想。古希腊的瓶画和东方的浮世绘与版画对他的艺术道路产生了深切的影响。比亚兹莱对唯美主义有着独创性的理解，强烈的装饰意味，流畅优美的线条，诡异怪诞的形象——他的作品完全能够与文字著作并立成为独立的艺术品。

在他逝后，有评论列出了一长串名单：比亚兹莱的插图、瓦格纳的《唐·璜序曲》、达·芬奇的绘画……把它们归于高超艺术边缘的稀有作品，可见艺术界对他评价之高。

历史和风格研究的著作层出不穷。研究者们大多将新艺术运动与今天的后现代装饰艺术进行了比较，找到了一些相近之处。譬如对个性审美的尊重以及师法自然有机曲线的风格，但此时绝非彼时，重拾新艺术运动只说明与流行的怀旧风潮、关注环境有关，只能说明当代的审美取向和生活态度与当时有一定的共同之处。

三、装饰艺术运动（Art Deco，20世纪20~30年代）

装饰艺术运动持续时间短、影响范围小，但在设计风格上与前两次运动相比是有很大突破的。起源于法国的装饰艺术运动与现代主义设计运动几乎同时发生，所以无论是受后者的影响，还是有一些艺术家已看到了工业化是大势所趋，该运动开始采用工业化材料，同时不再回避机械生产方式。在审美风格上，该运动的艺术设计师们较广泛地吸取了来自东方传统艺术的影响，形成了鲜明的时代特色。但由于针对的是上层社会的生活消

图2-6　吉普森少女装最大的特点就是夸张的束腰造型，其极为强调曲线的风格反映了新艺术运动时期的审美倾向

图2-7　保罗·波瓦赫设计的晚装明显带有中东阿拉伯民族服饰的特点

费，因此艺术形式上未能有彻底的突破，从而很快被滚滚而来的工业化大潮吞没。

同时期时装设计的代表人物是法国艺术家保罗·波瓦赫（Paul Poiret），他的作品几乎借鉴了所有的东方异国情调，如日本的和服、古埃及舞女的短裤、乌克兰的民族服装、阿拉伯的丝织品和香水以及被重新评价的古希腊人的服装等，在形式上突破了欧洲传统。其主要贡献在于取消了禁锢女性长达300多年的紧身胸衣，打破了以S造型为主流的趋势。在艺术形式上，保罗·波瓦赫的作品也是西方服装设计师从东方服饰中攫取灵感，进而成功改造西方服装的一个典型例子（图2-7）。

欧美文化圈和时尚圈对于异域的样式有着较大的包容性。这种包容性以及强大的消化能力，也正是巴黎时装能长时间保持世界领先地位的关键因素之一。时装设计师们所着眼的并非民族化服饰，而是世界化服饰。这种服饰已超越原有民族审美观的局限，融入全球化的审美要求范围，也正是服装艺术发展的一个大趋向。

名师简介

保罗·波瓦赫（Paul Poiret，1879~1944）
与服装民族风

20世纪初期，以法国服装设计师保罗·波瓦赫为首的革新派借鉴东方服装的风格，对沿袭19世纪而来的女装进行了造型、色彩、裁剪结构上的重大改良。波瓦赫对时装的贡献，不仅在于对民族题材的挖掘和利用，而且也在于将民族题材与欧洲传统风格相结合、与现代服饰发展的趋向相结合。

随着现代设计的发展，民族题材已不再像波瓦赫的设计那样仅停留在移植和结合上，而是融入设计方法之中，反映了现代主义思潮下对原有风格的超越。从此，尽管欧式时装在现代服装史上仍占有最"正统"的地位，但它已不仅仅是处于一个输出的位置上，而是不断地开始接受来自其文化圈以外的其他服装形态和服装文明的影响。尤其是第二次世界大战之后，民族情调已经成为一种国际化的趋势。

四、包豪斯与现代主义设计运动（20世纪20年代至今）

包豪斯（Bauhaus）是1919年建立于德国魏玛的艺术设计学院，也是世界上第一所完全为发展设计教育而建立的学院。它以全新的设计观念和教学方法著称。1929年，由于保守政治的原因，包豪斯从魏玛搬迁到了德绍（Dessau），在此一直到1933年关闭。在德绍期间，包豪斯发展的设计理论进入全盛时期，并致力于学院教学与商业运作相结合（图2-8）。

第二次世界大战之前，在这所学院里汇集了欧洲最前卫的一批

图2-8　包豪斯学院的教学大楼以其简洁的造型和完备的功能而成为现代主义设计风格的成功作品

艺术改革者和艺术设计师。包豪斯的教学成果深刻而广泛地影响了建筑、产品设计和视觉传达领域，其倡导的许多设计理念后来都成为设计界广为接受的宗旨。例如"少即是多"（Less is more）的现代主义设计原则。包豪斯的诞生标志着现代主义设计运动的开始，是现代主义设计运动主导了整个20世纪的设计界，由此，现代设计逐渐成长为社会变革和文化新生的载体。

20世纪末，民主思想已在欧美国家广泛传播，这一社会背景是产生现代主义设计运动的前提。这场运动完成了前几次运动都未能完成的历史使命，真正使设计者在思想意识上彻底发生了转变，从而承认工业化是未来社会解放生产力的必由之路，只有通过这条路，才能达到放弃权贵、为社会大众服务的目的。从此现代主义设计迅猛发展，配合越来越成熟的工业技术和越来越大的生产规模，于整个20世纪里，成为以美国、日本和欧洲诸国为首的经济发达国家推进工业化进程的有力手段。

现代主义的设计探索并没有一个统一的"模样"，由于各国的文化差异和工业化程度的不同，由"现代主义"产生出来的设计思想和风格各不相同。即使共同进行现代设计探索的欧洲各国，也发展出各具特色的设计主张和方向。总体上进行比较，欧洲的现代设计蕴含着知识分子的理想主义，或者是社会民主主义的内核，设计探索多样化，不迎合市场的设计试验是存在的。美国却截然相反，激烈的市场竞争引导着设计的发展方向，推动销售、追逐商业利润成为设计唯一的目标。市场的自由竞争尽管令设计缺乏社会责任感和思想深度，成为单纯的商业推广的工具，但其强劲的动力促进了现代设计的长足发展（图2-9）。

在德国，主张理性主义与主张个性化创作的设计者们发生了激烈的辩论，后者

提倡有机形态的、人情味的和浪漫的设计。最终，高度理性化成为德国设计的代表特征，这种深入的现代设计理论思考影响了欧洲各国，特别是包括荷兰、比利时在内的低地国家。由于地理、文化、民族等诸多因素，现代设计在各国显现出不同的发展路径，譬如斯堪的纳维亚五国，人性化的、乡村田园式的设计风格作为传统与现代良好结合的典范经久不衰；而在文化传统悠久的意大利，贵族化设计与大众化设计并存，由于意大利人把设计视为艺术和文化现象，因此，不断产生激进的设计运动与前卫的设计组织，并且设计常常被认为是解决社会上存在的诸多问题的途径之一。英国、法国、西班牙等欧洲国家都是现代主义设计运动的发起国，经过半个多世纪的努力，在现代设计上取得累累硕果（图2-10）。

图2-9　1938年美国工业设计师亨利·德莱福斯（Henry Dreyfuss）设计的现代主义风格的火车头，极具工业时代的审美意味

图2-10　1918年荷兰风格派设计师里特维尔德（Gerrit Rietveld）设计的红蓝扶手椅，被视为现代主义设计风格的典型作品

另外，日本作为第二次世界大战后才进入世界现代设计体系的后起之国，从1953年前后开始到20世纪80年代，仅仅用了20多年的时间，就跻身于设计发达国家的行列，令世人刮目相看。尽管日本的文明发展是大量基于他国文明的借鉴——公元七世纪到九世纪向中国学习文化；1868年明治维新后学习德国的工程技术，学习英国的文官制度和社会管理体系；1950年后学习美国的现代企业管理技术和高科技技术，等等。然而，日本人以务实肯干的民族消化能力将他国的精华融会贯通于自己的文化之中。不难在日本文化和技术中找到文化技术借鉴的痕迹，但是又不得不承认，加入了日本本民族文化意识的文化技术已是地道日本式的。

还必须提及的是美国汽车工业发明的"有计划的废止制度"和德国的系统化设计思想。"有计划的废止制度"（Planned Obsolescence）起始于20世纪30年代，源于通用汽车公司前总裁斯隆和前设计师厄尔的主张，即在设计新的汽车式样之时，有计划地考虑几年以后不断地更换部分设计，从而形成一种制度，使汽车的外形式样最少每两年有一次小的变化，每3~4年有一次大的变化，以达到有计划地式样"老化"

的目的。这种通过不断改变设计式样，避免造成消费心理疲劳的过程，是促使消费者追逐新式样潮流，放弃旧式样的商业促销手段，对大众消费习惯的形成产生了深刻的影响。服饰时尚产业把这种制度发挥到了极致，产品淘汰的周期以自然季节来计算，并通过社会习俗的惯性达成了微妙的强制效果。

系统设计（System Design）的思想大约在20世纪30年代末形成，提出者是包豪斯学院的第一任校长格罗皮乌斯，随后发展出的产品设计可自由组合单元均基于基本模数单位，因此产品组合整体感强烈。系统设计的影响从工业设计扩展到建筑、室内、平面等其他设计领域。我们可以从服装的色彩系列、流行元素（拼贴、系带、图案纹样等）当中体会这种"基本模数应用"带来的系列整体风格（图2-11）。

从现代主义设计被社会广泛接受后的20世纪20年代起，欧美国家开始了现代设计教育。第二次世界大战之后，现代艺术设计教育更是如雨后春笋般在各个国家开展起来。尤其当一个国家的经济发展到一定程度，设计教育也就应运而生。

图2-11　1950年美国设计师查尔斯·埃姆斯（Charles Eames）设计的标准件自由组合储藏柜，标准件是工业社会的必然产物

毫无疑问，现代主义设计对20世纪服装的发展具有深刻的影响。服装形式本身就不必赘言，产业的组织方式，从设计组织、生产组织、加工设备应用以及营销的方式都可以看出这种印记的存在。1903年，由莱特兄弟发明的飞机得到迅速发展，1919年在英法之间出现了定期航班，交通工具的发展使人们开始有能力奔波于城市和城市之间。1927年，查尔斯·林特库成功地飞越大西洋，以此为契机诱发了旅行热。1913年由于美国福特汽车公司一系列的改进，使汽车在20世纪20年代迅速普及起来。伴随着这些社会文明的发展，适合旅行、兜风等具有功能性的服装成为人们追求的目标，服装进一步向便装化发展。

在服装领域，由于男性更早地进入现代社会环境，因此，男装的现代风格形成较早，基本上是从西方近代男装演变而来的男装形式一直延续到今天。在女装方面，对现代主义设计风格的探索自20世纪20年代开始。法国著名女设计师卡布丽尔·夏奈尔首先身体力行，大胆地从男装中取得设计灵感，从而突破了传统女装的风格。之后，更多的设计师在服装设计上进行了各种现代主义风格的尝试，服装和艺术相结合，追求新的创造性，是这一时代的一个重要特点（图2-12）。

服装、建筑、工业产品等产业的充分市场化并非偶然的结果，现代主义设计有

卡布丽尔·夏奈尔（Gabrielle Chanel，1883~1971）

黑色大写的"CHANEL"是顶尖时尚的代表，是成熟女性的最爱。夏奈尔一生奋斗不仅创造了一个品牌，更创造了品牌的一种超物质精神，即现代女性独善其身的绝对强者精神。

自20世纪20年代起，夏奈尔不断发布适应新时代女性的服饰款式，她在服饰中运用了男装化造型、针织面料等以前从未在女装中采用过的手法和素材，充分体现了战后不断增加的都市工作女性的新思维和变动的服饰流行趋势。

夏奈尔主张将女装简练化，将一切奢侈感和高级感蕴藏于简朴之中，以简朴取代烦琐。简洁而浪漫的风格为其终生追求之目标，实用而又不失女性的美则是其设计的宗旨。她的"夏奈尔套装"从诞生至今，一直被视为女装的经典造型。

在长达半个世纪以上的时装艺术活动中，她以敏锐的艺术感觉和坚韧顽强的精神紧紧地把握着时尚。

图2-12 "CHANEL N°5"香水是除了CHANEL套装外，最负盛名的CHANEL商品，从产生至今，其流行经久不衰。"CHANEL N°5"香水瓶是由夏奈尔本人设计的一件极具现代主义简约风格的经典之作

其蓬勃发展的合理原因，以市场作为产业的支撑根基在某种程度上符合了时代特点。由此，近代时装业的繁荣才得以覆盖这个世界的大部分地区。当然，过分依托市场和大规模的制造也能够令设计显得单调重复、缺少个性和没有主见，正是这种过度工业化和商业化导致了后现代主义设计运动的兴起。

五、后现代主义设计运动（自20世纪70年代晚期开始）

后现代主义观点在广泛意义上被大量运用于现代设计领域。设计学理论家约翰·萨卡拉（John Thackara）提出，设计在新时代具有新的重要含义，设计本身表达了技术的进步，传达了对科技和机械的积极态度，设计是以物质方式来表现人类文明进步的最主要方法。由于信息时代的兴起，新的产业与新的产业方式与设计的关系越来越紧密，设计已不是个人或某几个人的意念或行为，它有着自身独特的影响社会发展方向的能力。设计改变了人们的物质生活，从而也在很大程度上影响了人们的思想观念、文化特征、行为方式。在贸易全球化的今天，设计已成为创汇的代名词，瑞典现代神话——大型家居企业宜家（IKEA）就是例证。

宜家的新产品，在其仍处于绘图设计阶段时，就进行了分析评估，从而确保这些产品能够达到功能、高效分销、质量、环保和低价格方面的要求。走进宜家家居专卖店，你可以很容易地在每一件商品标签上看到设计师的名字或某个国家的设计工作室，而产地往往是劳动力低廉的发展中国家。为宜家创造利润的正是前者，后者只能是靠宜家的生产订单挣一口饭吃。宜家在9个国家拥有约32个工业部门。在33个国家拥有约43个贸易公司（TSO）。设计带来的利润回报是惊人的，宜家集团2003财政年度（2002年9月1日~2003年8月31日）销售额为113亿欧元（约1037亿瑞典克朗）。2004年，创始人英戈瓦·坎普拉德（Ingvar Kamprad）所拥有的财富已经超越微软的比尔·盖茨而成为世界上最富有的人。宜家正是通过产品独特的风格设计和易于搭配组合的造型色彩设计以及实用且人性化的功能设计吸引了顾客，使顾客感到物有所值，从而避免了与同类产品的同质化竞争和价格战，使公司获得最大利润。设计在销售和实现利润中所起的关键作用从中可见一斑（图2-13）。

确切地说，现代主义与后现代主义在时间上并非前后承接的关系。后现代主义设计作为对现代主义设计的一种反思，早在20世纪60年代就已开始试图摆脱现代主义设计泛滥的桎梏。现代主义设计明确表达了工业文明的意识形态，早期曾具有反商业主义特征，但在登陆美国之后，原来的民主特点逐渐隐没，观念上的排他性、风格上的单调性便开始显现。由于人们对现代主义单调、无人情味的风格感到厌倦，有的设计者转而追求更加富有人情味的、装饰的、变化的、个性的、传统的表现形式。

然而，后现代主义却无法完全摆脱现代主义的影响，后现代主义设计具有所谓的双重性（Double-coded）。王受之在《现代设计史》中提出："设计既要对设计的

图2-13 宜家卖场中的样板间体现了后现代人性化实用美学的设计特点

邦格杯子的故事

（一）

这是宜家的一个典型实例，说明了设计创意在保证产品低成本生产、运输到销售的整个过程中所起到的创造高附加值的作用。而其中低成本、低价格的概念从设计绘制草图阶段就开始建立。

1996年，宜家的产品设计师接到设计一种新型杯子的任务，并被告知这种杯子在商场应该卖到多少钱。价格必须低得惊人，以确保能够真正击倒所有竞争对手。为了以适当的价格生产出符合要求的杯子，设计师必须充分考虑材料、颜色和设计等因素。例如，杯子的颜色选为绿色、蓝色或者白色，因为这些色料与其他颜色（如红色）相比成本更低。

（二）

到2003年，宜家又设计推出了一种新型的邦格杯子。它的高度变小了，杯把的形状也变得可以更有效地进行叠放，节省了杯子在运输仓储时占用的空间。此外，对邦格杯子的形状和尺寸也进行了重新设计，从而在烧制过程中可以更好地利用空间，使生产更加合理化。

宜家的降低成本还可以从节省原材料并最终保护环境的方面找到。邦格杯子就是在产品设计开发的同时考虑环保要求的一个很好的实例。例如，新型的邦格杯子色料更少，这样削减成本的同时对环境的影响更小。此外，邦格杯子不含铅和镉。

对宜家来说，在商场内的展示设计也很重要。在展示产品的同时，还可以为顾客提供巧妙的室内设计方案，从而启发设计灵感和引导消费。

对象、对公众负责，也要对设计者本人负责，从而把设计的服务目的从单向性改变为双向性。设计师的个人要求、个人倾向也就显得日益重要了。"经历了工艺美术运动、新艺术运动和装饰艺术运动之后，再经过现代主义、国际主义设计对个人主义的断裂，设计师的个人表现再次成为设计的考虑因素之一。

英国牛津大学英国文学教授泰瑞·伊格尔顿（Terry Eagleton）在其著作《后现代主义的幻象》（*The Illusions of Postmodernism*）中说，"'后现代主义'是一个复杂而范围广泛的术语，它已经被用来涵盖从某些建筑风格到某些哲学观点的一切事物。它同时是一种文化，一种理论，一种普遍敏感性和一个历史时期。从文化上说，人们可以把后现代主义定义为对现代主义本身的精英文化的一种反应，它远比现代主义更加愿意接受流行的、商业的、民主的和大众消费的市场。它的典型文化风格是游戏的、混合的、自我戏谑的、兼收并蓄的和反讽的。它代表了在一个经济发达的社会条件下，一般文化生产和商品生产的最终结合；它不喜欢现代主义那种'纯粹的'、自律的风格和语气。某些该运动的倡导者把它看作是一种受欢迎的艺术的民主化；其他的人则把它斥为艺术向现代资本主义社会的犬儒主义（见综合知识窗）和商品化的全面投降。"不论是现代主义设计，还是后现代主义设计，都会同时存在反对或支持的响应。如果从设计运动的影响范围及其所产生的社会变革来分析，总能看出一个大概的历史痕迹。尽管市场机制并不十全十美，它仍然被誉为人类最伟大的创造之一，作为现代社会必不可缺的重要组成部分业已成为检验设计生命力的自然而然的现实评判。

后现代主义文化商品实践最突出、最有代表性的领域之一是时装。对纯粹性和功能的强调、对表面装饰的嫌恶，导致了服装在现代主义立场上进行理性化的尝试。后现代主义的时装设计则试图脱离这种模式，而向装饰品、修饰和历史风格上的折中主义回归。时装业对亚文化风格进行整理、简化，有时甚至是多样化，在刺激自己市场的同时吸收边缘文化或对立文化的异己能量，以满足市场的需要。后现代主义的时装设计反映在与一致或和谐搭配的原则相对立，运用其他得到承认的后现代主义表现方式：修补的、不可比的或异质碎片的即兴并列。譬如英国前卫设计师维维安·韦斯特伍德（Vivienn Westwood）的朋克时装，以金属装饰、历史人物图案、不同面料的拼接以及舞台戏剧化的效果，呈现出几分怪诞、戏谑的意味。后现代主义时装的另一重要特点正是改变了以高不可攀的上流社会时装为主流的时装文化，使年轻人的、街头大众的真实生活得到了重视，并将那些来自平民的创意搬上了时装T形舞台，成为影响全球的新时尚（图2-14）。

依托现代商业和大众传媒，时装对社会生活的影响力得到增强。以至于有研究者认为它"具有强制性，为创新而创新，并且刺激和大量增加永远不能满足的欲望，是商品资本主义最纯粹、最发达的形式"。对这种评价的引证多来自于市

图2-14　图为典型的韦斯特伍德风格的服装，在看似正统的套装中加入夸张的街头风格的性感元素

维维安·韦斯特伍德（Vivienn Westwood，1941~ ）

深受无政府主义思想影响的英国时装设计师维维安·韦斯特伍德以离经叛道著称。

1971年，维维安·韦斯特伍德在伦敦开设了名为"让它摇滚（Let it Rock）"的服装店，销售自己设计的服装。伴随着时代的变化，店名多次被更改。她推出的都是否定英国传统、提倡新价值观念的服装，如以皮革和橡胶为素材的破烂不堪的古怪服装，深受以嬉皮士为中心的时尚青年的追捧。由于她在时装风格上的全新突破，吸引了全球时装同行和媒体的承认和关注，因此而为英国的时装业注入了新的自信和活力，奠定了20世纪后期英国在世界时装设计领域的领先地位。因此，她获得了由女王颁发的勋章。

场运作的成功范例，但是市场并非一成不变，盲目追求直接的、短期的经济效益常常导致过犹不及的后果。纵观20世纪美国的现代设计实践，现代主义设计的蓬勃发展的确得益于它与市场机制的结合，却也成为后现代主义设计探索的起因。设计能否使整个社会受益，能否真正有利于提高社会大众的生活质量，是当代设计界应该重新审视的议题。

另外，"后现代"和"后现代主义"这两个术语是有区别的，尽管它们往往被混淆使用。后现代其实包含了两个方面的内容，一个是真正的"后现代主义"设计风格，另一个是后现代时期的、非后现代主义的其他设计探索。也就是说，"后现代"包括了真正的后现代主义设计风格和后现代时期的其他设计风格两个方面的内容。

总体上概括，后现代主义包含三个方面的特征：①历史主义和装饰主义立场；②对历史动机的折衷主义立场；③娱乐性和处理装饰细节上的含糊性（相对于现代主义，在设计上有更多的非理性成分，含糊性变成了一种自然的结果）。尽管后现代主义设计在一定程度上被认为是个人主义在设计领域的复兴，但并非意味着对设计对象与社会价值的忽略。设计早已不是一种纯粹表达个人意念的行为，而是产生深刻影响力的一种社会行为。

从20世纪60年代开始，西方设计早就在纷繁的各种社会思潮中讨论设计的理念、设计的思想等，并伴随着嬉皮士运动而获得发展，包括对某些设计的嬉皮观念的认可，譬如拒绝消费文化等。当然对这种观念的重要性仍有争议，但这些青年思潮的出现引入了不同的设计风格。最有代表性的是20世纪60年代超短裙的出现，这种极短、极简洁的服装完全表达了年轻人向传统审美的挑战。这时期的长发、俗艳花哨的衣衫、牛仔裤和T恤衫，都从根本上改变了我们设计的思路，同时，这时的服装设计也成为视觉文化的醒目部分（图2-15）。

20世纪70年代后期，后现代主义艺术设计代表了当代文化、审美的变迁，这种设计理念是对现代主义的凭吊。设计师们反对现代主义的装饰简约的样式，提倡复兴观念、强调材料、意象多元化，后现代主义甚至影响了科学、哲学、文学与批评。所以在20世纪70~80年代以后出现的乡村风貌、乞丐风格的时装、宽肩男性风格的女装、东方特色的时装等都是这一时期的风格。甚至艳俗、同性恋、女权主义、传统美学意义上的"丑"都进入了时尚领域。一批前卫的时装设计师，以他们怪异大胆的创造，获得了喝彩。其中有让·保罗·戈蒂埃、维维安·韦斯特伍德、川久保玲（Rei Kawakubo）等时装设计师，即使一些信奉高级时装原则的设计师，他们也在设计中或多或少地加入了嬉皮、朋克服装风格的成分（图2-16、图2-17）。

图2-15　20世纪60年代的迷你裙表达了当时的年轻人对传统审美的反叛

图2-16　让·保罗充满想象力的服装总是让人瞠目结舌，所以，在美国著名导演吕克·贝松邀约下，他成功地为科幻电影《第五元素》设计了系列服装

图2-17　川久保玲于20世纪80年代后期推出的"破旧"风格的时装

新世纪之交，影响设计界的新倾向有三个，首先是原生态绿色设计。生态问题已在当代引起了全球的关注，已有设计师用服装来表达环保观念，更多的是设

服装纺织品绿色标准

世界上一些纺织品/服装的主要进口国已纷纷通过立法，或制定相应的标准，如öko-Tex Standard 100，对所进口的纺织品/服装的安全性及环保性实行严格的监控。

监控内容主要针对纺织品/服装用染料以及拉链等辅料中的成分，包括：禁用偶氮染料、致癌染料、可萃取重金属、游离甲醛含量、pH值、含氮有机载体、杀虫剂、色牢度等。

计师们意识到用环保的材料、再生的材料、甚至以破旧来表达绿色主题。当然在服装材料上，从纺织、印染都注重环保。绿色标准也应运而生，任何有害的面料、染料都被禁止。一些高新技术的纺织材料和天然纤维材料成为当代服装设计的宠儿。

影响设计的另一倾向是新技术的发展。计算机、信息技术的影响已深深渗透到服装设计领域。计算机在观念上改变了工业时代的传统，第三次浪潮阐明了这个时代变迁的特征，人们衣着审美观念虽然尚未寻觅到信息时代的衣着形式，但在形式上的探寻则表现得五花八门，时而追求涂层面料、时而崇尚透露、时而流行黑色……同时，计算机在设计上的运用，使设计、配色、面料、排板、打板、放码甚至销售更加快捷简便。计算机模拟的虚拟现实，也使设计师更加便于操作。网络的出现，使世界变成真正的地球村，巴黎的时尚信息能飞速地传遍全球，在一体化经济下的审美也变得越来越全球化。

影响当代设计的再一个倾向是传统文化。冷战结束以后，"文化认同"又成为东西方文化领域的共同命题，联合国教科文组织也再次呼吁保护全人类的文化。从20世纪末开始，具有民族特色的传统文化备受重视。尽管人类已经登上月球、克隆生命，但几千年积淀的文化遗产尤为宝贵，因此，在设计界、服装界也掀起一股回顾东方民族传统的热潮。当然，如何杜绝对传统文化作简单的、表面的、猎奇的理解，而将其真正融入到现代生活和当代审美中来，这将是值得探索的永恒课题（图2-18、图2-19）。

我们无法精确预测服装设计的未来，随着社会的发展，设计必然会寻找到新的主题和新的语言。设计将更加受到重视，设计将面对更加丰富复杂的消费者。设计的未来永远具有挑战性，同时，21世纪的设计将重新塑造世界。

图2-18 谭燕玉善于从东方文化中撷取灵感，将其贯穿于西方时尚形象中，从而转化成全新的设计

图2-19　灵感来源多样是安娜·苏作品的一个重要特征

| 名师简介 |

谭燕玉（Vivienne Tam）的时尚民族风

生于广州的谭燕玉最为时尚界人士所熟知的，就是她吹起的一阵东方民族风。

她从1990年开创时装品牌VivienneTam以来，就以结合传统元素和西方时尚形象的创新意念在时装界不断走红。她认为，中国文化虽然博大精深，但一成不变的古老文明很难让年轻的一代接受，更难以将之推向世界。她以设计师的巧思创意，大量从东方文化中撷取灵感，将之转化成全新的设计，屡屡让人惊诧。她将中国的传统文化底蕴贯穿于她所设计的时装中，以独特的美感吸引了不同年龄段、不同种族的人群。她擅长于运用面料和图案，并以亚洲传统精细的手工对面料进行不同的演绎。

谭燕玉通过把中国传统元素和西方时尚形象的完美结合，使Vivienne Tam品牌在美国获得成功和认可。目前，该品牌的时装及饰物在国际上有大批拥护者。她的时装在瑞典、日本、德国、巴西、意大利、新加坡等地都可以买到。

奇幻的巫女安娜·苏（Anna Sui，1955~　）

安娜·苏是Anna Sui品牌的创始人，出生于美国底特律，拥有中国与美国血统。

安娜·苏最擅长从各种艺术形态中寻找灵感：斯堪的那维亚的装饰品、布鲁姆伯瑞部落装和学生的校服都成为她灵感的源泉。Anna Sui品牌性格鲜明、大胆，略带叛逆，她所有的设计均有明显的共性：摇滚乐派的古怪与颓废气质，这使她成为模特与音乐家的最爱。在简约自然主义领导时尚潮流的今日，安娜·苏却逆流而上，在她的设计中洋溢着浓浓的复古气息和绚丽奢华的独特气质：刺绣、花边、绣珠、毛皮等一切华丽的装饰主义风格都集于她的设计之中，形成了她独特的巫女般迷幻魔力的效果。

第二节　现代艺术设计的社会作用

艺术设计已经成为现代社会行为的一部分，从航天科技器械到日常生活用品，在人类活动所涉及的范围内无不体现出设计的作用，既注重产品的外观又切合实际的使用功能的设计，称为艺术设计也不为过。事实上，几乎每一种设计都包含着外观和功能之间的平衡，正是这些设计促进了现代人类文明的发展。特别自18世纪晚期的工业革命之后，设计逐渐成长为一种专门的职业形态，如同在文明演进过程中加入了"催化剂"一般，加速了整个社会生活质量的提升。

第二次世界大战以后，尤其是20世纪80年代以来，社会对于通过设计解决问题、对理解设计功能与定义的范畴已非常广泛和复杂，设计开始被视为解决功能、创造市场、影响社会、改变行为的手段。

一、促进经济发展

当今世界各国相互竞争的重心已经转移到经济贸易领域。相对加工制造业有所萎缩的西方发达国家而言，发展中国家的产品似乎由于"廉价的劳动力"而具有价格优势。价格优势导致利润增加或者竞争优势。但是，工业、高新技术产业和信息产业的快速发展不可避免地挤压着传统的劳动力市场，使廉价劳动的优势萎缩和边缘化。诸如服装这类工业自动化应用程度有限的传统劳动密集型产业，成本低廉的优势也在逐渐丧失。西方时装业中高成本、高价位的经营模式尚且未能够取得理想的利润，何况生产制造低成本转移带来的利润空间有限。因此，仅仅人工成本低廉实在不是什么值得称道的优势，制造业应该通过设计提升产品的附加价值。

现代设计史主要是由欧美经济发达国家谱写的，设计史事实上也是各国的现代经济发展史。20世纪初期，英国的工业设计曾经落后于不少国家，当时的英国政府迫切地认识到，新产品的更新可以令本国工业品在面临强有力的国际竞争时发挥作用，设计落后就意味着出口贸易遭受损失。因此，英国的设计发展是以政府的提倡和扶持为主导的：1914年成立英国工业艺术院（简称I.I.I.A）、皇家艺术协会（简称RSA）于1922年设立"工业设计奖"，英国贸易部在1931年组成戈列尔（Gorell）委员会研究设计扶持政策，1934年成立旨在推动工业设计发展的政府机构艺术与工业委员会（简称CIA）等，都表明了英国政府十分重视设计在促进经济发展中的作用。其中，政府扶持设计的最典型代表是英国工业设计委员会与英国设计中心，由于它们在促进英国乃至世界工业设计中的突出作用，因此被冠以里程碑式的意义载入设计史册。由于英国政府长期以来重视扶持发展工业设计，使英国的工业设计达到了世界一流水准，成为一个工业设计的出口国家。

美国在20世纪的工业设计、平面设计、建筑设计等设计领域取得的成就几乎完全是市场自由竞争的结果。当然，设计与经济是相互促进的，没有强大的国家经济实力为后盾，设计也不可能如此迅速地繁盛起来。王受之在其著作《现代设计史》中曾经这样评价市场经济的积极作用："……到1933年被希特勒封闭，大部分包豪斯学院的教员和学生移民来到美国，他们发现了设计和设计教育的最佳土壤原来不是欧洲，而是美国。欧洲的观念和美国的市场结合，终于在战后造成轰轰烈烈的国际主义设计运动。"美国的设计在组织形式上分为两种，一种是企业内部的工业设计部门，另外一种是独立的设计事务所。无论哪一种形式，都是市场竞争和市场需求的结果，设计的唯一要点在于能够促进产品销售。

日本能在第二次世界大战的废墟上一跃成为世界经济强国，是日本政府和企业界共同致力发展设计的结果。国土狭长、原材料匮乏的日本只能大力发展商业和出口贸易，日本政府认识到好的设计和好的质量是日本产品赢得国际商业竞争的唯一途径。达成共识的企业界也同样注重在设计创新、质量控制、市场推广和价格竞争等方面取得市场先机。诸如日本索尼（SONY）电器公司的"创造市场"的设计政策，已经成为公司经营战略的重要组成部分。

中国的服装行业已经步入品牌竞争的阶段，通过对外模仿和经验借鉴，快速成长的国内服装品牌迫切需要独立思考的设计研发。这不仅是一个产业发展的关键，对于整个国民经济的兴旺发达同样具有现实的意义与价值。

二、提升生活质量

功能主义和理性主义常常导致设计出来的产品具有单调、非人性化的特点。"形式追随功能"有其合理的一面，但并非完全符合人们的愿望。人类最原始的生活器皿是没有装饰的，质朴的造型和材质具有朴素的美感。当它们附加了装饰，材质与造型选择变得考究的时候，也就表明了人类生活水平较以往有了提高。那么，谁来从社会创造的物品或劳动成果中获益？这是经济学应当考虑的基本问题之一，不同的经济制度以不同的方式来解决这些问题。设计必须对其目的所在做相应的思考，服务对象的不同组合也就产生了对精英主义和社会民主的、短期经济利益和长期社会效益的、功能理性和人本思想的不同侧重。正如经济行为中没有统一的定律，没有普遍的真理一样，以某种单一不变的指标来评价设计的优劣非常牵强。现代设计有的只是"趋势"，而且受到不同文化、不同政治制度与经济制度的影响。

尽管存在多种形式的设计探索，我们仍然着重强调设计之于社会价值最重要的方面：提升人类的生活质量。这与对人类发展史上历次重要发明（或者说设计）带来文明进步的价值认同是一致的。不论欧洲学院式的设计探索，还是美国以市场为导向的设计实践，或多或少都在不同程度上提高了本国民众的生活质量。但是，诸多因素的制约和关联作用令设计几乎不可能圆满地实现这一社会价值。譬如，过度消费带来的资源浪费和环境污染等负效应总是伴随设计创新而来。如何才能使设计的社会效益最合理化是当今设计界正在反思和尝试解决的课题，而且设计师应该有责任对此做多方面的思考与实践。

三、促进社会进步

正是衣食住行在时间轴上点点滴滴的积淀，形成了我们的文化。文化既是物质的，也是精神的，属于我们生活的一部分。服装设计、建筑设计、平面设计等设计领域从方方面面不断重塑着人类生活，同时也在重塑着人类文化。

譬如，设计以有形形式参与和推进着社会文明的进步。在现代社会中，人与人之间的交流大致是以两方面的形式进行的。一种是以人们的行为进行的交流，语言、文字、手势属于此类；另一种是人与人通过物的形式进行的交流，如各种标志、广告、产品设计、包装设计等，除了一般的功能性以外，也包含了普遍的交流性。以物的方式进行交流是现代社会非常普遍的现象。全世界的国际机场都具有比较接近的特点，因而无论在哪个国家的机场，乘客在了解航班、时间、登机口等情况时都不会有太大的困难。还有计算机键盘字母排列、公共标志等的标准化设置，均充分体现了设计在促进交流方面的作用。

服装是一种人造形态，通过分析，我们已得知其在社会生活中不仅作为一种物质而存在，更多的是因为其不可替代的表达和传播作用。美国学者艾莉森·卢里（Alison Lurie）在使她荣获普立策奖的那本《解读服装》（*The Language of Clothes*）一书的开篇就写到："服装是一种符号系统。"服装正是以这种无声的方式参与和推进着社会文明的进步。自20世纪初开始的妇女解放运动一波接着一波，由美国、欧洲妇女首先开始了争取妇女权益的社会斗争。从走出家门接受教育，到平等就业、参政议政，在这一过程中，妇女们常常以服饰外观的改变来表达思想和观点。20世纪60年代的西方女性以穿着超短裙以及穿着和男人一样的长裤来表明自己的激进；70年代的美国妇女运动，积极分子在大街上脱去胸罩、长筒丝袜和高跟鞋，以争取社会工作的同工同酬。可是，社会变革也有反复，1963年巴列维时代的伊朗妇女脱下面纱，到了1979年的霍梅尼时代又被迫戴上了。纵观整个20世纪，各国妇女从封建农耕文明下的逐渐解放，无不伴随着服饰的改变。马克思曾说过："从一个民族的武器、工具或装饰品，就可以事先确定该民族的文明程度。"——如同一滴水却可以反射太阳的光芒，服装是它所诞生的时代中的大量文明信息和思想文化的载体（图2-20）。

图2-20　20世纪70年代的美国妇女运动，积极分子当街燃烧胸罩，用激进的行为表达了对社会歧视妇女权益的抗议

第三节　现代服装艺术设计

服装作为人类文明的产物，是人类物质需要和精神需要所导致的，天生具有实用性和审美性的双重属性。随着现代科技的发展，服装的实用性功能已经基本解决，因此现代服装设计中主要解决的是服装的审美需求，即服装的艺术性。

一、艺术创新与生活着装

服装的美感乃是时代的产物，而艺术创作同样也受到时代的感召，不同历史时期的服装与艺术作品基本都会呈现出各自的时代特征和审美情趣。譬如18世纪的法国，宫廷权贵们的穿着打扮与他们所享有的绘画、建筑、音乐总体上表现出一种绮丽浮华、纤细优雅的风格。千金贵妇们的服装强调丰胸细腰，裙摆膨大的X造型，追求弱不禁风和娇媚的女性美。建筑、家具装饰繁琐，曲线轮廓婉转精致。而中世纪的教堂建筑、玻璃镶嵌画以及服装则都表现出一种神性的、禁欲的中古风情（图2-21、图2-22）。

图2-21　中世纪的服装严谨保守，连颈部都要遮住，体现了禁欲的观念

图2-22　大量的蕾丝褶皱花边、缎带蝴蝶结和层层叠叠的衬裙构成了典型的洛可可风貌

每个时期的艺术潮流、艺术风格都会影响到设计领域，很多艺术家也积极参与到设计领域从事设计。艺术自由无限的特质是产品设计的关键之一。20世纪以来，现代艺术的光怪陆离与现代设计有着千丝万缕的联系，两者间的距离日趋缩小，相互之间的影响与渗透日益增大。超现实主义画派、波普艺术、欧普艺术都极大地影响了工业设计，包括服装设计。著名的服装设计师夏帕瑞丽与超现实主义画家达利（Dali）友谊深厚，其作品互相影响，如达利的雕塑"抽屉维纳斯"与夏帕瑞丽的抽屉服装设计如出一辙，说不清谁受谁的影响（图2-23、图2-24）。

新的艺术风格与形式极

图2-23　刺绣着鲜红的虾和绿色欧芹的白色夜礼服是夏帕瑞丽的代表作之一，充分体现了她充满奇幻感的设计风格

图2-24　达利的作品传达出一种介于现实与臆想、具体与抽象之间的"超现实境界"。抽丝样细长的兽腿是其作品中常出现的一种幻觉形象

超现实主义时装设计大师艾尔莎·夏帕瑞丽
（Elsa Schiaparelli，1890～1973）

法国女设计师夏帕瑞丽的设计思想在西方现代服装史上具有不可忽视的价值。她的服装充满创意，是个性与才能、独创性与功能性的完美结合。

20世纪30年代，接受过系统艺术教育的夏帕瑞丽，以抽象的蝴蝶结和领带为图案的毛衣取得了成功。接着，又发表了印有骷髅的毛衫、镶嵌着鱼的泳装、印着龙虾和绿色欧芹面料制成的晚礼服等一系列想象力丰富、新奇大胆的设计。

夏帕瑞丽与当时许多现代艺术家交往深厚，使她得以将最新的艺术形式直接引用到服饰中，当作品明显地表现出超现实主义设计风格的特点后，她被媒体称为"时装界的超现实主义设计大师"。

西班牙超现实主义画家萨尔瓦多·达利
（Salvador Dali，1904～1985）

超现实主义绘画是指以精致入微的细部写实描绘来表现一个完全违反自然组织与结构的生活环境，通过把幻想结合在奇特的环境中来展示画家心中的梦幻。在超现实主义画家中，达利的影响最大，持续的时间也最长。

达利的许多作品，总是把具体的细节描写和任意的夸张、变形、省略、象征等方法结合起来使用，创造出一种介于现实与臆想、具体与抽象之间的"超现实境界"。

他偏爱的幻觉形象在其作品中常常重复出现，如带有许多半开的抽屉的人形、蜡样软化的硬件物体、抽丝样细长的兽腿以及物体向四周无重心地飞开的景象等。

达利的有些作品除了传达非理性、色情、疯狂和一定程度的社会哲学观外，有时还反映着人们的时髦心态。

易诱发新的设计观念，新的设计形式也会成为新艺术形式产生的契机。设计可以是造型的设计、材料的设计，也可以是概念的设计。不能将艺术形式法则机械地照搬在服装设计上，但对于艺术形式美的方方面面，如比例、对称、节奏、和谐等，以及古典艺术、现代艺术、音乐、舞蹈等艺术形式都能融入自己的艺术素养中。在设计过程中，使服装的色彩、搭配、比例、对比、节奏都能自然而然地流露出来。设计师需要艺术家的激情，需要将一件冷静的工业产品创造成"艺术品"。人类社会的设计劳动，最终是以人为根本的，而人是永远求新、求异、求美的，服装艺术设计的作用也就是将艺术元素渗透到服装上去。可以用对艺术作品的借鉴、解构、装饰等手段，努力反映当代的审美取向，把艺术美变为服装美。

艺术是精神和意识（观念）的创作，服装虽有物质效用，然而也是精神文化的载体。工业革命以来，科技进步正在缩减人们的时空感，日趋发达的各种传播媒介使人们的信息来源更丰富、交流更频繁，从而为服装设计与各门类艺术创作彼此借鉴、相互激发提供了更为广阔的途径，也为它们与社会公众的精神接触开辟了新的空间。现代设计史上最能阐明这种趋势的典型要属20世纪60年代广泛影响了经济发达国家的"波普"（Pop）运动，这个概念源于英文中的"Popular"（大众化）。波普运动涉及艺术、设计、文化、思想等诸多领域，不仅为大众所接受，更具有反叛传统的意义，融合成了这一时代的显著特征。波普运动受到消费文化的影响，各种新奇的观念付诸大胆的创作实践，使艺术设计在风格上具有了现代感。同时，它还反对现代主义设计当中冷漠、非人性化和高度理性的成分。该艺术运动的发起者和推动者主要是年轻人，年轻思潮的影响使这个时期的服装设计集中表现了青少年的反叛

情绪，设计的消费对象更是针对比较广泛的大众市场，从而打破了千百年以来由上层的穿着装扮影响下层的惯例，中产阶层的大众消费成为了社会消费主流，尤其是年轻人打破传统、不断创新的街头服装更是成为了设计师们的设计灵感来源。

以时装为骄傲的法国，将时装视为继电影之后的第八大艺术。在法国、英国、美国、意大利、日本等国家都设有各种类别的服装服饰博物馆。2002年日本服装设计大师三宅一生（Issey Miyake）的作品已被国际设计界公认，而被广泛刊登于各种设计年鉴和刊物上；2003年英国前卫时装设计师亚历山大·麦昆被英国工业设计委员会评为年度最具创意的设计师。时至今日，服装的艺术审美功能与生活实用功能结合得越来越紧密了，人们越来越讲究衣着的艺术风格和品位（图2-25）。

日本著名设计师中西元男在 2004年中国（北京）国际服装服饰博览会论坛上说："一种产品如果超过了物质价值，其信息价值能升华为一

图2-25 麦昆的反叛风格颠覆了高级时装的雅致，产生的效果令人耳目一新

亚历山大·麦昆（Alexander McQueen，1969~2010）

生长于英国伦敦东郊贫民区的麦昆是一位时装天才，是英国跨世纪新生代时装设计师的代表人物。

20世纪90年代初，刚从圣马丁设计学院毕业的麦昆开始了对时装产业的进军，他表现出来的超群才华令媒体和同行震惊。早年混乱与暴力交织而成的贫困生活是他在设计理念和审美意识上的资本，由此而形成了他偏执挑衅的街头时尚风格。

最具颠覆意义的是1997年麦昆应邀加盟法国高级时装老品牌纪梵希（Givenchy），并出任首席设计师。他的反叛风格与高级时装的雅致格格不入却又着魔般地相互吸引，出现了不可思议的集成效果。由麦昆代表的新一代设计师拥有比前辈更多自由灵动的设计意识和空间，可借助的灵感和经验也更广泛和无限制。他们可以宣称自己是朋克、嬉皮、光头党、无政府主义者……

种文化价值。"服装设计师始终应该是站在时尚前沿的人，涉猎广泛而知觉敏锐。在物质生活逐渐丰裕的社会，服装的物质效用固然不可弃之不顾，但对流行时尚而言，其精神文化内涵已占主角。融合于时代，或者融合于目标消费群体，将会使以理念、精神、文化追寻形式的设计创作成为自然而自主的灵感流露。

二、设计实现与生产制造

许多人误以为懂得绘画（懂得形式美法则、通晓艺术造型方法……）即能设计，或能裁裁剪剪也为设计。其实，这是对"设计"的表面或片面的认识。现代服装设计，早已不仅是传统手工艺的劳作，而主要依靠的是现代服装工业，所以服装设计也应归属于广义上的工业设计。

工业设计（Industrial Design）这个词最早出现在20世纪初的美国，用以代替工艺美术或实用美术这些概念而开始使用。在1930年前后的大萧条时期，工业设计作为对付经济不景气的有效手段，开始受到企业家和社会的重视。成立于1957年的国际工业设计联合会曾在1980年给工业设计定义为："就批量生产的产品而言，凭借训练、技术知识、经验及视觉感受而赋予材料、结构、形态、色彩、表面加工以及装饰以新的品质和规格，叫作工业设计。"接着又指出："工业设计师应在上述工业产品的全部侧面或其中的几个方面进行工作，而且对包装、宣传、展示、市场开发等问题的解决，付出自己的技术知识和经验以及视觉评价能力时，也属于工业设计的范畴。"

可见，工业设计的定义，其内涵和外延都是极具伸缩性的。广义的工业设计可以涵盖全部的"设计"，狭义的工业设计，是指对工业产品进行设计，其核心是对产品的功能、材料、构造、形态、色彩、表面处理、装饰等方面进行创造，既要符合人们对产品的功能要求，又要满足人们审美情趣的需要，还要考虑经济因素。现代服装设计几乎完全同工业设计的要素吻合。

服装设计同样是设计产品的款型、色彩、面料、装饰等，也同样考虑到功能、审美和经济。服装设计与工业设计同样是一门自然科学与人文艺术结合的综合性学科，它吸收了科技、文艺、经济的成果，并涉及美学、人体工学、生态学、心理学、市场学、材料学、史学等广泛的领域。艺术与技术是服装设计的支柱，技术为艺术增添活力，艺术赋予技术以灵魂。服装设计不能简单地像艺术创作那般主观自由发挥，也不能机械地将自然科学成果不加修饰地运用到衣装上，两者应有机结合。

工业设计的直接目的，是生产出市场需要、消费者喜爱、具有高经济附加值的产品。因此服装设计活动不是一种无谓的艺术创作，而是要与企业的经营成本联系起来，努力降低成本，提高经济效益，在改善和提高人民生活质量的同时，创造出效益。同时，设计的基本要求必须以人为本，产品是为人而创造的，为人服务的，所以产品必须满足人的实用性（功能）要求，包括生理和心理以及社会功能的需求；满足审美需求，使日用品变成生活中的艺术品，提高全民的审美品位也是设计师的职责。

古典经济学家亚当·斯密（Adam Smith）在1776年发表的《国富论》中曾断言，组织和社会将会从劳动分工（Division of Labor）中获得巨大的经济利益。这一论断转瞬之间就被同时发生在18世纪的英国产业革命及其成果所证明。由于劳动分工提高了工作的技巧和生产效率，减少了变换工作的时间浪费，并与机械设备的引入相契合，英国的社会财富与国力显著增加。"日不落帝国"的形成最终对世界历史的演进产生了决定性的影响，从而把这一产业革命的方式与成果扩散到正在形成当中的资本主义国家体系。

纺织业是最先获益并规模化发展的产业，也是英国当时的支柱产业之一。从历史的角度来看，纺织业的机械化制造从源头上开始了整个服饰时尚产业链的机械化改造。只不过，这一过程的基本实现延续到了20世纪，才在美国迈出了实质性的一步，继而促成了成衣业的兴起和繁荣。

现代服装设计职业的形成根本上源于工业革命对整个社会的改造。社会财富的增加，新兴产业对资源开发和生产扩大的要求导致了社会人口的增长。相应地，对服装的需求量也呈现上升趋势。在这种情况下，尽管存在着工序上的分工协作，传统服装行业作坊式的生产已经落后于时代的步伐。缝纫机的出现无疑为服装制造规模的扩大奠定了第一个前提。法国人巴塞莱米·希莫尼（Barthelemy Thimonhier）于1825年发明的木制可移动链式缝纫机被应用于为普法战争制作军服的服装公司，表明了机械制造投入服装生产的可行性。虽然这一次变革因造成工人失业而招致抵制和设备毁坏，但缝纫设备不断改进、品种多样化及其在产业上的应用趋势终究是无法阻挡的。1860年前后，女装多层花边的流行正是反映了缝纫机被社会逐渐接受的现实。服装大规模化生产的第二个前提以1862年裁剪纸样的发明为标志。当机械化和规格化两个条件都形成的时候，就预示着将在服装制造业中促进工序的进一步分解，引发生产效率的大幅度提高，产业利润增长的物质与技术前提已经具备。

企业、产业或者某种组织形态，直到20世纪60年代才在理论上被广泛认为是一个开放的系统（Open System）。而一个系统的发展与其相对而言的外部环境时刻发生着相互作用。服装制造业从传统的手工作坊发展成拥有现代技术设备的时尚产业，是由于它的外部环境，诸如社会、经济、技术、政治等环境发生了深刻的现代化变革，因此它从外部获取的资源——原料、技术、设备、信息和它的最终产品的输出对象——消费者，都相应地有所改变。20世纪60年代成衣业的兴起同样被认为是适应产业外部环境变化的结果。采用对比的解释，成衣业之所以首发于美国等西方资本主义国家，而不是东方世界，正是因为后者的工业革命浪潮姗姗来迟的缘故。20世纪60年代，西方国家的经济繁荣、民主思想的发展、年轻一代的反传统倾向、大众消费的形成支撑了整个成衣业的对高级时装地位的挑战。

作为一种在产业程序中分离出来的职业，服装设计无法脱离生产实际而存在。从某方面看，服装生产以人们的消费为目的，但首先产业需要生存，然后才是获取利润并持续输出衣着消费的供给。对于产业来说，利润是最重要的目的，因为利润的存在才使得产业与消费者都获得利益。至于环境问题、社会责任等更广泛的方面，产业只有主动或被动地意识到这些因素将会对利润的持续产生不利的影响时，才会予以审慎的考虑并承担其相应的社会责任。当某些产业系统的外部环境因素日益关系到产业的利益时，必将在设计思想中反映出来，因为它们与产业的生产行为同样构成影响。

如果成本投入保持合理水平，且可付诸工业化或半工业化并以一定规模批量生产商品，就意味着时间花费减少、加工熟练程度增加以及生产效率的提高。如此，在成本投入不变的情况下，产品数量增加，且单位产品售价保持不变，则销售额的增长将会超过盈亏平衡而使企业盈利，就单个企业来看，便会保持企业投入——产出的循环，而单位成本的降低对于整个服装产业的意义，则是维系了产业的存在。因此，现代服装设计在生产方面的考虑便是在产品的形式、审美与工业化操作之间取得平衡。

三、设计实现与市场营销

如果产业性要求产品的生产加工必须符合工业生产的基本要求和特点的话，商业性要求便是要求产品通过市场流通产生附加值，使企业的生产、销售行为产生经济效益。

消费市场是时尚产业输出产品和服务的对象，也是企业利润的最终来源。随着行业的扩张和膨胀，服饰品的产出在数量上已远远超过了市场的总体需求，因此形成了所谓的买方市场，即对服饰产品的选择权力掌握在了消费者手中。单个的生产企业出于生存和获利的目的转而关注其产品在市场上的销售情况，服装设计对顾客需求、喜好的研究以及试图引导消费趋势的努力，就是这种因果关系的必然反映。

服装设计师曾经拥有领导时尚的极大权力，而现在这种辉煌已经时过境迁。消费者选择范围的扩大、全球竞争的加剧以及企业外部环境的不稳定性增强，都在削弱企业经营的自主性，使他们不得不考虑来自各方面的限制因素。一种以消费者需要和期望驱动的经营思想应时而生，它强调对消费者的关注，坚持不断地提高产品质量、服务质量以及企业中每项工作的效果，包括设计。于是，设计被纳入了企业和产业对消费者所作的持续承诺之中，那就是关注他们。

美国大码时装大有商机

（一）

美国"智库"蓝德公司（RAND Corporation）在2003年10月发表的研究报告中指出，该国62%妇女超重，在1986～2000年间，严重肥胖的美国人数翻了两番。现时美国妇女中，62%女士穿美国尺码12号或12号以上的服装，已远远超过时装业者理想中的模特儿8号尺码。当大码身型日趋普遍，大码服装似乎亦应晋升主流，再不是小众产品。

但事实上现在仍没有这么多产品满足这个市场的需求。许多人表示不需要时装，其实是找不到合体又得体的时装之故。现今穿大码服装的年轻人也喜欢低腰牛仔裤、短身T恤衫和剪裁合体的服装。零售商和生产商如能进一步了解美国丰满型女性的实际需要，便不难提供合适的产品和提高销路，买卖双方皆可受惠。

（二）

5～10年以来，设计师们开始明白，即使是丰满的女士也不愿意穿阔大得像个盒子似的T恤衫。衣服应该合体，穿上后能展现身体线条。由年轻人服饰礼品连锁店Hot Topic衍生出来的少女服装店Torrid，为12～26号身型少女提供另类选择，被认为是一项革命性突破。

设计者首先要分析各种相关的信息，确定设计将达到的目标以及对实现目标的过程进行统筹规划，企业每季的设计工作都以企划案的通过为第一步骤。企业如果忽略了市场对其输出产品或服务的接纳程度，那么生产效率再高也将会导致辛勤生产的过程变得毫无意义。市场的含义包括两个方面，一个是指空间位置或者说地域、地区所构成的市场，另一个指的是消费群体。设计师对市场概念的两个方面的含义都要予以考虑。

由于设计是企业经营的一个环节，产业整体的发展状况将通过企业影响到设计。如果企业把关注市场作为经营哲学，那么在设计这一环节上也必须予以贯彻。

设计思想的变迁并不仅仅受制于企业和产业发展的要求，多元化的趋势很明显。为消费市场服务只是设计目的概括的一个方面，而强调设计的协调感、整体性，或者致力于体现当代社会的冲突、矛盾、颠覆传统的审美等，都是设计思潮多样化的反映。不同的设计思潮付诸于设计实践在多大程度上为消费市场所包容接纳，取决于历史、文化或亚文化、政治、经济等诸多因素对市场的塑造。市场的实际"容量"大小直接导致了该类设计在产业之中是兴盛或者衰微。高级时装产业的萎缩表明了与之对应的消费者人数剧减，市场缩小；被誉为"前卫设计师的摇篮"的伦敦时装业，也正是由于有足够的市场力量在支撑着前卫设计的发展，进而在国际时装业取得显赫地位。

经济全球化也是市场的全球化，国家与国家之间的贸易壁垒所造成的市场条块分割正被破除。对设计来说，意味着市场容量的扩大和接纳程度的增强。而企业将置身于竞争挑战与市场机遇并存的全球环境。符合时宜的产品与服务在适当的时间，投放于适宜的市场必然是企业与设计共同致力的目标。现代服装业，早已摆脱过去小农经济式的手工作坊形态，成衣化、批量化生产已成为现代服装生产的特征，通过庞大的物流系统，将成衣服装销售到世界各地每位消费者的手上，这又是现代服装设计必须充分意识到的现代服装的属性或特性。

现代社会的市场经济就是希望服装业者能为每一位消费者提供适合的服装。那么作为一个企业或设计师个体，就必须明确产品设计的定位。定位思想是在现代商品经济、广告传媒中孕育产生。定位从产品开始，可能是一种单独产品、一项服务，或者是一个机构，甚至是一个人。定位不是对产品而是对预期客户要做的事。在市场竞争激烈的社会里，定位是首选的思路。只有当你的头脑里有预期对象需求的调研结果后，方才能对未来产品的款式、风格、品位、价格及服务做出正确的决策。

在美国的营销学会推荐的经济学家艾·里斯和杰克·特劳特提出的"定位"理论里提到，与竞争对手比拼是不够的，而应该在市场上寻找空当，"要想找到空子，你必须具有逆向思考的能力，即和别人的想法背道而驰"，"20世纪60年代、70年代的快乐游戏已经让位于80年代严酷的现实。要想在我们这个产品过剩、传播过度的社会里取得成功，企业必须争夺预期客户的一席之地"。

日本著名平面设计大师中西元男先生曾言："设计离不开它所服务的对象。"服装品牌只有准确的市场定位，充分满足目标顾客的需要，才不会出现消费者抱怨买不到合适衣服的现象，企业才有可能创建自己的名牌产品。名牌的基本前提就是正确的定位，所以创立名牌首先要确定自己产品的目标顾客，并以目标顾客为经营重心，而这先要对各方面进行设计研究。法国男装品牌皮尔·卡丹刚进入中国时，曾仔细研究过驻中国的外国企业人数、婚姻登记人数、旅游者出入境人数、外国领事

儿童需求与童装设计定位

童装品牌开发、设计定位也是童装产品开发的首要一点。

由于儿童的成长过程是不均衡的，每个年龄段的服装定位都有与之相适应的设计特点，所以设计师必须充分地研究儿童心理、生理的成长变化，以满足不同生长过程中的需要，从而进行合理的设计。

一个品牌的定位首先是设计理念的确定，童装设计的风格定位是突出童装品牌的重要因素。意大利品牌"贝拉通"在服装款式上以休闲、浪漫、自然为特色，博得了世界众多消费者的喜爱；美国的"米奇妙"童装以卡通米老鼠为图案开发童装系列产品，其明快的色彩、运动型的款式，无不带有美国本土文化的特色。

童装设计不受流行时尚的直接影响，有较大的自由空间，童装也是帮助儿童生理、心理全面发育成长的保健用品，一件好的童装决不意味着用高档面料，而是按照儿童各个成长时期经常变换设计，在变换中体现父母、长辈的关爱（图2-26）。

图2-26 意大利品牌贝纳通的童装系列"贝拉通"，在服装款式上以休闲、浪漫、自然为特色

馆和外国商社在华人数、中国出国留学生和商务考察人数等调查资料，运用科学分析方法，找出谁是"皮尔·卡丹"的买主，并成功预测了其市场规模和构成。针对中国幅员辽阔，南方人和北方人不同的体型，"皮尔·卡丹"品牌于20世纪80年代末在中国进行全国范围内的人体尺寸调查，通过对10多万人的采样，科学地归纳出中国男性的9种体型，100多个号型，使"皮尔·卡丹"西服的中国板型穿着合体率第一次达88%以上，实现了大规模生产。在此基础上他们配合价格和营销渠道等策略，使西服销售每年达10万套左右。在短短几年里，"皮尔·卡丹"的名字在中国大中城市已是家喻户晓，其成功进入中国市场的诀窍，乃是在充分了解市场的基础上，进行准确的市场定位，并始终以消费者为营销中心。

市场上有无数服装产品，社会上有无数需求，关键是你能不能找到空当。

皮尔·卡丹（Pierre Gardin，1922~　　）

事业起步于20世纪50年代，而成熟于60年代的皮尔·卡丹是一位成功的时装设计大师，同时还是一位精明的商业奇才。

作为法国前卫的时装设计师，卡丹是高级成衣的积极组织者，并一贯地坚持创新突破。在长达半个多世纪的时装设计生涯里，他为时装业作出了巨大的贡献，因此三次荣获法国时装工会颁发的"金顶针奖"。

卡丹所设计的产品从各种品类的男女服装、饰品到家具、汽车、飞机，从经营服装店发展到经营饭店，生意上涉猎极广。据不完全统计，皮尔·卡丹品牌拥有600多种专利产品，在皮尔·卡丹企业下的全球工作人员达15万人，分布在97个国家，每天约有六百家工厂、企业生产"皮尔·卡丹"牌和"美心"牌的各种服装以及香水、家具、器皿、食品等产品。

思考题

1. 从1851年第一届世界博览会以来，现代艺术设计为人类社会文明进步起到了什么推动作用？

2. 如何全面理解包豪斯"少即是多"的现代主义艺术设计原则？

3. 纯艺术行为和艺术设计行为在本质上存在着什么样的差别？

4. 现代服装艺术设计为什么在艺术形式创新的同时，还要兼顾生产制造和市场营销？

5. 服装设计师怎样才能做到既满足市场需求，又引导消费潮流？

6. 为什么说服装设计与建筑设计的相似性在于都是感性与理性、发散型思维与线形思维、人文社会科学与自然科学相结合的一门学科？

7. 后现代主义设计思潮对现代主义设计原则的主要修正是什么？

推荐参阅书目

［1］王受之. 世界现代设计史［M］. 北京：中国青年出版社，2002.

［2］阿尔温·托夫勒. 第三次浪潮［M］. 朱志焱，潘琪，张焱，译. 北京：三联书店，1984.

［3］阿尔温·托夫勒. 未来的冲击［M］. 蔡伸章，译. 北京：中信出版社，2006.

［4］温世仁. 面对托夫勒——未来学家眼中的未来新世界［M］. 北京：生活·读书·新知三联书店，2001.

［5］约翰·奈斯比特. 影响未来的十大趋势［M］. 武秉仁，译. 北京：国际文化出版公司，1984.

［6］安吉拉·默克罗比. 后现代主义与大众文化［M］. 田晓菲，译. 北京：中央编译出版社，2001.

［7］菲利普·科特勒. 社会营销——变革公共行为的方略［M］. 俞利军，邹丽，译. 北京：华夏出版社，2003.

第三章
现代服装设计的发展轨迹

第一节　登峰造极的高级时装

高级时装是历史形成的，并非服装业主自誉或杜撰的名词。

一、高级时装起源与发展

高级时装，法语Haute Couture，这是一个由历史积淀而成的时装界顶级服装的称谓。19世纪中叶，由设计师沃斯开创了以上流社会贵妇人为特定顾客的高级女装业，集艺术设计与技术设计于一身的设计师们是专为地位显赫而富有的女性进行设计、制作服装的专家。高级时装必须由高档的材料、精心的设计、精致的做工、昂贵的价格组成，一套白天穿的套装以12000美元起价，一套费工的晚装不低于40000美元，而再往上是没有界限的，一套婚礼服可达20万美元。其服装大多是度身定制，是单量、单裁、单件特制的。高级时装的顾客群是针对王室贵族名流明星的，由于社会及经济地位的悬殊，所以高级时装应对的是很小的消费群体（图3–1、图3–2）。

高级时装业在法国服装界是一个独立的行业，1868年创立了自己的行业组织，叫高级时装店协会（Chambre Syndicale de la Couture Parisienne），属行会性质；为保护他们设计的知识产权不被侵害而设立。到1911年进行了改组，直到1973年后，该协会把以后出现的高级成衣也纳入其协会，更名为法兰西高级时装联盟，也称法国时装设计师集团。凡称高级时装或高级成衣必须得到行业协会的认可，协会对高级时装及成衣设计师的资格有具体要求，规定每年1月和7月举办展示，每套时装须有百余工时的手工制作，而整台服装的数量不得少于

图3–1　在高级时装品牌的工作室里，每位顾客都能得到最周到的服务，在服装制作必须合体的要求下，在高附加值的经济保证下，高级时装品牌企业会为每位顾客专门度身制作一个人台（摄于迪奥公司）

50套，其中有日间便装、晚间礼服、结婚礼服。参加高级时装展示的观众有来自世界各地的名流及明星顾客、时尚媒体的记者编辑以及与高级时装有业务联系的企业、商业主。

法国高级时装业曾有过辉煌，到20世纪60年代以前，高级时装始终引领时尚潮流，如50年代的迪奥公司，每一季服装发布都会引起轰动，因此，迪奥本人被誉为"时装界的暴君"。据美国《时代》周刊统计，50年代高级时装业的顾客有20000人，到1964年减至15000人，到70年代仅存5000人，80年代锐减到3000人，目前仅有2000人。高级时装业因入不敷出，赤字运营，濒临绝境。原因首先在于社会价值观、审美观的更新，除了在某些特定场合（如奥斯卡颁奖典礼等顶级社交场合），人们不再坚持以昂贵耗时的高级时装来彰显自身价值。其

图3-2　全部手工制作的高级时装创造了人类服装历史上最艺术、最豪华的一个时期，其在财力、物力、人力的花费巨大，满足的是集权阶层的生活享受

次，成衣业的迅速发展，也使高级时装的顾客群锐减。经过一番痛苦的思考，法国政府采取一系列措施，对高级时装协会、高级成衣协会和法国男装协会进行合并改组，保持了法国时装的领导地位。高级时装其品牌的无形资产，扩展到成衣、香水、化妆品、皮革、箱包、眼镜、饰物等领域。高级时装的颓势并不妨碍其品牌的名誉及其他领域的开拓，品牌附加值已明显延伸。中国虽然没有真正意义上的高级时装，但高级时装业的设计手法、立体裁剪的技术、品牌运作的方式仍值得我们学习。

二、高级时装的艺术地位

服装是一块特殊的画布，其功能结构完成后，工匠们就以绣、嵌等手法将自己的美化想法添加到服装上去。如洛可可样式中附加的衬垫、精致的花纹等铺陈，中国清代妇女的有"十八镶"之说的服饰镶边，都与服装的使用功能关系不大，属于实用之外的审美添加。迪奥对于服装在现代文明中所占有的位置曾作过极具哲学意义的讲解："在这个机械化的时代中，时装是人性、个性与独立性之最后藏匿处之一……如果超越了衣食住这些所谓的单纯事实，我们说是奢华的话，那么文明正是

一种奢华，而那是我们极力拥护的东西（图3-3、图3-4）。"

对法国人来说，高级时装是一种艺术表现形式，就像电影、音乐和美术等艺术形式一样。但它又不等同于传统的艺术形式，而是多种艺术形式和现代工业、工艺技术的结合。高级时装的很多手工艺是人类文化遗产的一部分，它的存在意义不在于所创造的经济价值，而在于它体现了人类对于美的追求和创造力，并把优雅的精神传播到世界各地，影响着成衣的流行趋势。如同车展上的"概念车"，每年法国14个品牌的高级时装秀推出的都是下一季服装的"概念"，而这些"概念"都会注入下一季的高级成衣当中。高级时装部门是整个服装设计领域的心脏部门，研究创造新造型、新材料的一系列创造性的工作均在这里展开。皮尔·卡丹说过："我在高级时装方面赔了不少钱，而我所以要继续搞下去的原因，是因为那是一所创意的大研究所。"

高级时装的设计是带有"创作"痕迹的一种艺术性的设计。早在高级时装协会组织成立伊始，沃思就为这个组织明确了宗旨："协会不只是缝纫艺术的研究，而是为装扮每一个妇女需完成的一切创造、装饰的艺术"。与一般"从事时装工作的职业者"相比，只有高级时装才被赋予"独创性的作品"之机能。

"艺术取向的服装设计师"们以至善至美的式样、不计工本的精雕细刻体现了服装对于人的情感与魅力的展示。迪奥说过："我之所以喜爱服装设计，只因为那是诗一般的职业"。正如雕塑家全心全意地雕刻理想的人像一般，服装设计师将人性中最美、最具诱惑力的"奢华主题"予以具体呈现。法国女装工业协调委员会主席阿兰·萨尔法蒂就曾说过："时装和绘画、音乐一样，也是一种艺术。设计大师追求的

图3-3　中国清末彩绣镶宽边的旗袍

图3-4　高级时装也许是每一位爱美女性的梦想

只是美的'效果'，属于纯粹的唯美派作风（图3-5）。"

20世纪初的保罗·波瓦赫，在设计观与设计沙龙方面无疑是这种唯美主义作风的先驱。他通过那些模仿中东国家宫廷生活的大型豪华沙龙及沙龙上的奇幻服饰，

图3-5 夏帕瑞丽的服装局部，即使是在衣扣这种细节上，也可以看出高级时装的艺术性

图3-6 拉巴纳正在裁制金属服装

66

营造了一种浪漫主义与唯美主义的生活方式。师从保罗·波瓦赫，颇具艺术与表现天赋的夏帕瑞丽，在设计中首先充满了神秘、幽默和超现实主义艺术的气息。她广泛使用刺绣、珠绣甚至镜面等材料与工艺，并在外轮廓型上带有明显的帝政风格和巴瑟尔（Bustle，即臀垫）风格。这一切构筑了她作为唯美派设计师的主要特征，也构筑了她与夏奈尔作为20世纪30年代高级女装设计路线两个极端的支撑点。20世纪60年代成衣化之后的时代，被誉为"米兰时装教母"的意大利大师马里于卡·曼代利（Mariuccia Mandell）发表了灵感来自中国京剧的作品。她在黑色底纹上用丝线显示了复杂的兽头纹，采用中式立领、豹爪状下摆和披肩领，富于浪漫主义色彩。发表于同一时间的另一建筑风格的作品，则看上去其构成如扇或芭蕉叶。就她的作品来说，同样是那些由动物主题和幽默主题所带来的想象力为首要表现内容。来自西班牙的帕克·拉巴纳是以其鲜明的前卫与未来主义风格营造他独特的唯美风格。其未来主义特征：一是表现在材料上——他尝试用塑料制衣，用金属链把圆形塑料片串起来制衣，用宽皮带做成环型再去制衣等；二是表现在造型上——他设计了拼砌而成的"城堡大衣"，设计了用金属薄片制成的人体模型为装饰的外衣，使用了强烈表现自我游戏式的"块面"拼接（图3-6）。

所有这一切的设计依据显然不是出于服装的实用性，而只能归结于追求艺术效果、追求情感与个性宣泄的唯美派。在皮尔·卡丹的时装设计中所表现出来的光效应效果、

抽象派绘画的意念、太空科幻意境等，以及伊夫·圣·洛朗于20世纪80年代后期所发表的大量再现毕加索、蒙德里安、梵高等画作的时装中，浪漫和唯美主义的倾向也是显而易见的。甚至目前夏奈尔公司的设计总监卡尔·拉格菲尔德（Karl Lagerfeld），也通过他的华美、浪漫的设计降低了人们对于服装机能性方面的要求（图3-7）。

20世纪中期，巴黎高级时装界的一代宗师克里斯托巴·巴伦夏加（Cristobal Balenciaga）曾给高级时装设计师下过定义："高级时装设计师应该是以下几种角色的综合体：在绘图方面他应是建筑师，在造型方面应该是雕塑师，在选择色彩方面应该是绘画大师，在服装的整体和谐方面应该是音乐家，在比例方面则应该具有哲学家的头脑"（图3-8）。

图3-7　拉格菲尔德代表性的女装风格就是在甜美中透出端庄、华贵

图3-8　巴伦夏加的服装，其结构有着建筑的力度，其造型有着雕塑的立体感

名师简介

风格多变的卡尔·拉格菲尔德
（Karl Lagerfeld，1938~2019）

卡尔·拉格菲尔德在时装界被称为天才，他曾担任克洛耶（Chloe）、芬迪（Fendi）、卡尔·拉格菲尔德（Karl Lagerfeld）、夏奈尔（Chanel）四个不同风格品牌的设计师，甚至于在一段时期内，同时担任后三个品牌的总设计师。其风格很难一言以蔽之，没有不变的造型线或偏爱的色彩。从总体上来看，他的设计常具有双重性格，既有力度又见斯文，既透着甜美又透着端庄华贵，作品中蕴藏着流动的、自由的美。

他最为人称道的成就就是1983年担任夏奈尔公司的首席设计师后，在保持夏奈尔简朴优雅风格的前提下增添活泼趣味，使之变得更加年轻、现代和成熟，更符合当代的审美趋向。

一代宗师克里斯特巴尔·巴伦夏加
（Cristobal Balenciaga，1895~1972）

世界时装界公认，巴伦夏加是20世纪最重要的时装大师之一，是巴黎高级时装界的一代宗师。

巴伦夏加一直致力于推行简洁、单纯、朴素的女装造型，为改变以往的紧身造型，创造均衡的完美外廓型，他开发了全新的裁剪技术。

为了使设计作品具有雕塑一样的立体效果，他像建筑设计师般研究曲线的力度、结构的变化；他在结构方法上不落俗套，精确地运用斜线或旋转曲线，使服装产生独特的魅力。他对面料性能有着独特见解，并且精于裁剪和缝纫，是时装界里难得的全才人物，其敏锐的艺术直觉和审美趣味被认为是那个时代的绝对权威。

巴伦夏加设计的女装在20世纪50年代的欧洲是举足轻重的，他的设计方法影响了今日的许多时装大师。

第二节　后来居上的高级成衣

20世纪60年代，由于时代的变革，高级时装已经不适应社会的发展。不可否认，高级时装具有更高的艺术性和审美品位，更趋向个性化，然而正是这些原因造成了其制作工序上的烦琐和非重复操作性。因此，经营这项生意的资源投入（材料、人工、产品发布会的费用等）昂贵而生产效率低下，相应的，单件产品的销售价格也会很高。采用盈亏平衡分析（Break-even Analysis）的方法，如果某项生意的全部成本投入恰好等于全部销售收入，那么它刚好达到了一个不会产生利润的盈亏平衡点。但是，高级时装产业的前期成本投入往往很高，只有当产品的销售达到一定数量的时候才能达到所谓的盈亏平衡点。遗憾的是高级时装的顾客已经剧减，销售量不足以平衡整个产业的平均成本投入。因此，产业的萎缩是必然的。

由于高级时装业的不景气，许多高级时装店为了生存纷纷开辟了高级成衣专柜。高级成衣是由高级时装创立，并由其首席设计师负责设计的成衣品牌。这些服装的灵感常源于高级时装，采用高档的全毛或新型面料及花边、刺绣等，设计范围包括日装、晚装等。由于是半定做的成衣化生产，故价格较高级时装低，但仍属于奢侈品。

到了20世纪60年代末期，"伊夫·圣·洛朗""皮尔·卡丹""卡尔·拉格菲尔德"等著名高级成衣品牌的专卖店纷纷设立，使高级成衣在高级时装部门出现赤字的情况下成为业务活动的重心。20世纪70年代，高级时装与高级成衣之间的界限渐趋模糊，并且，高级成衣业逐渐占据了服装业中的主导地位（图3-9）。

图3-9　由于高级时装产业的萎缩，皮尔·卡丹在20世纪60年代末期设立了高级成衣品牌

一、高级成衣形成与发展

19世纪成衣时装业在欧洲和美国已经发展起来，但真正现代意义的成衣时装蓬勃发展于20世纪50~60年代。法语的成衣为Prêt-a-portér，被译成英语是Ready-to-wear。成衣业的发展有着诸多原因，随着社会的发展与进步，传统的审美价值观在60年代发生了剧变。60年代的欧洲是一个青年思潮汹涌澎湃的年代，以迷你裙为代表的年轻风格开始主宰时尚，年轻人不再欢迎陈旧的时装风格。50年代法国成衣销售在400亿法郎，60年代达1000亿法郎，到60年代末又增2.5倍，成衣已成为服装市场主流。法国的高级成衣组织规定每年3月和10月发布作品。同时，战后美国的影响日益扩大，美国人的所谓自由、随便的着装风格也极大地影响了时装界，面对高级时装业的衰退，著名服装设计师皮尔·卡丹、伊夫·圣·洛朗亦纷纷把业务转向高级成衣，这也加剧了高级时装业在时装舞台的退位。

随着世界经济的全球化，尤其20世纪后半叶社会生产力极大发展，物质极大丰富，人们的价值观与审美观亦发生极大变化，这种适应现代社会生活方式的成衣时装大行其道，这种批量的时装生产方式成为服装业的主流。社会真正需求的是成衣时装设计师，他们为大众女性设计她们所希望的新服饰，而不再是为特定的妇女设计服装。成衣设计师是为不同的群体设计服装，当然成衣也有不同档次、要求，美国的许多成衣品牌就体现了这一领域的特性。

二、高级成衣的艺术价值

高级成衣设计的艺术含量得到服装学者充分的肯定。成衣设计是一种特殊的艺术，其创作过程是以实用价值美的法则所进行的艺术创造过程。这种实用美的追求是用专业的设计语言来进行的创造。设计产品中对美的追求，决定了设计中必然的艺术含量。

　　虽然高级时装部门被誉为创意的大研究所，研究新造型、新材料的一系列创造性的工作均在这里展开，但由于其价格昂贵，消费者极少，故而高级时装秀上推出的概念只有注入相对价廉、受众广泛的高级成衣中才有流行的可能。

　　高级成衣既有别于设计师的高级时装作品，又不同于工业化的大众成衣。它相比大众成衣远为精致严格的工艺使它可以较充分地表现设计师的创作理念，而它相对低廉的造价使更多风格的尝试成为可能。高级时装昂贵的造价、极为耗时的手工、每年两场不少于50套的发布会，使得自身的存在更像一朵开在高岭上的奇葩，只能被远远地观望，如果一名设计师没有极大的财力作为阶梯，是不可能有机会攀折的。高级成衣虽然在很多方面延续了高级时装的传统，但它毕竟实现了工业化批量生产，降低了时尚圈的门槛，使更多有才华的设计师能够加入。随着各国设计师带着他们鲜活思想的进入，高级成衣的风格日益多样化，与当时艺术风潮的结合愈加紧密，国际化服装品牌前所未有的增多，从而形成了20世纪70~80年代高级成衣的黄金时

┃名师简介┃

法兰克·莫斯基诺（Franco Moschino，1950~1994）与波普服饰艺术风格

　　波普艺术源自20世纪50年代初期的美国。"POP"是"Popular"的缩写，意为"通俗性的、流行性的"。至于"POP Art"所指的正是一种"大众化的""便宜的""大量生产的""年轻的""趣味性的""商品化的""即时性的""片刻性的"形态与精神的艺术风格。

　　波普艺术的理念和风格影响到服装领域，主要体现在服装面料以及图案的创新上，在欧美服装史上留下了深深的印记，并且在全球范围内传播开来。

　　意大利时装设计师莫斯基诺是时装界波普艺术的领导者，素有鬼才之称。调侃和讥讽是他作品的最大特色。从1983年崭露头角到1994年成名，短短的11年间，他用与众不同的风格震惊了世界。在他的服装作品上常常有巨大的斑点、水龙头或风车状的大扣子，男礼服上用刀叉作装饰品，他还会在衣服胸前缀上精巧的小茶杯刺绣图案，把短外套镶满菱角，以树熊玩偶制作帽子，利用男士领带缝制迷你裙——荒诞的念头层出不穷，他甚至以垃圾袋制成晚装，只为要向世人公布"时装就是废物"的宣言。

　　其设计观点是："我并没有设计出什么来，只是要把现成的作品带出新的味道。"这种对时装品位的探讨及讽刺手法可以提醒世人：不要再盲目跟随潮流，而应建立起自己的风格。

代。它不仅令时装艺术得以在工业化时代发扬光大，而且丰富了工业化成衣的人文内涵。现代艺术设计思潮对服装的影响更多地体现在高级成衣上，如波普艺术自20世纪50年代诞生至今，一直在高级成衣上有所体现（图3-10）。

图3-10　莫斯基诺的作品具有明显反叛的顽童心态和异样的艺术魅力

第三节　全面图新的大众成衣

　　高级成衣尽管已经实现了批量化生产，但其高档的面料和较复杂的工艺决定了它的成本依然居高不下，而由此产生的高价使它仍然无法被大众广泛接受。在这种形式下，成本更低廉、工序更简单的大众成衣就应运而生了。

一、大众成衣与规模经济

　　大众成衣指的是由一般的服装设计公司创立的成衣品牌。如成名较早的美国品牌盖普（Gap）、爱斯普瑞特（Esprit）、李维斯（Levi's）以及后来居上的西班牙品牌Zara、Mango等。这些品牌的目标市场为中档或中低档消费层，采用普通低价的面料和简单的加工工艺制作，使成衣售价更低廉，普及面更广，其样板设计考虑批量生产的要求，尽量减少复杂工序，使生产的大批量化得以实现，是典型的成衣化生产。在整体的创立品牌、企业运营上与宜家相似（图3-11、图3-12）。

图3-11　售价低廉、普及面广阔的大众成衣，目标市场为中档或中低档消费层

图3-12　以适合大众、易于搭配为设计前提，MNG让不分年龄层的时髦女性能根据不同场合自我搭配服装，表现自由自在的时尚风格

　　大批量生产意味着规模化，规模化降低了成本，从而进一步降低了成衣的价格，使其能够被更广泛的大众所接受，因此是最适合当今时代需求的成衣生产方式。

　　工业化大批量生产，不允许在单件衣服上精工细做。但是，为了满足消费群体复杂的需求（来自心理的、生理的、个体的、社会的），在投产之前的设计规划却是慎之又慎的。市场调研、产品定位、广告促销等，加大了制衣设计的难度。

　　总的来说，大众成衣设计有以下四大特点：

　　（1）加工速度快，价格便宜，服装的流行周期很短。设计师注重时代感，把握时代脉搏，每一季源源不断地推出新产品。

　　（2）机械加工和降低成本的制约。大众成衣必须将能省去的都省去，同时，又要以"少"来体现"多"，体现消费需求的社会性、时尚性、文化性和科学性。因

Mango：必有一款适合你

　　Mango（缩写MNG）创立于1984年，是一个来自时尚之国西班牙的服装品牌，也是风情之都巴塞罗那的时尚女装代表，它秉承了西班牙民族斗牛士张扬与勇敢的精神，并糅合了女人天性的娇柔与美感。

　　MNG品牌包含种类齐全的女性时装饰品，如内衣、泳衣、鞋履、手袋、皮带、服装、皮具、人造首饰以至香水等，产品以18～25岁的现代都市女性为对象。针对现代女性生活的多样性和丰富性，MNG推出四大主题系列：Dressy职业装系列、Casual休闲装系列、Sporty运动装系列、Evening晚装系列作为完整选择，以适合大众、易于搭配为设计前提，让不分年龄层的时髦女性能根据不同场合自我搭配，表现自由自在的时尚风格。职业装的简洁、休闲装的舒适、运动装的活力、晚装的华丽与高雅，都市女性的各种现代气质通过MNG的完美设计得到充分的诠释。

　　2002年MNG进入中国市场，并先后在上海、北京、深圳、广州、大连、重庆、杭州、成都、哈尔滨、长春等地开设专卖店。

此，款式、色彩、图案等所有构成大众成衣的因素都必须遵循简洁、美观、实用的原则。

　　（3）企业资源投入的制约，使大众成衣设计不断追求将资源最优化产出。现代服装设计大多依托于某种规模的经济组织，譬如服装企业。设计既为消费者服务，也为以盈利为目的的企业服务。由于企业在原材料、资金、技术、信息方面的获取程度和投入程度是有限的，因此，设计就是要使现有可获取资源产生最大的效益。

　　（4）群体消费对象的制约，使大众成衣的设计必须以现代科技为依托。如工业成衣的型号标准依靠统计学才得以建立，在人口统计资料的基础上，研究出人体的分类，建立起理想的标准人体概念。在设计制造成衣的过程中，需以人体工学为理论依据，服装的审美要建立在舒适性、科学性的基础上。再如研究衣料的吸湿透气、防皱缩，衣物的压迫而造成的生理疲劳或衣服内气候，建立质量标准和检测手段……高科技在服装上的广泛应用，条件仍是工业化批量生产。

二、大众成衣的艺术风格

　　廉价的大众成衣，是普通大众每个人都可以承担、且有能力经常购置的，从而使紧随时尚潮流、抛弃过时服装这一可能得以实现，服装设计师的设计只有在大众的支持参与下才能形成最广泛的流行。同样，由于制造的低成本，服装设计公司可以大量制作出不同风格、款式的产品，同时也可以对最新的艺术设计思想、社会事件、文化思潮做出第一时间的反映，迅速推出一轮又一轮新的流行。大众成衣潮流变化迅速的特点决定了它的艺术风格必然是丰富多变的，它代表了最广泛的时代风貌和流行文化，无论这些是来自中产阶级、上流社会，还是来自底层街头民众（图3-13）。朋克、嬉皮士、波普、后现代、波西米亚、环保、反战、怀旧等，这些主题都会在第一时间里体现在大众成衣的设计风格中。

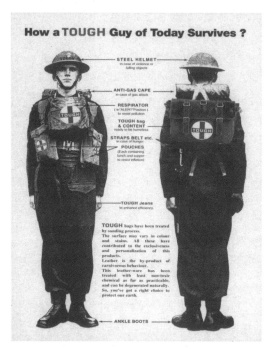

图3-13　时尚、另类、街头、反叛——Tough以其强烈的品牌风格得到了目标消费人群的赞赏青睐

| 品牌简介 |

Tough：街头时尚的代言人

　　时尚休闲品牌Tough隶属于香港Bauhaus管理有限公司，其公司成立于1991年。至今已发展成为有着独特个性的多品牌的时尚集团，它旗下的品牌包括Tough男装、Tough女装、Salad女装，以及以Tough和Salad命名的各种手表、背包、钱夹、腰带等时尚饰品。

　　Tough的宗旨是：为所有热爱时尚、关心时尚的年轻人，提供能为他们从头武装到脚趾的时尚产品。作为Bauhaus的主打品牌，Tough一贯以年轻、不羁、另类的街头休闲形象示人，在看似轻松随意中稳立于时尚最前沿。同时，该品牌系列的配饰也紧紧跟随其服装的风格，打造出一个完整的Tough Guy的形象。

　　Tough不断推陈出新、不受限制的设计风格，受到了很多从事艺术工作的年轻人的喜爱，也正好符合他们对大都市程式化生活的不满与反叛的心态；与此同时，其大胆前卫的设计也为它打开了很好的海外市场，它时尚的触角已经伸向了多个国家及地区。

思考题

1. 依照法国高级时装的传统设计是否能够解决后现代主义设计观提倡的个性化消费需求？为什么？

2. 为什么说现代服装设计走向平民化、大众化是符合社会发展的合理走向？

3. 如何理解自20世纪50年代开始出现的各种西方青年思潮对社会穿着观念和形式产生的极大影响？

4. 在国际化纺织服装行业的分工上，中国处于什么样的位置？如何在国际竞争中，正视我们作为发展中国家的行业优势和劣势？

5. 加入WTO之后，中国服装行业面临了什么样的机遇和挑战？有哪些国际竞争对手？

6. 在国际贸易中，对各国独有的民族民间纺织品和服饰实行最低关税意味着什么？

7. 中国服装企业品牌化的瓶颈是什么？

8. 中国服装行业的信息化改造存在什么样的困难？

推荐参阅书目

[1]珍妮佛·克雷克. 时装的面貌——时装的文化研究 [M]. 舒允中，译. 北京：中央编译出版社，2000.

[2]卢里. 解读服装 [M]. 李长青，译. 北京：中国纺织出版社，2000.

[3]霍兰德. 性别与服饰——现代服装的演变 [M]. 魏如明，等译. 北京：东方出版社，2000.

[4]保罗·福塞尔. 格调——社会等级与生活品味 [M]. 梁丽真，乐涛，石涛，译. 北京：中国社会科学出版社，1998.

[5]李斯. 垮掉的一代 [M]. 海口：海南出版社，1996.

[6]詹姆士·克利夫. 从嬉皮到雅皮 [M]. 李二仕，梅峰，译. 西安：陕西师范大学出版社，1999.

[7]王瑞吉，姚遥，刘茜. 出位 [M]. 北京：企业管理出版社，2003.

[8]贺炜. 低价革命——创造巨额财富的新营销 [M]. 北京：中国纺织出版社，2003.

第四章
服装设计师的素质培养

根据20世纪中期美国社会心理学家马斯洛（Abraham H. Maslow）的需求动机理论，人的需求是复杂的。从基本的生理需求的满足，到心理、文化、自我实现等需求的满足，级数层层递增。如果从人的基本要求来看，应该说起码包括两个大的层次，即物理层次（或者称为生理层次）和心理层次。舒服、适用、安全、方便等都属于第一个层次范畴，而美观、大方、时髦、象征性、品位、地位象征性等则是属于第二个层次的内容。在大多数产品需求上，人们都是首先要求物理或者生理需求的满足，然后再要求心理需求的满足。设计师的工作基本是循着这种需求的层次，调动各种因素来满足这些需求。正是因为人的需求的复杂性，适应需求的工作——设计，也就成为内容非常复杂的工作了。

设计不是简单的外形美化过程。因此，要想胜任一名服装设计师，就需要具备多方面的素质，在设计过程中能够综合思考分析经济、文化、社会、历史传统、消费者特征、价格标准、客户意向、人体工程学、材料与技术等因素，以适应不同的需求，不同的市场。

第一节　文化艺术素质

设计的目的是为人服务，而人是社会的人，长期生活在一定的人文环境中，已经形成了固定的文化观念和道德准则。作为服装设计师，所从事的工作是与人有密切关联的，因此，了解一些人文知识是必要的。

服装是生活必需品，它不仅要满足人们的生理需要，同时也要满足人们的审美需要。服装设计被称为"第八种艺术"，服装设计师应具备较高的艺术素养和审美能力。同时要善于打破常规，推陈出新，创造新的流行。

一、人文知识和素养

政治、历史、哲学等人文学科虽然看起来和服装设计的关联并不十分明显，但它们几乎是所有文化表象的底蕴、本源。服装是文化的载体，中外历史上出现过的事件、思潮，或多或少总会在当时的服装中反映出来，正如千古文章都是顺应时事而出，盛世之中的文章华采风流，战乱时的诗篇激昂慷慨。中国历史上以清谈玄学为特点的魏晋建安风骨，也反映在当时文士们飘然欲仙的宽衣广袖上。了解某种服装出现的必然性，与当时的思想文化、社会思潮的对应关系，对现今的设计将会有深层而宏观的影响和方向指导。

从高级时装的诞生，到后现代主义设计风潮风行的今天，哲学、文学、历史等一直是服装设计的灵感来源之一。《一千零一夜》中神秘悠远的阿拉伯世界和弥漫着异国情调的苏丹后宫，迷惑了20世纪初法国时装界的先驱保罗·波瓦赫；东方民族关于自然与人亲和交流的哲学也启发了一代日本设计师，如三宅一生（Issey Miyake）、高田贤三（Kenzo）、山本耀司（Yohji Yamamoto），他们从东方文化与哲学观念中探求出全新的服装功能及装饰与形式之美，并设计出了新观念服装。中华5000年的历史，孕育了数之不尽的智慧和绮丽的文明诗篇，只待我们后人去发掘运用（图4-1）。

设计从更深层次的意义上来讲是一种人文活动，是对人的一种人文关怀，设计师必须对他所服务的人群及其隶属的社会从政治、历史、哲学等角度做深入的了解才能在设计上有的放矢。早年曾有一欧洲男装品牌在中国做了一则广告，画面上一顶礼帽被风吹到一位绅士的头上，意境极为优雅，但美中不足的是：帽子是绿色的。一位优秀的服装设计师必须具有宽广的文化视角、深邃的智慧和丰富的知识，广泛的涉猎、文化与智慧的不断补给是创造灵感的源泉。好的设计并不只是外形的创作，它是综合了许多智力劳动的结果。涉猎不同的领域，可以使设计保持开阔的视野，带来更多的文化信息。在设计中最关键的是意念，好的意念需要不断供给的学识修养去孵化。

图4-1　高田贤三设计的2002年秋冬季时装，在上衣的图案和款式中均可以发现和服的影子

作为一名设计师，必须不断地去补充自己的人文知识，了解历史，了解今天，了解时代的发展脉络，设计只有建立在这些基础上才能有的放矢，不盲目、不流俗。

二、绘画技术与能力

虽然设计并不同于纯艺术劳动，但设计与艺术有着与生俱来的"血缘"关系。在艺术家这一行业独立出来之前，通常是由有艺术才华的工匠或者是艺术家来担任设计。在工业革命之前，艺术技能是设计师才能的主要构成部分，加上在中国艺术教育的发展过程中忽视工业设计的教育，所以导致以后的设计教育基本套用传统的造型艺术教育模式，同时，在社会上形成一种误解，以为"设计就是画画"。尽管我们今天的设计教育要更正以往的误解，但并不否认设计师培养的重要内容之一是其艺术素养以及设计表达能力。

服装设计师首先要掌握艺术设计技能，其中艺术素质包括艺术鉴赏能力、艺术形式美的把握能力、艺术表达能力、艺术理论水平等，这是设计师的必备条件。倘若没有色彩的分析辨别力，或缺少对服饰美的比例的把握能力，那么是无法胜任设计工作的。

艺术素质的培养是训练服装设计师的形态表现能力、想象能力和创造能力。现代设计教育中的素描、色彩课程，应该不同于绘画艺术学生的培养，因为再现自然已不是目的。设计素描应该把握结构、表现基本形态，甚至可以"从具象到抽象""无中生有"来分析、联想、创造出新的形象来。设计的色彩包括写实色彩和色彩构成，前者是训练设计师的眼睛及能十分敏锐地捕捉色彩的能力，后者是较理性地分析研究色彩的规律等（图4-2）。

平面构成、立体构成、服装图案等是培养学生设计的思维、想象、创新能力的基本技能。其中立体构成应结合服装设计的特殊性，应在人台上进行造型练习，培养学生的服装三维概念。平面构成与图案教学是通过图形纹样，掌握形式美的法则，创造美的图形能力。

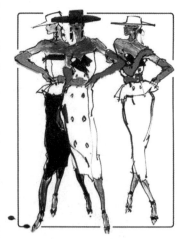

图4-2 设计师除了绘画造型能力，更应该具备的是准确表达设计对象具体结构的能力

时装画技法、服装效果图及设计草图的训练是更加专业地以绘图形式来表达服装设计的原创性构想。通过训练能有效地掌握设计效果图的表达方法、人物比例及各种表现技巧。必须注意，设计是由无数灵感闪烁的结果，要培养设计师经常地画草图、画款式图、画小稿、记录灵感的火花（图4-3、图4-4）。

设计师更应掌握应有的艺术及设计的理论知识，

服装艺术设计 —第2版—

图4-3　这种着装效果图、款式图、设计说明并置的方式能够比较有效地表达服装的
设计意图

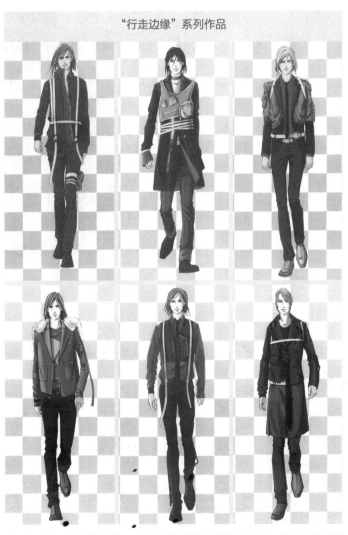

图4-4　设计一件服装和设计一系列的服装是截然不同的两个概念，后者需要更加理
性的整体把握能力

如艺术史论、美学、中外服装史、艺术概论，甚至包括非本专业领域的其他艺术或设计内容，如雕塑、建筑、音乐、舞蹈、文学等。他山之石可以攻玉，各门艺术的基本原理、规律是相通的，可以互相启发借鉴。实际上，很多服装大师原本从事的都是服装以外的行业，日本的高级时装设计师森英惠（Hanae Mori）毕业于东京女子大学日本文学专业（图4-5）；成衣设计师川久保玲来自庆应大学的美术史专业（图4-6、图4-7）；从突尼斯来巴黎的高级时装设计师阿扎丁·阿莱亚（Azzedine

图4-5　在森英惠作品中，总是充满了优雅、纤细的东方情致和女性的温婉气质

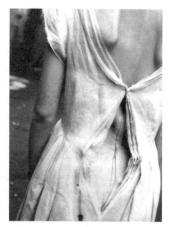

图4-6　川久保玲用她具有颠覆性的服装结构在国际服装舞台上产生了轰动性效果，其影响一直延续至今

图4-7　Comme Des Garçons品牌中一件裙装，背部的细节处理独具匠心

Alaia）是学雕刻的；法国的高级时装设计师杰·弗兰克·费雷（Gian Franco Feree）、帕克·拉巴纳还有安德烈·库雷热（Andre Correges）原本专攻建筑（图4-8）；同样是法国高级时装设计师的让·路易·雪莱（Jean Louia Scherrer）曾是芭蕾舞演员。可见，只有触类旁通，扩大视野，借鉴其他艺术，方能在有限的设计天地里驰骋。

图4-8　清晰的轮廓、简洁的结构、精确的裁剪，费雷作品的各个方面无一不体现出大师的严谨

| 名师简介 |

"蝴蝶夫人"森英惠（Hanae Mori，1926～　　）

森英惠是巴黎高级时装设计师协会中的第一个日本人。20世纪60年代，她以蝴蝶图案印染面料的礼服在巴黎成名，被誉为"蝴蝶夫人"。森英惠很重视民族风格，她的设计立足于日本民族文化之中，她运用日本风格的印花丝绸所设计的晚礼服很受欢迎。

以蝴蝶为设计特征的森英惠恪守"女性化"原则，她的设计洋溢着女性独特的气质，一些细微的装饰、配饰都体现她的设计理念。她的服装纤柔、细腻、精致、贴身，她坚持女装的面料一定要质地优良，甚至专门设计生产了富丽的印花面料。同时，她还吸收了欧化的不对称裁剪，用飘飘洒洒的大袖裙裾展现女性柔、飘逸的线条。

现代艺术亦是森英惠服装设计的灵感之一，抽象的线条、印花图案以及靶状同心圆图案都是她在服装中常用的元素。

| 名师简介 |

叛逆另类的川久保玲（Rei Kawakubo，1942~ ）

　　第二次世界大战后，日本的服装设计师们潜心向西方学习，很快掌握了欧洲传统的裁剪技术。接着，他们又在设计思想和方法上从本土的历史传统文化发掘，其作品在国际时装界产生了轰动性的影响。

　　20世纪80年代成名的日本时装设计师川久保玲就是这批设计师中的一员。其设计风格前卫而反时尚，她的服装简洁且具有现代意识。她大胆地向传统的西方服饰美学挑战，不追逐流行的面料、裁剪及色彩，以强调体外空间的设计替代传统服饰设计中对人体本身的体现。她的设计是西方服饰体系与日本文化的混血产品，所用的面料简洁朴素，在外形上强调平面及空间构成，在结构中融入现代的建筑美学概念。她在设计中常借助无色系的黑来强调服装结构，所创造的品牌Comme Des Garçons（法文：像男孩们一样）的标志色调也是黑色（图4-6、图4-7）。

刚柔相济的建筑式服装大师杰·弗兰克·费雷（Gian Franco Ferre，1944~ ）

　　毕业于米兰理工学院建筑系的费雷，不但具有意大利时装大师浪漫的艺术家气质，同时还坚持思维清晰的现实主义态度。费雷的建筑学知识使他在服装设计上运用了相类似的逻辑思维与创作方法，他的时装设计如同建筑设计：高度协调，精确无误，款式隽永。正如他自己所说："我所接受的建筑方面的教育给了我较好的理解服装的基础。"

　　费雷的设计，可以用"精确""优雅"这两个词来形容。其品牌服装的特点是刚柔相济、轮廓清晰、面料考究、色彩鲜明，裁剪细部精巧，设计平和却抢眼，让人感到了一种传统中的现代、摩登中的古典。在费雷的设计理念里，不论外形线条、素材、花色，甚至配件的选用，都强调利落、简洁，在整体感上呈现出大师的磅礴。

　　服装设计师具备了良好的艺术素质，在过渡到专业设计的过程中，将会有良好的表现。国际上不少服装设计师是美术专业出身，国内的不少设计师也是在学习美术、工艺美术或热爱绘画中而成长起来的，这不能不说明服装设计与艺术有着不可分割的紧密关系。艺术素质的培养除了课堂训练之外，更多在于个人的修炼，即对艺术形式美的"悟"性，美的特质有时是不能言传，只可意会的。那么作为优秀服装设计师也应在艺术素养上磨炼自己。

三、创新胆识加才干

创新不是孤立的生产行为，并不只局限于从工厂生产向消费者推出新品这种单向的活动，而是生产与消费的互动过程，是一个承认新的需求，确定新的解决方式，发展一个在经济上可行的工业产品和服务，并最后在市场上获得成功的完整过程。随着经济的发展，市场细分是必然趋势，那些不满足大众产品的消费群体正在发展壮大。他们需要个性消费，需要拥有显现人类智慧的设计产品。服装必须适应消费者个性化、时尚化的需要。个性化多在于创新，这是当代服装品牌争夺最终客户的焦点所在。客户不再满足于大规模制造出来的大同小异的大众服装，而是追求通过服装实现个性表达。因此培养大量具有创新能力的设计师就成了设计教育的目标。创新好比是淘金，市场经济的法则是崇拜稀缺，准则是物以稀为贵。

要成为一流的设计师，必须依靠三个方面的有机结合：个人的观点、对市场的感知、设计基本功。其中个人的观点就是设计师独特的风格。设计师的成败在于创意，如果设计师的作品中没有自己的东西，没有自己的文化特征，就很难占领市场。服装教育应该向学生传递的是时装设计的核心理念——创新，引导学生发散性思维，形成自己的主张和风格。学生不是学习当前流行什么，而是创造将来的流行趋势。

中国缺少真正具有创造意识的服装设计师。单从数量上看，中国有不少设计师，但许多设计师的设计缺乏创意，作品中抄袭、拼凑的痕迹太浓，以至于许多公司在国内很难找到理想的设计师，只能从国外高薪聘请。从国际竞争的严峻形势来说，培养一支富有创新精神的设计师队伍已经迫在眉睫。目前国内很多时装设计师的弱点，是过于迷信那些国际大牌，而忽视了自身的内涵。中国的设计师确实需要学习和吸收欧洲等地服装文化的精髓，但更重要的是应把学到的东西与中国深厚的文化底蕴融合起来，创造出自己独特的设计风格，成为时装潮流的领导者，而非追随者，这可能是中国设计师的出路所在。

第二节　科学技术素质

仅有艺术素质尚不可能成为优秀的设计师。美国设计教育家帕培勒克（V. Papanek）提到："在现时代的美国，一般学科教育都是向纵深发展，唯有工业与环境设计教育是横向交叉发展的。"服装设计亦然。

著名的工业设计教育先驱包豪斯学院早就提出设计教育"艺术与技术结合"的现代设计体系。工业革命以来，尤其是信息化时代的到来，自然科学和社会学知识技能在设计师的才能修养中占据日益重要的位置，因此服装设计师不应仅仅是设计表达，服装结构与裁剪、缝制工艺也是服装设计师必须掌握的基本技能。除此之外，要成为一名优秀的服装设计师，还需要掌握许多其他学科知识。服装材料学、人机工程学、市场营销学、消费心理学、传播学、生态学等无不有助于设计师知识结构的完善。

一、科技知识与素养

科学技术是人类的创造，人类在科学技术的创造过程中，总是离不开人的生活本身。所以，人类要享受这一巨大资源，需要设计师作为中介，需要设计出来的产品作为载体。设计师的作用正是将科学技术的成果变为产品、商品，转化为社会财富。服装设计的产品也同样是科学技术的物化载体，也是科学技术商品化的载体。服装行业是一个科技含量高、技术更新快的行业，设计师不仅需要熟悉工业的先进科技和掌握现代的科学资源，还要能够使用高性能面料设计出功能性服装。同时，服装生产过程中的科技含量，尤其是绿色科技的含量也直接影响到净增长的国民生产总值（绿色GDP）的高低。

二、掌握服装生产技术

现代服装设计实际是设计者针对人的穿着需要所进行的实用与审美的造物行为，

专业知识窗

绿色GDP与绿色服装

人类的经济活动在为社会创造财富的同时，又无休止地向生态环境索取资源，并排放废弃物使环境日益恶化。从现行GDP（目前世界上通行的国民经济核算体系）中扣除环境资源成本和对环境资源的保护服务费用，其结果就是"绿色GDP"，它代表了国民经济增长净值。绿色GDP在GDP中占的比重越高，国民经济增长的净值就越大。

服装行业在国民经济中占有重要地位，传统服装在生产过程中用到的化学物质对环境造成危害，使绿色GDP在GDP中的比重降低。因此，绿色服装的生产是服装行业的重点问题。

绿色服装包括三个方面内容：第一，生产生态学，即在生产的过程中不会产生污染物质；第二，用户生态学，即在穿着过程中不会给使用者带来毒害；第三，处理生态学，即服装使用后的处理不会给环境造成负担。

专家们已利用转基因技术培育了无污染的彩色动植物纤维，防皱整理正在向无甲醛过渡；改进生产工艺制成无污染的再生纤维素新品，在面料生产过程中避免向环境排放污染物，在纺丝生产中使用可以完全回收利用的溶剂，使用无害健康的化学剂、色素，实现自然资源与技术的良性循环等。

20世纪90年代，欧盟国家纷纷立法，对本国生产及进入本国市场的纺织品、服装实行环保认证，绿色环保概念的服装在欧洲各国已蔚然成风。

是材料、技术与艺术的融合体现，并被作为一个完整的系统工程来操作进行。服装设计是一门应用性非常强的学科，作为工业设计门类之一的现代服装设计，其作用绝不仅限于令服装的色彩款式赏心悦目，服装设计师必须针对不同类型消费者的年龄性别、肤色发色、身材体型、功能用途、审美要求来设计相应的批量化成衣的规格尺寸、式样结构、面料特性、工艺流程或特点。现代服装生产的实现，在很大程度上凭借的是先进流水线技术的支持，因此设计师在设计的过程中，必须要充分了解怎样进行有效的规模化生产以及如何最大程度地节省原材料和提高利润率。设计也因此而成为服装产业发展必不可少的生产力要素。

我国服装设计教育是在20世纪80年代初拉开的序幕，对服装教育只是一个摸索尝试阶段。与西方、日本等国家的服装教育相比，我国目前的服装院校过于偏重美术基础的训练和单纯技法的提高，远落后于目前服装产业发展的需要。因此，培养符合市场需要的高级专业人才就成为当今社会的燃眉之急。社会对服装设计师的艺术品位依然有需求，但更希望设计师同时能够拥有统筹商业和产业领域的能力，并了解如何将设计转化为产品和市场。因此，在我们的服装教学中，应与行业紧密联系，多注重实践，摆脱闭门造车，如此才能为服装企业输送完备合格的人才。

科技进步对服装行业的影响

1650年开始的蒸汽技术时代，首先使英国成为动力机械纺织业的中心；1807年开始的电气化时代，使整个欧洲成为电力纺织工业的中心；1922年开始了高分子材料的时代，于是美国、欧洲、日本很快成为合成材料纺织服装业的发展中心；20世纪中叶人类进入现代高技术时代，欧洲、北美、日本等国家成为高科技纺织服装业中心、消费时尚中心、世界贸易中心，发挥着产业高端的作用。同时产业链的低端生产正在为广大发展中国家带来新的机遇。

专业知识窗

三、了解服装营销技巧

现代设计是为现代人、现代经济、现代市场和现代社会提供服务的一种积极的活动，现代设计是现代经济和现代市场活动的组成部分。设计教育从一开始就是根据市场的需求而设立的，也不断随着市场的变化而改变。任何产品设计的最终实现都是消费者的认可，它是通过市场销售而达成的，市场销售是检验设计的试金石。

设计也是市场营销的一个重要组成部分，从计划生产开始，通过数量控制、价格拟订、包装、促销（广告、人员、销售等），利用各种批发和零售的销售渠道和方式，最后把商品送到顾客手中，设计在这个市场营销的程序中起到一个关键环节的作用。

第四章 服装设计师的素质培养

现今服装市场上，不同性别、年龄、职业、民族、国家的消费群体以及服装消费的层次越来越细化，消费者的个性化消费倾向更加凸显，服装的细分也越来越明显，如女装中的淑女装近年来又逐渐细分为少女装、少淑女装、少女运动装和少女休闲装等几大类。设计师需要了解市场定位、营销策略、消费心理等经济学知识，根据市场和消费者的变化以及不同消费群体、不同消费层次的需求变化，找到有的放矢的市场定位，前瞻性地进行设计，调整企业的服装生产数量、花色品种、款式，使设计真正做到能够创造效益，成为利润的源泉（图4-9）。

图4-9　富有创意、极具魅力的耐克行销传播，为耐克赢得了消费者，使耐克成为市场的翘楚

第三节　社会道德素质

设计不是设计师的个人行为，作为产品投放市场也是社会行为，是为社会服务的。服装设计师要注意社会伦理道德，树立高度的社会责任感。曾有设计师用军国主义的标志作为设计内容，严重伤害热爱和平人民的感情，受到全社会的谴责。因此，设计不单是一种谋利的手段，要树立正确的职业道德，不能见利忘义。设计作品的社会功用在于传递人类健康、和平、向上的信息，意大利著名服装品牌贝纳通的广告就是传达了人类和平、大同的愿望。贝纳通的品牌不像某些服装品牌那样，

以感性诉求来达到促销产品的目的，而是将公司期望建立的关怀全球消费者的品牌形象融入其传播策略之中（图4-10）。所以任何人类行为都负有一定的社会责任。美术家庞熏琹先生在解释艺术创作中"气韵生动"时认为：气是气节，包含人的气节与民族的气节。气节决定人品，人品则影响作品。韵指艺术修养，笔有笔韵，墨有墨韵，色有色韵，神有神韵。唯有良好的气和韵的结合，才能创造出"气韵生动"的作品来。

图4-10 著名的贝纳通广告之一，教士和修女的接吻，传达了爱无禁忌的人文观念

一、建立崇高的道德理想

在现代社会中，人类之间的互相交流是大致通过两个方面的方式进行的。一个是人与人之间的行为进行的交流，如语言、文字、手势等；另外一个则是人与人通过物的方式进行的交流。第二个方面是大量的、普遍的。各种标志、广告、图解以及各种通用化的产品设计和包装设计，除了一般的功能性以外，也包含了普遍的交流性。现代设计不仅仅提供人类以良好的人际关系，提供舒适、安全、美观的工作环境和生活环境和方便的工具，同时，也是促进人类在现代社会中能够方便自然交流的重要手段。因此，现代设计师不仅要对他设计的产品负责，同时也要对社会负责。他在设计时应该考虑社会反映、社会效果，力求设计作品对社会有益，以促进人与人之间的交流沟通为己任，以设计提高人们的审美能力，给人心理上的愉悦和满足。设计师应以严谨的治学态度对待设计，反映当代的时代特征，表达积极的审美情趣和审美理想，而不是为个性而个性，为设计而设计。

服装设计是一种职业，设计师职业造诣的高低和设计师人格的完善有很大的关系，往往决定一个设计师设计水平的就是其人格的完善程度，程度越高其理解能力、协调能力、处事能力等也就越强，可以使他在设计工作中越过一道又一道障碍，所以设计师必须注重个人的修养，正如文人常说："先修其形，后炼其品。"

二、培养正当的职业道德

服装设计师必须了解与服装行业相关的法律法规，如专利法、商标法、广告法、环境保护法及标准化规定。

在现代服装历史上，设计师的作用已被行业公认。在世纪之交，当中国服装行

贝纳通的广告

20世纪60年代发源于意大利的服装品牌贝纳通，由一个家庭小作坊开始，如今这个公司已在全球拥有数千间零售店，产品遍及世界120多个国家和地区，贝纳通崛起的一个重要原因是其成功的广告策略。

从1992年起，贝纳通推出了以"United Colors of Benetton"（贝纳通组合色）为主题的广告运动，以当年精选的新闻照片为背景进行概念营销，表现出人们普遍关注的社会问题——疾病、暴力、贫穷、战争、种族、灾害。在1996年获戛纳国际广告节金狮奖作品《心脏》的画面上，只有三颗一模一样的心脏，心脏上分别标注"White（白）""Black（黑）""Yellow（黄）"；1994年贝纳通推出了《血衣》。"血衣"的主人，是Zagreb农科学院的学生Marinko Gagro，他临近毕业且已婚，但是他所有梦想和追求，都在波黑的炮火中化为乌有，只剩下他生前穿过的血迹斑斑的军衣。

作为后现代广告的代表，贝纳通广告直接关注人类社会问题，从社会各个方面的热点问题来寻求创意资源，展示"世界的真实和真相"，借以推广了品牌的形象和文化观点，得到广大消费者的关注和肯定。

业在整体意识上认可了设计师的作用后，行业媒体还喊出了"设计师是企业的灵魂"的口号，这是对设计师给予的最大的承认。但是，真正想要成为企业的灵魂，设计师除了以上所提到的基本素质以外，还须培养社会活动能力、业务谈判能力、项目实施的组织能力等。包豪斯设计学院的创始者格罗皮乌斯说过："一个人创作成果的质量，取决于他各种才能的适当平衡，只训练这些才能中的这种或那种是不够的，因为各方面同样需要发展。这就是设计的体力和脑力方面训练要同时并进的原因。"诚然，设计师不可能门门精通，但对各方面的涉猎，有助于问题处理的综合能力、系统能力及应变能力的提高。譬如组织协作是服装设计师的重要社会能力，设计师应该与打板师、样衣工、销售员、营业员合作和谐，成功的服装设计师首先应该是成功的合作者。

时尚变幻迅速、流动甚快，服装设计师要始终站在潮头，就需要不断追逐日新月异的信息与科技。古人云："人成于学。"设计师的提高与持续发展有赖于不断学习，学习再学习，学无止境。服装设计师要善于学中用，用中学，要保持对新事物的热情，在不断的创作创新中充实自己。

从最广泛的意义上说，人类所有的生物性和社会性的原创活动都可以称为设计。故广义上的设计始祖，可追溯到第一个制作石器的人，即"制造工具的人"。劳动创造了人，创造了设计，也创造了设计师。实践是设计活动的基础，作为现代的服装设计师固然有许许多多的书本知识需要学习，但设计师动手实践乃是非常重要的，实践出真知。服装设计学是门应用性、实用性很强的学科，培养动手能力，开拓创新思维，努力把自己塑造成优秀的服装设计师。

思考题

1. 为什么当现代服装设计走向平民化、大众化之后，以设计师个人姓名为服装品牌的传统也被逐渐打破？

2. 以往的服装设计教育对艺术审美的偏重是否适合我国服装行业的设计人才需求？

3. 如何在服装设计的过程中发扬崇高的人文精神？

4. 过度工业化之后，人类环保意识日益增强，纺织服装行业对环境的保护应当从哪些方面着手？

5. 为什么说服装设计师在一张效果图或者一件样衣上的设计错误将有被放大50倍、500百倍、5000倍、50000倍，甚至更多的可能？

6. 为什么说大学教育首先应该完成人才的综合素质培养，其次才是专业素质培养？

7. 中国服装行业是否存在着高素质人才严重短缺的现实？

推荐参阅书目

[1] 杨东平. 大学之道 [M]. 上海：文汇出版社，2003.

[2] 张维迎. 大学的逻辑 [M]. 北京：北京大学出版社，2004.

[3] 赖纳·特茨拉夫. 全球化压力下的世界文化 [M]. 吴志成，韦苏，等译. 南昌：江西人民出版社，2001.

[4] 唐诺·凯斯. 耐克如何缔造运动王国 [M]. 麦慧芬，译. 石家庄：花山文艺出版社，1997.

[5] 林语堂. 吾国与吾民 [M]. 北京：外语教学与研究出版社，2000.

[6] 内山完造. 活中国的姿态 [M]. 尤炳圻，译. 兰州：敦煌文艺出版社，1995.

[7] 沈从文. 花花朵朵坛坛罐罐 [M]. 南京：江苏美术出版社，2002.

[8] 钱穆. 人生十论 [M]. 桂林：广西师范大学出版社，2004.

II

第二部分

服装设计创作要素

第五章
服装风格设计

毋庸置疑，凡工业设计之要素，无不涉及风格、样式、色彩、材质等方面。在服装设计教学中，有人也简单照搬工业设计、平面设计的某些特点，如点、线、面等，虽然在服装设计的专业学习里也包含有点的成分、线的要素、面的构成，但这不足以涵盖服装设计的特殊内容。现代服装设计其实是设计者针对人的穿着需要所进行的实用与审美的造物行为，是材料、技术与艺术的融合体现，其本质是为人类选择和创造新的生活方式，并被作为一个完整的系统工程来进行操作。作为与人关系最密切的时尚产品，服装设计本身具有特殊的款式特点、材质的运用、色彩的配置以及部件的设计与流行的把握。对设计师来说，工作较多地集中在审美创造的一面。但这个创造的过程，浓缩了对审美体验的积累，对技术的熟练掌握和对商业形势、生产控制等多方面的深刻理解。在各种工业产品和艺术商品中，服装的设计风格以广泛性和多变性著称。在服装的历史发展过程中，出现了诸多形态的服饰；进入现代，时尚的本质更是以变化和强调风格的设计为核心。服装风格的划分，可以体现在三个方面。

第一，从地理区域上看，分布在世界各地的很多种族、民族和地区性人群拥有独具个性的穿衣方式和品位。在人类交通与传媒不够发达的时代，不同地域之间的交流，使这些服饰风格得到了各自较为完善的发展，保持了较为纯粹的地域个性，至今呈现在我们面前的是多种民族服饰风格异彩纷呈的面貌。第二，从时代发展的角度来看，历史上服装形态变迁形成的众多风格，跨度相当大，每个时代各有其风格的精彩之处，而每一种风格都标记着鲜明的时代特征。第三，可以称作"人本气质风格"，这一概念强调服装需要以人为本，由人的风格确定服装的风格。其中人的生理状态（包括年龄、形体、肤色、气质等）、社会角色、社会环境的需要，都是确定这一风格的要素。虽然天生万物无一雷同，但在庞大的人群之中，往往一部分人有着十分近似的气质，把这个集体人群的气质概括出来，就成为概念性的生理气质。作为一名服装设计师，对现实中存在的地域人群风格及其服装风格进行探索和理解，是必修的功课之一。

20世纪以来，现代时尚工业的发展使风格突破持续加速。市场和消费者从初期对新风格接受能力的提升，逐渐发展为对新风格的渴求。时尚风格流行的内容及更替频率基本固定在以季度为单位的周期上，达到成熟的顶峰。同时，时装开始了全球性的风格汇集，流行逐渐扩大了范围，并且趋向同一化。设计师在汲取创作灵感时，将思路伸展到新的取材范围，借鉴、改造不同种族服饰的因素或是挖掘历史上服饰的风格宝库进行设计，成为各大品牌推出新流行的重要手段。

中国的服饰产业在向高水准国家看齐时，受到国际性审美风格的牵引和时尚法则的深刻影响，从而进入本土传统服饰风格与国际服饰流行风格的磨合期；另外，消费市场的迅速成长，使国内服装生产对风格的要求飙升，服饰产品同质化的状况亟待改善。这两方面的问题是一段时期内中国服装风格发展面临的最主要问题。

与此同时，服装的上游产业如纺织、辅料加工等的创新发展十分迅速，产品的科技含量和艺术水准较之以前有明显的突破，日趋成为推动服装风格发展的强大动力。当今的服装市场，竞争已经达到分秒必争的程度，处处赢得先机才能在竞争中立于不败之地。因此，在设计路上前行的设计师们，需要随时往自己的行囊中添加新的信息能量，开阔自身眼界，积淀审美的经验，以培养驾驭设计风格的能力。

第一节　确立艺术形式

形式感在服装设计领域里是一个重要概念，好的设计必然体现着完整、鲜明的形式感。形式感强，意味着创作者通过主观审美意识的提炼，形成某种突出的视觉风格，从而给人以很强的感染力和视觉冲击力。在服装中，形式感是由色彩、面料、装饰和款式等要素共同达成的。也可以说，追求艺术形式就是确定设计风格的过程。

形式感是指作品的存在方式和物质外观以及结构关系所形成的整体特征。在所有的艺术作品中都有形式的存在，包括美术、音乐、舞蹈、文学等（图5-1）。

在艺术性及表演性的服装设计中，注重服装突出的视觉效果，艺术形式感比较强烈，是设计师首要考虑的因素。此类服装种类包括歌、舞、话剧、电影、大型汇演等的表演服装。表演服装设计成功的例子有：曾获得奥斯卡最佳服装设计奖的电影《埃及艳后》《红磨坊》《魔戒》；舞剧《天鹅湖》《云南映象》；音乐剧《猫》、歌剧《阿伊达》；2004年希腊雅典奥运会开幕式上大型文艺表演的服装等。表演性的服装风格中糅合了场景、

图5-1　在众多舞蹈种类里，芭蕾是一种形式感极为突出的舞蹈艺术，其高贵、优雅的美感与世俗的现实生活距离遥远，从最基本的手势动作、服装布景到演员的形态气质，无不流露出独特的形式感

情节、历史、幻想等因素，创作形式较为自由。出于对强烈风格的需要，表演性服装大的整体效果重于细节效果的表达。

高级时装是对形式感极为重视的另一个服装类别。大部分高级时装的形式语言是经典的欧洲风格的端庄、华美，用料极尽奢华，工艺绝对考究。每一件时装都力求在款式、色彩及装饰上达到完美的艺术极致。

而作为基本的大众消费品，成衣也具有一定的艺术含量并有着自身的艺术形式，艺术形式对成衣来讲同样是不可或缺的。成衣与表演装、高级时装的设计思路不同，但彼此之间常常互为借鉴，只是在表现的语言和尺度上保持着各自的标准。

成衣设计生产依据的对象是经过概括、细分的近似人群，确定每条产品线的风格需要涵盖一定的人群广度，具有相当的受众面。第二次世界大战后，由于社会文化的转型突变和消费市场日益延展、活跃，现代成衣风格的发展逐渐摆脱成衣工业发展早期较为单一的状况，体现出异彩纷呈的个性色彩。20世纪90年代中后期开始，成衣走向了更为精致、细密的发展轨迹，在很多大的风格下又衍生出众多细化的、个性迥异的风格。例如休闲装，如今已经不再意味着那种中性、结构简单、装饰缺少变化的无个性大众服装，而发展成拥有多种风格的大家族，从性感另类到清雅脱俗，跨度相当大。成衣已进入了需要依靠设计来打动消费者的时代。下面我们将列举一些影响力较广、有代表性的成衣风格以及一些品牌的实例，来帮助大家理解服装艺术形式的确定（鉴于风格之间的互相渗透很难完全清晰剥离，所以我们只从样貌特征的角度来阐述）。

一、民族装饰形式与后现代思潮

由于现代国际性时尚文化长期影响，众多民族和地区在大一统的服饰风格中渴望回归能够体现本族风格的着装，民族主义的风潮在世界各地席卷而起。中国的消费者和设计师也在尝试从中国传统服饰审美中找到与现代流行服饰的契合点，来传达具有民族个性的时尚思想。

历史积淀的装饰形式和各民族各具特色的服饰素材，是现代服装设计取之不竭的灵感来源。需要思考的关键问题是：由于现代人生活状态的彻底改变，传统服装的结构、色彩和装饰形式在现实中过于浓墨重彩和拖沓，只能作为表演、欣赏或特殊的礼仪场合穿用。怎样才能延续传统服饰的美学精髓为今所用呢？

比较保守的方式是直接采用传统的手法和审美思路进行设计，作品带有标志性的民族色彩，装饰感强，风格与现实生活具有一定距离。代表品牌有美国设计师品牌维维安·谭以及中国品牌天意·梁子、东北虎等。中国的这些品牌在设计中保留了较多传统服饰的风貌：面料多使用中国传统的丝绸、棉麻；色彩偏爱饱和度高的纯色，如红、黑、绿、蓝等；款式体现着明显的中国传统民族服饰的特点；装饰以刺绣为主，制作需要大量手工，制作周期通常比大众成衣长。消费者购买这类服装的目的主要出于表演、个人爱好、收藏以及礼仪场合穿用，因而市场流量较小（图5-2）。

图5-2　天意·梁子的中式风格设计

在总体风格简洁、实用的前提下，成衣设计可从款式、材质、色调和局部细节装饰上借用、改造传统服饰的因素，将民族风格用成衣化语言表达出来。后现代倾向是很多成功的民族风格品牌所走的路线。后现代倾向并没有固定的风格或模式，追求自然、不拘束的审美风格，在结构与装饰手段上富有想象力和变化。把舒适性能、时尚个性结合得十分完美。最著名的品牌包括日本的高田贤三、三宅一生。国内推崇东方风格的一批品牌也逐渐脱颖而出，比较有代表性的是女装品牌例外（Exception）和江南布衣（JNBY），独树一帜的设计风格是使品牌从市场中脱颖而出的核心竞争力（图5-3）。

图5-3　例外东方风格的设计将原创精神转化为独特的服饰文化

二、青年流行形式

顾名思义，青年流行形式是以青年文化为核心孕育起来的服饰风格。第二次世界大战结束之后的20世纪50年代，是消费时代真正到来的开端，正如《三联生活周刊》载文《波波族与"新文化运动"》中谈到的"商业与消费已经取代某个思想、某个作家或音乐，成为一种文化主流"。在商业、竞争机制控制下的现代社会，年轻人成为时尚文化的主角，他们有开放的头脑，充满激情和好奇心，对音乐、美术、文学、电影等艺术非常敏感。巧合的是，整个20世纪的先锋艺术状况也如时装一样：翻新的节奏越来越快，仿佛艺术活动从属于一种市场更新法则，其唯一霸道的法则就是不断翻新出奇。年轻人疯狂的创造力和大胆推崇新风格的魄力，使一批锋芒毕露的服饰风格、着装形式逐一呈现在世人面前。

1. 波普风格

波普艺术是与时装结合最为紧密的现代艺术之一，并成为现代主流时装风格之

图5-4　1956年理查德·汉密尔顿的作品《是什么让我们今天的家显得如此不同，如此温馨》

图5-5　2004年春夏由歌手王菲代言的班尼路副牌班尼路：态度（Baleno Attitude）所强调的波普风格，模仿了波普艺术代表画作《是什么让我们今天的家显得如此不同，如此温馨》

一。波普艺术产生于20世纪50年代末的英国，兴盛于六七十年代的美国。第一幅真正意义上的POP作品是1956年理查德·汉密尔顿（Richard Hamilton，1922）的一张小拼贴画《是什么让我们今天的家显得如此不同，如此温馨》，这幅画成了波普艺术最早的代表作之一。"POP Art"所指的正是一种"大众化的""便宜的""大量生产的""年轻的""趣味性的""商品化的""即时性的""片刻性的"形态与精神的艺术风格（图5-4、图5-5）。

真正让波普艺术大放光芒的人是捷克籍的美国艺术家安迪·沃霍尔（Andy Warhol）。他采用当下最为流行的大众文化作为创作的素材，内容包括可乐瓶、玛丽莲·梦露的头像、美钞等。作品强调着产品式的"对真实的模仿"和"复制"，这使得波普艺术带着先天的大众流行性迅速渗透到各个领域，并对20世纪60年代时装界产生了巨大的影响。伊夫·圣·洛朗1965年秋冬推出了以抽象画家蒙德里安的几何绘画为主题的作品，*Vogue*杂志评价说：圣·洛朗的秋装包含了一点儿笑料和一些波普艺术的精神。20世纪90年代，范思哲也曾以玛丽莲·梦露头像图案的长裙表达了他对波普艺术的推崇，在这位大师的作品里，一直带有波普艺术的精神（图5-6）。

图5-6　1993年，范思哲向安迪·沃霍尔波普艺术致敬的华丽设计

在时装中，波普艺术找到了可以自由发挥的空间。主要体现在服装面料及图案的创新上。波普风格的服装一改传统服饰装饰图案仅仅追求优美、装饰性的特点，将图案、文字、色彩、线条搭配运用到服饰上，加以夸张和变化，往往富含意味和情趣。卡通、幽默的标语、艳丽的色块对比、报纸印刷图案、随手的涂鸦、连环画或是肖像拼贴都是波普风格的素材，展现着生活的睿智和幽默感。内容的无限创新，加上具有加工简洁、方便、成本低廉等符合现代服装工业的特点，波普在大众服装中的流行深深扎根。

波普风格作为艺术与时装结合最为紧密的代表，渗透在服装的脉络里，成为现代服装风格重要的组成部分。波普的影子在随便一件T恤衫上皆可见到，它已经从最初的艺术形式变成与人们如影随形的生活文化。

2. 嘻哈风格（Hip-hop）

嘻哈风格从诞生之日起便是一种彻头彻尾的街头风格，它把音乐、舞蹈、涂鸦、服饰装扮紧紧捆绑在一起，成为20世纪90年代最为强势的一种青少年风格。Hip-hop服饰的风格非常明确，"超大尺寸"就是对它最简单的描述。当然宽大并非Hip-hop风格的全貌，但却是最初形成的出处：在20世纪70年代的美国有色人种贫民中，为了让处在快速成长期的小孩子不至于太快地淘汰衣服，经常购买大尺码的衣服给孩子穿，或者弟弟穿哥哥的衣服，久而久之，造就了这种带有叛逆、玩世不恭的风格。在充满节奏的音乐、舞蹈、运动的街头生活中，这种服饰风格渐渐与之融为一体，成为街头艺术不可分割的一部分。

Hip-hop风格明确的服装标准，包括宽松的上衣和裤子、帽子、头巾或胖胖的鞋子。Hip-hop风格的衣着可以细分成几派，如侧重说唱、篮球、街舞、滑板……各有各的一套行头。主要配件包括T恤、牛仔裤或板裤、运动鞋、包头巾等。到位的Hip-hop风格设计需要有创意的搭配，色彩和装饰物的感觉都非常重要（图5-7）。

下面就来介绍几个当前典型的Hip-hop风格的服装品牌及商标。

Ecko Unlimited：由设计师Marc Ecko创立于1993年，以做T恤的形式起家，发展到今天已经是十分知名的嘻哈街头风格的品牌（图5-8）。

图5-7　Enyce的街头Hip-hop风格设计

FUBU：1992年美国纽约设计师J.Alexander Martin、Daymond John、Carl Brown、Keith Perrin一起制作并销售自己喜爱的帽子、T恤，成立了街头便服品牌FUBU，取自于"For Us By Us"的首字母缩写，即"为了我们，我们创造"的意思。FUBU的风格较为平实、生活化，以追求自由、喜欢带有运动感觉及穿着舒适的年轻人为对象，标榜"城市运动休闲"是这个品牌的理念。目前，FUBU已经在全世界60多个国家销售产品，成为一个全球性品牌。2002年秋冬打入中国市场，在上海开了FUBU的第一个专卖店（图5-9）。

艾维莱克斯（Avirex）：一个专门生产美军外套的品牌。1975年由退役飞行员、狂热的飞机爱好者杰夫·克莱曼（Jeff Clyman）创立。其初期灵感来自各类美国古董，以此逐渐形成自己独特的风格，在时装界独树一帜，并逐渐在世界范围内吸引了一大批追随者。如今，艾维莱克斯（Avirex）同时为美国海、陆、空军，海岸警卫队及美国宇航局提供专业服装，也在时装领域构筑庞大帝国。产品包括户外装、运动装、牛仔装、针织制品、T恤、鞋类和手表等（图5-10）。

Phat Farm：1992年，黑人饶舌说唱歌手罗素·西蒙斯推出了以自己昵称命名的嘻哈时装品牌——Phat Farm，对客户的定位是"喜爱嘻哈文化的年轻人"。2002年品牌服饰年销售额达到了2.63亿美元，利润超过了2900万美元。罗素·西蒙斯旗下的Def Jam唱片公司，云集了美国最著名的饶舌说唱歌手，并建立了Rush基金，专门赞助尚未成名的说唱艺术家和街头涂鸦艺术家，掌握了嘻哈文化的发展潮流。"任何想做青少年生意的公司都一定要关注罗素·西蒙斯"，百事可乐文化市场发展主管弗兰克·库伯说，"他是嘻哈文化的主要建筑师之一，这个市场正在逐渐成长和全球化（图5-11）。"

Sean John：创立于1991年，是著名黑人说唱歌手肖恩·康布斯的自创服装品牌，风格较为奢华（图5-12）。

Enyce（发音为En-ee-chay）：创立于1996年，旗下设有Enyce和Lady Enyce两个牌子，分别为男装和女装（图5-13）。

Roca Wear：创立于1999年，其拥有者是被称作Hip-hop诗人的饶舌歌手。JAY-Z服饰品牌Roca Wear与唱片公司Roc-A-Fella Records一起构成了JAY-Z时尚王国。以舒

图5-8 Ecko Unlimited品牌商标　　图5-9 FUBU品牌商标　　图5-10 艾维莱克斯（Avirex）品牌商标　　图5-11 Phat Farm品牌商标

适的材质、街头的完美设计成为大部分人的首选，受大众欢迎（图5-14）。

Akademiks：美国著名的Hip-hop风格品牌，公司设立于纽约，在北美、欧洲及日本等地区拥有分销渠道。Akademiks产品丰富，包括七个副牌：Jeanius、Komponents、Ladies、Outwear、Loungewear、Boys、Hearwear，服饰风格理念前卫，以简洁、明快的色调为主（图5-15）。

图5-12　Sean John 品牌商标　　图5-13　Enyce品牌商标　　图5-14　Roca Wear 品牌商标　　图5-15　Akademiks 品牌商标

3. 波希米亚风格

波希米亚风格（Bohomian Chic），缩写为"Boho Chic"，是一种自由奔放、大胆浪漫的经典青年风格。伴随着20世纪60年代的青年思潮，波希米亚风第一次大范围流行，成为嬉皮士们最喜爱的装束。20世纪末，波希米亚风再次流行，并出现了被称为BOBO 的年轻人群体。美国记者大卫·布鲁克斯（David Brook）于2000年在《天堂里的波波族》（*BOBO in Paradise*）一书中首创该词。

BOBO译为"布波族"或"波波族"，它既代表着一种生活状态，也代表着一种穿衣风格。前一个"BO"意指布尔乔亚（Bourgeois）的实用主义，追求事业成功和生活富裕，布尔乔亚文化代表着一种商业社会的精英品位；后一个"BO"代表波希米亚（Bohemia）的浪漫主义：蔑视习俗、崇尚反叛、追求自由、热爱艺术。BOBO族的诞生表现出现代年轻人的时尚与精神生活完全挂钩。

解构BOBO的词义，代表着时尚风貌的部分是波希米亚。真正的波希米亚位于现在的德国与捷克之间，已经成为历史的遗迹。通常波希米亚被用来代表一种类似于吉卜赛文化的狂野自由，服饰风格集华丽、颓废、休闲于一体，看起来松松垮垮、毫无规则。色彩丰富，质料以棉麻为主，注重舒适性（图5-16）。

波希米亚风格标志性的因素有如下几点：

（1）精致奢华，出现在领口、袖口、裙摆处的蕾丝荷叶边，充满动感。

（2）烦琐、复杂，甚至会让人觉得浪费的皱褶。

（3）流苏，从马背上和风中发展出来的装饰，正好体现波希米亚人无拘无束、飘逸放纵的性格。

（4）镂空，复杂的质感和若隐若现的空间。

（5）不对称设计，在西方，它表示不屈服于习惯、不拘泥于传统，反叛而不失美感，顽皮又带着几分性感。

（6）追求返璞归真的纯手工质感装饰，如刺绣和编织。

4. 经典优雅形式

来自西方服饰风格的经典优雅形式。作为成人、职业、社交的固定服饰风格，西式优雅、干练的套装模式已成为世界范围通用的语言，有着成熟的设计思路、制作手法和相当稳定的消费群体。优雅风格的服装在人类生活中担负着最多的社会性，在相当长的时间之内是不可取代的。

这一风格系列中服装组成的层次比较清晰，由上至下可按一定的礼仪标准划分。通常男装的模式要求严格，女装则基本没有这方面限制，主要是在风格上的把握。款式多由套装、衬衫、小礼服及风衣等正装组成，体现着严谨、高雅、成熟的气质。结构、色彩和装饰的设计变化内敛含蓄，往往在微妙的尺寸变化间进行，对设计师的功力要求很高（图5-17）。

代表性的品牌如夏奈尔、伊夫·圣·洛朗、皮尔·卡丹等。近年来，韩国品牌的职业装也做得非常成功，尤其是女装，温婉成熟又不失浪漫情怀，在市场上深得职业女性的喜爱（图5-18、图5-19）。

图5-16 半透明纱质面料、民族风格的图案镶边、缠绕的绳带、下摆堆砌的皱褶，配上穿着者漫不经心的慵懒气质，构成典型的波西米亚形象

图5-17 德国品牌埃斯卡达（Escada）女装

图5-18　YSL严谨典雅的男正装

图5-19　韩国女装品牌it MICHAA的设计流行感与可穿性并行，受到亚洲年轻女性的追捧

5. 都市时尚形式

20世纪90年代后期，中国城市的服装消费逐渐旺盛起来，时装流行更替的频率大大提高。从消费人群中脱颖而出一支主流时尚消费大军，可称之为"都市时尚形式"。作为纯粹商业性的产物，都市时尚形式不具备鲜明的审美性格，是一个相对宽泛和含糊的风格类别。典型的都市时尚装扮越来越形成一种固定的设计与搭配模式，令人一望便知。在服装市场上，这一类商品的销售是势头强劲的主流支柱，面向城市有一定消费能力的职业青年（这个年龄的跨度可以拓宽到18~35岁），没有个性强烈的风格，没有深刻的文化痕迹，是典型的大众流行。其清晰的特征是：恪守着季季翻新的原则，永远走在时尚的浪尖之上。通常女装使用最流行的面料，结构合体，可穿性强，具有性感、浪漫的情调，色彩及装饰比较丰富；男装结构比较新颖，时尚舒适。整体风格较之青年风格成熟和世故一些，是介于休闲和正装之间的风格。

最有代表性的品牌包括：丹麦的Vero Moda、杰克·琼斯（Jack&Jones），瑞典的H&M以及西班牙的Zara等。

6. 中性休闲形式

中性休闲风格包括大众化的休闲成衣和运动风格成衣。大众化成衣设计以简洁朴素为主，便于活动，男女款式相仿，无性别特征的区分。多采用舒适、耐穿、易打理的面料，图案与装饰简洁明了，适于在日常生活中穿着，且对年龄几乎没有限制。著名品牌有美国的Gap，意大利的贝纳通以及中国市场上最常见的班尼路、真维斯等。大众化的休闲服装拥有广阔的消费市场，运动成衣较专业化，以运动着装为主体，休闲装为辅助产品。运动装的设计以功能性风格为核心，多运用结构分割线作线面结合的设计，形成简洁、果断，具有动感魅力的十足现代气质。著名美国品牌耐克、德国品牌阿迪达斯和中国品牌李宁都有非常突出的整体形象风格（图5-20）。

第二节　结合流行趋势

鉴于服装所必须具备的时尚特征，设计师在塑造服装风格之前，除了确立具有个性的艺术形式外，关注当下的流行是非常重要的。

流行是文化潮流按一定规律循环交替成为主流的现象，从审美心理上来讲，这是人类追求新鲜感的本性所致。随着时尚文化的发展，消费者和服装制造者之间逐渐形成了一种默契的节奏：对流行的推动。在整个流行的环节中，制造者、文化传媒及消费者结成了稳固的三角组合，互为动力。制造者从消费者市场

图5-20　中性休闲风格包括大众化的休闲成衣和运动风格成衣

中取得需要的信息，加以设计；媒体根据生产商提供的信息进行宣传；消费者从媒体中再得到消费的指引，如此循环。

目前，服装消费主体背后的动机已不再是因缺少而购买，几乎没有人会把一件衣服穿到坏掉再去更新。对企业来讲，流行是推动市场流动的核心发动机，准确把握即将到来的流行是推出符合消费者期望心理的设计，掌握市场命脉，是在竞争中获胜的关键条件。缺少这方面能力的企业，通常跟在市场热销的款式后面跑，靠炒第一轮流行过后的冷饭苟延残喘，这种被动的营销模式是导致企业风格毫无个性的根源。

一、获取有关流行趋势的信息

流行趋势渗透在众多渠道中，有来自行业内部的专业流行发布，也有暗含在众多社会生活层面中的反馈信息。设计师应当锻炼出辨别流行的敏锐嗅觉，最好成为一种条件反射式的意识，随时随地积累流行信息。

1. 来自专业领域的信息

每年，世界5大时装中心会按照春夏和秋冬两季发布最新高级时装和成衣的流行

趋势，每一季流行的主题（如色彩、材料、装饰、风格等）由一些设计师和行业组织沟通之后共同决定，再分别以自己的理念进行演绎。这些发布对全球时尚热点的转移有着决定性的影响力，是流行的风向标，也是普通设计师汲取设计素材的主要来源。其次，世界权威流行预测机构和我国本地流行趋势研究机构，每年都会发布18个月后的主题趋势预测，主要内容是色彩、织物、风格、款式方面的新主题。这些信息属于设计型商品，企业可以将其中的创意按照自己的需要加以改造或直接用于生产。

2. 从时尚媒体获取资讯

罗兰·巴特在《流行体系：符号学与服饰符码》中谈道："对任何一个特定的物体来说（一件长裙、一套定做的衣服、一条腰带），都有三种不同的结构：技术的、肖像的和文字上的。事实上，绝大部分消费者不可能直接接触到流行服装产生的真实过程，包括从最初设计理念的构思到技术的实现。他们所面对的杂志、电视上的时尚信息和商场里五光十色的商品就是流行服装的全部。因此，"在我们的社会里，时装流行在相当程度上要依靠转型的作用"，也就是说，市场和媒体担负着重塑时尚面貌的工作。

现代媒体的高明之处在于，他们并非毫无想法地传播每季新发布的服装图片，而是加入了丰富的创造力，组合设计出新的穿着风格和方式，并用富有感染力的词汇进行渲染，必要的时候，新的时尚名词也会应运而生。就像《酷天下——对一种流行的生活态度的剖析》（Cool Rules）的作者阐述他们所解析的"酷"时所说："我们当然不会声称自己'发现了'酷。已经有几十个专职报道音乐和时尚的记者捷足先登了……追查酷的踪迹，通俗易懂的社会评论比一丝不苟的学术论文更适合这一目的。"忠实的时尚消费者兴高采烈地追随着传媒，以尝试最新的风格；作为设计师，为了保持新鲜的时尚意识，为了了解消费者的时尚心态，也需要经常关注时尚媒体对装扮风格的引导。

欧美最为著名的消费型时尚杂志包括*Vogue*、*Elle*、*Marie Claire*等，以介绍最新的时尚信息，传播时尚艺术为主。这些媒体实力雄厚，拥有一流的时尚编辑、摄影师和模特的工作团队，每期奉献给读者的艺术品般的时装大片和流行趋势引导，吸引着成千上万的时尚追随者。相对而言，亚洲的时尚媒体更加贴近大众，不仅有创意，而且实用并富有指导意义。例如，日本最著名的时尚杂志*VIVI*，以搭配菜单的形式提供给读者流行穿着的参考，所介绍的时装均能够在现实中购买到，哪怕是从昂贵的高档品牌时装中得来的搭配灵感，也可以用类似的东西代替，是非常实用的流行指导杂志。*MR*和*Hf*则是颇具艺术水准的刊物。目前国内的时尚媒体发展非常快，以《时装》《中国时装》等为代表的众多刊物风格明确，信息丰富，具有很好的参考价值。《服装时报》等时尚报纸则体现出及时和关注产业信息的优势，对了解国内外市场动态、掌握行业发展趋势有很大帮助（图5-22）。

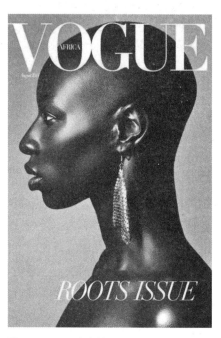

图5-22　*Vogue*杂志封面

现代传播媒体影响了我们多少

人类文化的传播史经历了5次革命：语言传播、书写传播、印刷传播、有线和无线电传播、电视传播。现在，需要加上一个网络多媒体传播。每天通过电视频道、网站在全世界流传的文字、影音信息已无可数计，新信息不断扑面而来。据不完全统计，中国现有12.8亿手机用户，普及率约为95%，手机成为新一代年轻人接触比率较高的媒介。2014年7月中国互联网络信息中心（CNNIC）发布了第34次中国互联网发展状况统计报告：截至2014年6月中国网民规模达到6.32亿，其中手机网民规模5.27亿，互联网普及率达到46.9%。网民上网设备中，手机使用率达到83.4%，首次超越传统PC整体80.9%的使用率，手机作为第一大上网终端的地位更加稳固。现在，网络流媒体技术全面应用之时，我们可以在世界任何角落里，借助计算机和网络即时收看现场转播，从而获得第一手资料。

3. 国际国内部分重要专业报刊（表5-1）

表5-1　国际国内部分重要专业报刊

	名称	出版国家	内容简介	发行周期
专业性刊物	国际流行公报 （Collezioni）	意大利	最新时装成衣发布会图片锦集	4期/年
	男装 （BOOK Moda Uomo）	意大利	最新时装及成衣发布会图片集锦	2期/年
	女装集锦 （Collection Women）	日本	时装发布会图片集，6个时装名城的发布会，按照国家分集刊登	8期/年
	女装 （BOOK MODA）	意大利	分为成衣和礼服，汇集各个品牌最新时装发布会信息，进行女装流行趋势预测	6期/年
	中国纺织面料流行趋势 （Fabrics China Trends）	中国	对国内面料发展趋势的预测	2期/年
	内衣 （SOUS）	德国	内衣流行及技术	4期/年
	女装针织趋势 （Woman's Knitwear）	法国	女装针织流行趋势预测	2期/年
	Maglieria Italiana	意大利	意大利针织女装，含纱线/针织面料及针织女装款式趋势	4期/年
	国际运动服装 （Sportswear International）	德国	最新运动及休闲装信息	7期/年
	Sport and Street Collezioni	意大利	世界各地的街头服装文化及知名品牌设计，展示街头服装和休闲服装流行趋势	4期/年
	婚纱 （BOOK Sposa）	意大利	婚纱图片集锦	2期/年
	中国服饰	中国	中国服装协会会刊，中国服装行业权威资讯	12期/年
	印花图案设计 （Texitura）	西班牙	印花图案设计	2期/年
风格消费类刊物	MR	日本	品位雅致、制作严谨的男性时尚刊物，虽然已经停刊，却非常值得一看	6期/年
	MEN'S NON-NO	日本	男士流行时尚及生活资讯	12期/年
	Vogue	多国	介绍最新流行的服装、配饰、化妆品、生活理念	12期/年
	世界时装之苑 （Elle）	多国	时尚信息及美食、旅游等生活理念推介	12期/年
	玛丽嘉尔 （Marie Claire）	多国	服装、配饰、化妆、休闲娱乐、饮食家居介绍	12期/年

	名称	出版国家	内容简介	发行周期
风格消费类刊物	HF高级时装	日本	前卫和艺术服装杂志	6期/年
	装苑	日本	介绍女装式样及裁剪、缝制、编织、刺绣方法及国际服装资讯	12期/年
	VIVI	日本	最新流行搭配、妆容介绍	12期/年
	昕薇	中国	服饰、美容、生活、最新时尚资讯	12期/年
	风采童装（bébé）	中国	童装潮流风尚资讯	6期/年
报纸	每日妇女日报（WWD）	美国	国际最权威时尚资讯	1期/日
	服装时报	中国	最新时尚资讯和行业信息	1期/周
	中国服饰报	中国	最新时尚资讯和行业信息	1期/周
	纺织导报	中国	中国纺织产业前沿技术和信息	12期/年
	中国纺织报	中国	纺织服装行业动态及专业信息	5期/周

除了平面媒体外，还有众多便利的传媒方式可以用来获取信息。例如电视媒体，著名的时装频道——法国FTV全天滚动播出最新的时尚发布；一般的综合娱乐性电视频道也会有一些制作出色的时尚类节目，经常介绍成功的、有特色的品牌或者服装设计师以及各种新鲜流行的装扮方式等。另外，电影、音乐录影更是孕育流行标杆的温床，因为娱乐界的明星们通常扮演着时尚领袖的角色，最前卫的着装观念在音乐录影里出现的频率有如家常便饭一般。

网络这个20世纪90年代后期崛起的强势媒体，集即时性、多媒体格式、可收集性、可通讯性等多种优势于一身，通过不同的网络平台，我们可以查阅需要的图文资料，观看时尚发布的流媒体视频录像，或者在专业论坛交流经验，或进行电子商务。

4. 国内外纺织服装分类网站地址（表5-2）

表5-2　国内外纺织服装分类网站地址

	网站名称	简介
专业网站：以专业资讯为主的网站，包括图片信息及市场、技术信息的提供		
专业类网站	www.style.com/	提供最新时尚资讯
	www.firstview.com/	提供最新发布会图片
	www.texnet.com.cn/	中国纺织网，提供时尚、技术及市场资讯

网站名称	简介
www.suite-dress.com/	中国女装网，女装专业门户类网站
www.ne365.com/	中华内衣网
bbs.51fashion.com.cn/	中华服装论坛
www.uniformchina.com/	中国制服网
www.efu.com.cn/	中国服装网
www.huafuzhi.com/	华服志网

品牌网站：国际国内各种出色品牌主页的建设，充满了个性风格，是设计师体会高品质服装完整设计理念的绝佳教材

	网站名称	简介
	www.dior.com/	迪奥
	www.chanel.com/	夏奈尔
	www.christian-lacroix.fr/	克里斯蒂恩·拉夸
	www.gucci.com/	古驰
	www.kenzo.com/	高田贤三
	www.isseymiyake.com/	三宅一生
	www.giorgioarmani.com/	乔治·阿玛尼
	www.escada.com/	埃斯卡达
品牌网站	www.missoni.com/	米索尼
	www.gap.com/	盖璞
	www.benetton.com/	贝纳通
	www.sisley.com/	希思黎
	www.diesel.com/	迪赛
	www.guess.com/	盖尔斯
	www.zara.com/	ZARA
	www.leejeans.com/	李
	www.jnby.com/	江南布衣
	www.cabbeen.com/	卡宾

第五章　服装风格设计

网站名称	简介
杂志网站	
www.gq-magazin.de/（英、德文） www.gqmag.com.tw/（中文） www.condenet.com/network/gq/ main.htm（论坛）	男性时尚杂志GQ
www.vogue.co.uk/	时尚
www.stratosfera.cz/bazaar/	哈泼时尚
www.marieclaire.com/	玛丽嘉尔
www.joseishi.net/vivi/	日本时尚杂志 *ViVi*
www.mensnono.jp/	日本男性时尚杂志 *Men'Snon-No*
www.ellechina.com/	世界时装之苑 *Elle*（中国）
www.fashion.cn/	时装
www.rayli.com.cn/	瑞丽

二、关注人群与现实存在的时尚

成衣设计风格单纯凭借设计师的个人艺术修养是无法成功把握的，需要对各类人群及其服饰消费、搭配进行广泛的信息收集和思考。这样做，有三个方面的好处。

首先，在大多数情况下，设计师在进行设计时的审美心态，同消费者面对货架上的成品审美时角度并不一致。经常观察消费者的审美方式，将一定的"旁观者思维"引入设计过程，可以避免陷入"为设计而设计"的盲目与闭塞，而导致思路匮乏，做出与实际审美脱节的设计。

其次，设计师不一定与自己的目标消费者处于同一生活层次（包括所处环境、文化修养、审美品位、经济能力等），以自己的服装审美心理为出发点去设计服装，有着很大的局限性。细致入微地观察各种生活状态下的人，有助于设计者理解市场需求的多样性，驾驭不同的设计定位。

最后，时尚消费者在每一次的消费中也在进行自我创作，并渐渐地成长。对整个消费者群体时尚水准的成长、风格的走向、未来可发掘的潜质，设计师应当比一般人有更加敏锐的感觉。总的说来：市场中的流行是对流行预测、引导的真实反馈，那些被确定了有实际价值的流行，每一位设计师都可以从中获得经验和最实际的指导。

关注现实存在的时尚，是采取容易实现的收集时尚信息的方式，所要做的工作就是观察和分析周围的人群。生活中有许多令人意想不到的亮点，不论身处繁华的时尚都市，还是住在偏远闭塞的村庄小镇，都有一些能够激发创作灵感的人存在，或许是有意为之，或许是巧合，这种很自然的个性发挥比起时尚杂志的刻意塑造更富有真实的个性。在生活中获取创作灵感，是避免设计时闭门造车的好办法，技巧在于"望、闻、问、记"四点。首先是"望"，用心观察一切透出时尚味道的东西，从个性的面孔、身形、步态到服饰搭配都不应错过。城市地铁、酒吧、购物广场都是形形色色时尚男女出没的最佳场所，如果能用纸笔甚至相机及时记录，将是独一无二的时尚资料。"闻、问"是另一种方法，即善于和各种朋友交流生活的信息。因为时尚往往是从生活方式的突破开始的，而每个人能尝试的生活方式极为有限，在这种情况下，我们可以借助了解他人的生活娱乐方式来了解消费生活可能出现的新内容（图5-23）。

图5-23　街头中性装扮

三、将流行趋势应用到设计中

通常，企业的设计师进行产品设计的过程就是从众多的流行信息中过滤出适合的部分，经再次设计、调整而形成传达自己品牌风格的产品。流行趋势的信息收集到一定程度，就需针对自己所负责的设计进行过滤和改造了。例如欧洲大品牌服装每季发布的时尚信息，更多地注重表演性，并且以西方文化和消费环境作为依托，无法直接被许多国家本土市场接受，就需要设计师用准确的眼光挑选出能在本地掀起流行的因素，并扩展成一个完整的系列。在每一季产品规划中，通常重点突出几个流行因素即可，设计点过于繁杂凌乱，反而会对上市货品的整体风格和形象造成不利影响。

管理体系完善成熟的服装企业，通常有一套固定的采集流行趋势的工作方法。以瑞典著名休闲成衣企业Bestseller为例：企业在欧洲总部设立了设计中心，在这里，工作人员专门负责将当季最新的流行要素整理收集，并设计出符合自己品牌风格的、最具流行性的款式，制成样衣，拍摄图片。设计中心的样衣就成为当季的流行资料库，企业旗下分散在全世界的男装、女装、童装等定位不同的七个品牌，可以根据自己的设计策划，直接从设计中心选取适合款式投入生产；也可以按当地的市场情况，对款式和面料进行再次设计，以实现完美的销售。这个品牌在中国已经完全本地化，在本地负责的设计师除了从设计中心获取款式，也经常到香港、日本等时尚产业发达的地区进行采购，将风格相符、有启发性的服装带回进行改造。这就是盛行于21世纪欧美服装业界的买手角色。

第三节 经济与技术配合

一、建立成本意识

服装的商品性质，意味着所有设计最终的归宿在于生产和销售并获得利润。设计师处在整个服装生产过程的上游，对于决定生产成本起着关键性作用。因此，设计师在进行艺术形式设计的同时，需要充分建立成本意识。

服装产品的成本构成包括：原料成本、加工成本、营销渠道成本三个方面。在一件衣服的总成本中，面料、辅料的消耗是比重最大的部分，而选择面料也是设计开始的第一步。通常一件衣服的售价要达到成本的几倍才能够盈利，所以选择面料时，必须充分考虑品牌的价格定位来确定用料档次。例如某中档休闲品牌，秋冬货品中针织毛衫价位在300元左右，为了压低成本，选择的原料多是腈纶或含有少量毛的混纺线，可做出漂亮的色彩，舒适度也不差。这样的毛衫成本价（包括加工在内）大多低于50元，利润达到成本的6倍甚至更多，这便是较好的情况。服装成本基本构成如表5-3所示。

表5-3 服装成本基本构成

出厂价	总生产成本	制造成本	主要成本	直接原辅料成本
				直接人工成本
				直接费用
			生产间接费用	
		销售、行政及供销等间接费用		
	利润			

服装艺术设计 —第2版—

服装的出厂价由总生产成本和利润两部分组成，总生产成本又由制造成本以及销售、行政及供销等间接费用构成。企业在制订产品价格，即出厂价时，是以总生产成本的回收为最基础条件，在此基础上要有所收益，即利润的所得。

中国作为"世界工厂"拥有大量技术成熟而且价格低廉的加工企业，这是得天独厚的优势。但是加工这一环节蕴含着许多不确定因素，如每增加一条分割线或复杂的结构处理，就会增加对技工水平的要求和工时的延长，这些微小成本的增加一旦累积起来，将是相当可观的付出。因此，成衣设计必须抛去不必要的细节，合理地安排材料和设计结构。

二、深入了解服装生产技术

对于服装设计师来说，服装的生产技术既是限制性因素，又是启发性因素。对服装技术有所了解，才能从正确的角度进入设计，同时，利用技术的特点还能够创造出更加新颖的设计。服装生产的主要技术就是裁剪、缝制和整烫。无论是手工生产的高级时装，还是机械生产的大众成衣，都必须经过这三个方面的技术进行加工。作为服装设计师，在考虑艺术风格的同时，必须了解和掌握生产技术，这样才能够对自己希望真正实现的艺术风格做到心中有数。

相比之下，传统的手工制衣已不是主流。在大多数人的服装消费已完全依赖于工业化生产的今天，科技水平越来越高的工业化、信息化制衣技术是学习服装设计的专业人才必须了解和掌握的。

1. 裁剪

传统的裁剪车间，多采用直刀或圆刀，配合带式裁剪机裁剪成批的服装衣片。由于裁刀由人工控制，且裁剪时裁刀顶端电动机的重量使裁刀产生轻微的振动，易引起裁剪误差，令裁剪精度降低。此外，员工的劳动强度较大，安全性低，且生产效率较低（图5-24）。

随着技术的不断发展，服装企业中的裁剪车间正逐步发生巨大的变化。在使用通常的裁剪设备，如直刀或圆刀、带式裁剪机、线订机、钻孔机、热切口机、各种粘衬机、打号机等设备的

图5-24　20世纪80年代初中国北方某企业条件较简陋的裁剪车间

基础上，科技含量较高的先进裁剪设备，令服装企业裁剪车间的现代化程度大为提高。20世纪80年代中期，利用计算机进行自动裁剪的技术，开始在国内某些大中型服装企业使用，这些设备和技术在大幅度降低作业人员劳动强度的同时，提高了裁剪效率，衣片裁剪质量也更易于保证。

如图5-25所示，国外某公司推出综合自动化裁剪生产线，由计算机制订裁剪计划，采用具有自动对齐布边、自动控制铺料张力的全自动铺料机完成铺料工序；全自动裁剪系统CAM与CAD联机，或由其自身的计算机中心控制，自动进行样板或衣片的裁剪。最后，由裁片标签机完成打号任务。现代化裁剪生产线的应用，使得原本需4～5天完成的工作（从面料投入至裁成衣片）缩短至1～2天，可协助服装企业轻松实现快速生产。在裁剪这个技术环节上，不仅要完成布料的裁断，更重要的是设计师必须通过这个技术环节懂得用什么样的方法节约原料成本（有效地增加布料利用率）；利用裁剪方式，更合理地设计服装的结构裁片，完成款型的塑造。

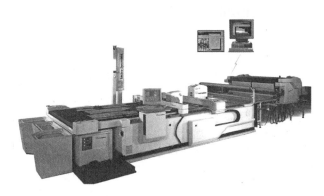

图5-25　综合自动化裁剪生产线

2. 缝制

随着国内服装市场竞争的"白热化"，服装企业的利润越来越薄，20世纪80年代末、90年代初，国内"几台机器几个伙计，加班加点干几天，便能挣到钞票"已然成为历史。随着科学技术的逐步渗透，给服装行业注入新的活力和生机。赚钱，不再仅仅靠拼体力，更要靠脑力，靠人的才智，靠先进的科学技术和手段（图5-26）。

在传统的服装企业中，通常采用人工搬运服装衣片，这种方式是将衣片扎束起来，以成捆的形式传送，不仅增加了作业人员打捆及解捆的时间，且由于衣片褶皱增加，加重了熨烫工序的负担。为解决这一问题，20世纪70年代开始出现衣片吊挂传输系统。此系统由各工作站（工位）、吊架及传输轨道组合而成。一件衣服的所有裁片被固定在一个吊架上，当吊架到达正确的工作站时，取料臂落下，引导

图5-26　国内某服装企业传统的、管理水平较好的西服缝纫流水线

吊架进入工作站；待作业员完成作业时，吊架再向前移动，回到主轨道（图5-27）。

吊架在传输轨道上，由计算机控制，经过各工位逐件加工、前移，直至所有加工工序完成。中央主控机的彩色显示屏上，以不同的颜色显示各个工作站的生产状况及库存情况，如：黄色表示在制品量过多，绿色表示在制品量正常，红色表示在制品量不足，黑点表示非标准工序。这样，管理人员可方便且迅速地从中央主控机的显示屏上，清楚了解到整个缝纫生产线中各个工位的实际生产情况，令管理更加容易、快捷，同时使管理者有可能作即时生产调整（图5-28）。

图5-27　日本服装企业安装有吊挂传输系统服装生产流水线　　　图5-28　中央主控机

由于现代缝制设备越来越齐备，方法手段非常多，在技术环节上，设计师可以得到更多的启发。例如针织面料具有很强的拉伸性，设计师可以利用针织面料的加工方式和塑形特点，尽量避免对面料做过多的分割，而是要利用它悬垂、可拉伸的特点，进行巧妙的结构设计。同时，可以将针织缝合技术形成的特殊缝迹置于服装的表面，而成为一种逆向思维的设计，往往能够产生与众不同的效果（图5-29）。

3. 整烫

现代整烫技术是成衣工业技术中的重要一环，是在成衣的全过程中不断对服装产品进行"整容"的高温高压的物理技术。通过整烫，可以去除面料和服装的褶皱痕迹，塑造服装的立体效果，使缝合处平整、光挺。

整烫技术的了解和掌握，可以使设计师有的放矢地进行某些服装款式的设计，利用该技术达到个性化服装设计的目的（图5-30）。

图5-29　利用棉布绒边不脱丝的特点，将省道、门襟、兜盖、袖口等边缘剪开磨毛，突出了随意休闲的外套风格

熨斗作为服装整烫加工中的基本工具，经历了从简单到日趋完善，从单一到成套的历程。从最初的烙铁，到如今的蒸汽调温熨斗，已设计得较为合理与实用，并在服装生产中发挥着很大的作用（图5-31）。

但在利用熨斗对衣物进行熨制的过程中，由于纤维本身的特性、熨斗的移动或衣物各部位受热不均匀等因素的影响，使材料表面容易产生焦黄、"极光"或熨烫不到位等现象。为消除这些弊端，在熨制加工时往往采用垫水布、喷水等方法，但效果不理想。

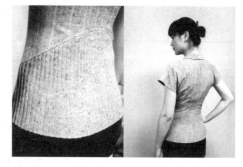

图5-30 用熨烫技术形成的女装后身下摆的特色

经过长期的探讨和摸索，1905年美国的西装师顿·哈乎曼发明了蒸汽式烫衣机，即现在脚踏式蒸汽熨烫机的雏形，标志着熨烫技术和机械进入一个新的时代（图5-32）。

目前，以微电子技术为重要标志的现代科学技术，在熨烫加工中得到开发和应用，新一代由计算机控制的智能化的熨烫设备已相继问世，可使服装成品具有更良好的外观。

服装设计的成功必须是艺术与技术的完美结合，缺一不可。对于设计师来说，艺术技能和生产技术正是飞向成功事业的双翼。

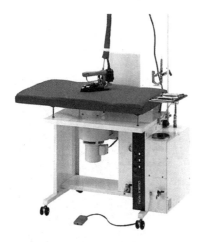

图5-31 与熨斗配套使用的各种烫馒、烫台以及蒸汽锅炉等设备应运而生

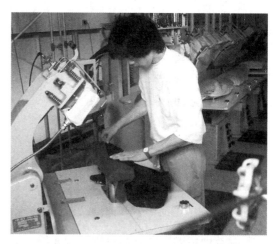

图5-32 蒸汽熨烫机是集熨烫三要素——湿度、温度及压力于一体的设备，它利用高温、高压的蒸汽对织物均匀加热、加湿，使纤维变软、可塑性增强，使熨烫部位得到均匀且实在的压烫和塑造

思考题

1. 服装风格的建立为什么不是空穴来风？

2. 如何理解后现代主义思潮下民族服饰风格的流行？

3. 服装的流行特征通常表现在哪几个方面？

4. 如何将国际化的流行信息与本土实际消费结合起来，进行有效的服装产品开发？

5. 服装设计师的成本意识是由哪几个具体因素建立起来的？

6. 当成本不变时，如何提高利润，是提高销售价格，还是改进设计水平，哪种方法更起作用？

7. 现代服装工业的主要生产制造技术对设计师能有什么样的启发？

8. 利用形式美法则可以形成服装的形式美感，通过生产加工可以形成服装的技术美感吗？

推荐参阅书目

[1] 贺万里. 永远的前卫：中国现代艺术的反思与批判 [M]. 郑州：郑州大学出版社，2003.

[2] 安娜·朔贝尔. 牛仔裤 [M]. 陈素幸，译. 哈尔滨：哈尔滨出版社，2003.

[3] 冯久玲. 文化是好生意 [M]. 海口：南海出版公司，2003.

[4] 城一夫. 东西方纹样比较 [M]. 李当歧，译. 北京：中国纺织出版社，2002.

[5] 田中千代. 世界民俗衣装——探寻人类着装方法的智慧 [M]. 北京：中国纺织出版社，2001.

[6] 罗伯特·杜歇. 风格的特征 [M]. 司徒双，完永祥，译. 北京：生活·读书·新知三联书店，2003.

[7] 安德鲁·塔克，塔米辛·金斯伟尔. 时装 [M]. 童未央，戴联斌，译. 北京：生活·读书·新知三联书店，2002.

[8] 迪克·庞坦，大卫·罗宾. 酷天下：对一种流行的生活态度的剖析 [M]. 古晓倩，译. 北京：中国友谊出版公司，2002.

第六章
服装款式设计

　　服装的款式设计是构成服装设计的三大基本元素（款式、色彩、面料）之一。款式设计中除了涉及对服装的领、袖、肩、门襟等具体部位式样形状的设计变化外，还包括了影响服装整体变化和视觉印象的关键环节——外形轮廓线的设计。

第一节　服装外轮廓

　　外形线亦称"轮廓线"或"侧影"，英文名"Silhouette"。在许多英语服饰辞典里，往往将各类服饰以Silhouette来归类，说明外形对于服装款式的重要性。物体的外形能给人以深刻的视觉印象。外形主要涉及的是物体的边界线，美国知觉心理学家鲁道夫·阿恩海姆（Rudolf Arnheim）在其著名的《艺术与视知觉》一书中精辟地提到："三维的物体的边界是由二维的面围绕而成的，而二维的面又是由一维的线围绕而成的。对于物体的这些外部边界，感官能够毫不费力地把握到。"服装作为直观形象，呈现在人们视野里的首先是剪影般的轮廓特征——外形线（图6-1）。

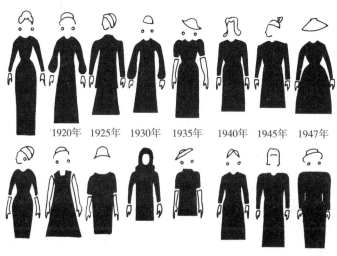

1920年　1925年　1930年　1935年　1940年　1945年　1947年

1950年　1955年　1960年　1966年　1969年　1970年　1975年　1980年

图6-1　20世纪20~60年代女装外形轮廓变化的剪影效果

服装艺术设计——第2版——

服装外形轮廓的变化是款式设计关键的一项，也是服装最能够体现时代特点的要素之一。剪影人类历史上的服装，凭借轮廓就可以明确地分辨出与绝大部分服装对应的时代；若将欧洲18世纪女裙与中国清宫的女旗装的轮廓作比较，其外形的差异必将一目了然。服装的外轮廓特征，直接决定着服装的总体气质。例如，欧洲贵族女性的优雅与束紧的胸腰与花瓣状膨大的裙摆造型密不可分；中国魏晋时期宽衣博袖等。因而服装设计者在观察或设计服装款式时，首先应该把握住服装款式的外形轮廓线（图6-2、图6-3）。

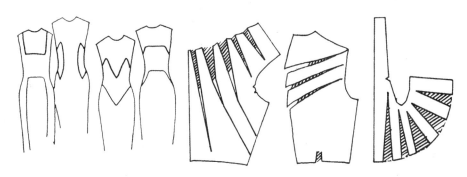

图6-2　西方服装从13世纪开始基本以表现人体、甚至是以塑造人体为主流，表现在裁片上是一种有省道、分片的立体表达方式

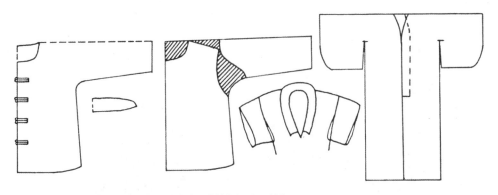

图6-3　中式服装与日本和服，传统的东方服装基本上是平面结构

服装外形线不仅表现了服装的造型风格，也是表达人体美的重要手段。因此，外形线在服装款式设计中居于首要的地位。服装外形不仅是单纯的造型手段，而且也是时代风貌的一种体现。纵观中外服装发展史，可以看出服装外形轮廓的变化，其变化蕴含着深厚的社会内容。第二次世界大战刚刚结束的巴黎，当时名不见经传的设计师克里斯蒂恩·迪奥发布了他的第一个服装系列"新造型"（图6-4）。这个设计立刻掀起了一股潮流，成为本世纪最轰动的时装变革。战争使女性穿着军事化的平肩裙装，笨拙而呆板，而迪奥的时装是曲线优美的自然肩形，丰胸、细腰、圆臀。

这种"新造型"已不是通常意义的新样式，而成为当时和平的象征。自此，迪奥成为当时时装界的领袖，是"二战"后10年中时尚的绝对权威。从这以后，在每一年的发布会上，迪奥都以服装的外形线条来命名，而且每次的发布会都引起轰动并获得成功。1953年的"郁金香形线"（Tulip Line），是充满了朝气的饱满柔美的曲线形。1954年秋的"H形线"（H Line）被美国著名的时装杂志《哈泼市场》（*Harper's Bazaar*）誉为：比"新造型"更重要的发展。

1955年著名的"A形线"（A Line）发布，它将肩部收窄，放宽裙底边线，造就一种新的、年轻的款式（图6-5）。同年秋，他又发表了"Y形线"（Y Line）。1957年，迪奥去世的次年，他的门生，迪奥公司的首席设计师伊夫·圣·洛朗继续推出了名为"梯形线"（Trapeze Line）的服装系列。

这段"巴黎时装"历史是造型变化引发新流行的片段，纵观整个20世纪的时装风格发展，每一次革新都伴随着轮廓造型的变化，它往往是决定设计成败的关键所在。参阅西方服装史和研究现代时装，就不难理解服装造型线的刚柔曲直，无不体现出了时代风貌和流行趋势。譬如，中世纪的欧洲，随着基督教文化的展开和普及，服装的外形逐渐由古罗马时期有很大偶然性的流动、不确定的外轮廓线变成呆板僵硬的拜占庭式样，与基督教文化影响一起，使人感觉到抽象的、强烈的宗教性。

服装外轮廓线，在服装设计的活动中，它作为一种单纯而又理性的轨迹，是人类创造性思维的结果。外形线不仅作为单纯的造型手段，在实现服装外形的变化

图6-4 迪奥的"新造型"以优美的造型征服了时装界

图6-5 迪奥的"A形线"

中，它还包含了丰富的社会内容。20世纪20年代的欧洲，战争使男女比例严重失调，越来越多的女性作为劳动力补充进社会各个部门，从而提高了女性自身的政治、经济地位。走出闺房的新女性们大胆追求新的生活方式，上一个时代丰胸、束腰、肥臀的S形外轮廓线显然已经无法适应时代潮流，刚刚从过去的社会观念束缚中解放出来的女性们，在外轮廓线上走向否定女性特征的另一个极端——胸部和臀部被有意压平，腰部松量增加，腰线位置下移至臀围线附近，整个外形线呈细长的条管状（Tubular Style）；而1947年迪奥以垂肩、细腰、阔摆长裙的流动圆润的"8"字外形——即"新造型"（New Look），取代了战时的宽肩齐膝盖短裙的长方形外形，为战后社会带回了女性的柔美和奢华，宣告了丰裕繁盛的和平时代的到来，也是典型的以外轮廓线变化反映社会变迁的例子。

再者，时装流行变幻的重要特征之一也是外轮廓线。例如，20世纪50年代的梯形外套，60年代"迷你"型的直线形短裙，70年代的倒三角形外套、喇叭裤等。轮廓的变化就是服装时髦与否的分水岭。美国的一本名为《个性》的设计理论著作，就是以外形轮廓来对西方所有的服装进行归结，分为三个基本型：钟型、直线型和背垫式撑裙型。而其他学者把服装外轮廓归纳为两类：直线型和曲线型。由此可见，把握外形特征是造型设计的关键（图6-6）。

| 古希腊 | 16世纪 | 拿破仑帝政时期 | 19世纪 | 20世纪初 | 20世纪20年代 |

图6-6　纵观欧洲服装的发展史，可以说它是一部"形"的历史

一、服装外形的塑造

杰出的知觉心理学家鲁道夫·阿恩海姆（Rudolf Arnheim）分析："形状，是眼睛所把握的物体特征之一……形状不涉及物体处于什么地方，也不涉及对象是侧立还是倒立，而主要涉及物体的边界线。"形是区分物体的分界。

服装是包裹在人体上的造型，可被称为"人体包装"或"人体软雕塑"等。这意味着服装造型设计有某些雕塑的成分，也就是服装虽然用软的纺织品披挂在人体上，但依旧能用材料和结构的方法塑造各种不同的外形。现代绘画艺术的先驱、后印象主义画派大师塞尚，曾把世界万物归结为基本的几何形体，这对以后的立体主义、解构主义艺术带来很大影响。同样，服装造型也能把人体塑成不同的三维基本形态。譬如，裙子可以是筒状的、伞状的、鱼尾状的，这在服装历史上都出现过，作为穿着者穿不同形态的裙子，其塑造的形象也是不同的。又如，裤子似乎很简单，但设计师也能创造出不同的造型，直筒裤、喇叭裤、萝卜裤、马裤、裙裤、灯笼裤等，其造型线条的变化非常多。因此，服装设计要把握二维概念中比例形状的变化，同时要有像雕塑家一样的三维概念，用立体的思维去进行塑造，在这方面立体裁剪更加类似雕塑，初学者可以用纸来替代衣料，先在人台上培养立体的感觉。

除了考虑人体的起伏凹凸，在创作中还要考虑人体运动及空间的因素。服装造型要利于人体的运动，而运动过程则需要服装与人体的空间关系。服装的外部形态犹如雕塑，是外空间的占有与挤压。而服装与人体之间的间隙是内空间，这在东西方服装的基本形态上表现出很大差异。随着高科技面料的产生，人体与服装间的内空间变化可以更大，如弹力纺织材料等。服装款式的设计不同于雕塑，其过程必须考虑到功能与审美。当然，历史上曾有过以审美牺牲功能的设计，如西方服装史上的紧身胸衣、撑架裙，其外形轮廓线起伏变化是服装史中极端的例子（图6-7）。

图6-7　16世纪及18世纪的撑架裙是一种把性别表达到极致的方式

当然，织物结构、印染图案、色彩搭配的变化都会给服装带来新趣味，但最能给予服装生命力的，仍是外形的变化。

外形不仅是服装样式的风格，同时也是表达人体美的主要手段。它强调或夸张人体某部分，从而获得人体美的概念。

20世纪的女装虽总体上步入现代，但其外形轮廓的变化依旧十分明显。例如，自20世纪30年代起，越来越多的妇女走出家门，参加社会工作和活动，女装就发生了很大的变化。为改变女性圆顺下斜的肩形，开始启用过去仅用于男装的垫肩，尤其是用在职业女装和外出服装上。这就使女性形象呈现出解放的意味，而体型则摆脱了传统审美上那种溜肩宽臀的女性束缚。发展到20世纪80年代，随着女性更多地进入政界、商界、文化艺术界等并担任要职，再加上设计师的推波助澜，出现了甚至超过男装的、前所未有的肩部夸张造型。由此可见，历史上每一次服装的变革无不是与时代变革紧密相连的（图6-8）。

图6-8　阿玛尼20世纪80年代的宽肩女装

二、服装外形变化的主要部位

服装造型不能离开人体的基本特征，因此外形线的变化是有规律可循的。具体而言，服装的外形变化主要是通过支撑衣裙的肩、腰、臀等部位来实现的，其变化的主要部位有：肩、腰、围度、底摆（图6-9）。

肩是上身着装的支撑部位，受限制较多，其变化的幅度不如其他三个部位那么大，但在设计上还是饶有趣味的，坦肩、溜肩、耸肩，再加上各种形状，可以无穷变化。服装史上出现过各种各样的肩部样式，设计师皮尔·卡丹就最擅长肩部的处理，他还曾从中国古代建筑的飞檐翘角中得到灵感，设计了颇有特色的肩部。20世纪80年代初的女装宽肩外形，是肩部设计的一大突破，创造了一种全新的、男子气的女性美。

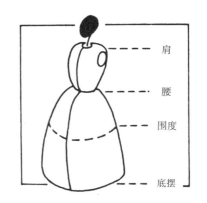

图6-9　设计师把握住服装与人体结合的几个关键部位很重要

腰，是款式变化中举足轻重的部位，其变化有如下特点：束腰与松腰，西方人将此归纳为X型与H型。这两种型在西洋服装史中交替出现，尤其在本世纪的近百年里，经历了"X→H→X"型的多次变换，这些变换都具有鲜明的时代流行特征。用束腰来强调女性身材的窈窕，古今中外的例子屡见不鲜。我国早有"楚王好细腰，宫中多饿死"的诗句，同法国著名小说家莫泊桑的小说《人妖之母》有异曲同工之妙。迪奥设计的松腰的"H型线"就是从他的束腰的"新造型"和"郁金香形"中延伸出来的，赢得了当时时髦女性的一片喝彩。

变化腰节线的高度，可以带来比例上的明显差别。在中外服装史中，腰线的位置时常变换，各国的服装几乎都在腰线上作过文章。朝鲜族的民族服装一直是高腰，

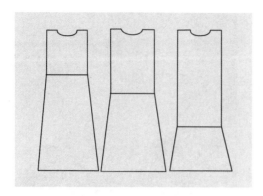

图6-10　腰节线的高低对服装造型有影响，在欧洲历史上的不同时期我们可以找到这种变化的痕迹

中国唐朝时女裙的腰线曾提高到胸下甚至到腋下，欧洲文艺复兴初期和拿破仑帝政时期的新古典主义女装也是高腰设计，而中国战国时楚地的深衣和欧洲第一次世界大战前的女装均是腰节线降至胯部的样式（图6-10）。

底摆，衣或裙的底边线或高或低，直接反映出服装造型的比例、情趣和时代精神。仅从女裙下摆线演变的波状曲线带来的时尚效应，便知底边线变化之重要。20世纪初西方女性的裙下摆逐渐上移。20世纪20年代的服装设计师让·帕杜（J.Patou）曾说："短裙是傻瓜的设计。"可他怎么也不会想到，在60年代末，裙底边提高到历史上的顶峰，令奶奶们瞠目结舌的"迷你裙"迷住了那个时代的年轻女性，成为谁也不能抹杀的历史事实。而到了20世纪70年代，裙底边又急剧下降至腓骨部。80年代又渐渐升到膝部。进入90年代，"迷你"趋势重新抬头。诚然，裙之长短，并非设计家的偶发奇想，而是受到来自各方的影响。20世纪以来，女性的裙长又与世界经济大环境之间有着千丝万缕的联系。大多数情况下，经济增长、快速发展的时期，裙长均比前一个时期要短一些，最明显的就是20世纪20年代后半期和60年代中期，战后经济复苏，夏奈尔套装和迷你裙这类在当时可称得上短得惊世骇俗的裙装便大行其道；而当经济衰退的时代，裙子往往变长，女性味受到重视，譬如30年代的经济危机和70年代的石油危机，均在裙长上有所体现。

围度，其大小对外形的影响最大。为了实现人类心理的"自我扩张"，或是夸张强调女性曲线，人们利用各种衣料、内衬垫来扩大人体的体积，甚至达到无所不用其极的地步。英国维多利亚时期贵族妇女的着装使用多层衬裙，并用鲸骨箍做内衬，创造出服装史上最庞大的裙子，以至于这些妇女要有人帮助才能进出门、坐下和取物。围度的变化部位主要在臀部和底摆，在女裙上表现得最突出。裙子是服饰中外形线最富生气的一种，不同材质的面料及不同的设计手段，亦能在围度上产生不同的效果。

对新造型的渴望与追求，表现在对时装情趣与偏好的改变上，有时哪怕是极为微妙的外形线变化，都会成为世风流行。外形线条，决定了设计的主调，借用著名野兽派画家马蒂斯的一句话："如果线条是诉诸于心灵的，色彩是诉诸于感觉的，那你就应该先画线条。"

当然，线条指的是外轮廓线条，作为专业服装设计师之所以不同于画家，是你必须懂得如何塑造你所构想的造型。这需要掌握服装结构的专业知识和缝纫的基本技能，包括对各种辅助材料的了解。服装结构是服装外形成功的基础，它不仅能实现服装造型，而且也能美化、装饰服装，这部分内容将在细部设计中详细阐述。在此建议初学者应该尝试用纸、坯布试做各种特异的造型，用衬布、纱衬填充物等方式塑造各种服装形态，也可对肩部、围度、领子、裙摆作大胆的设计探索，这样的基础训练有助于将来具体案例的服装设计。

第二节　服装内结构

服装内结构是相对服装的外部轮廓而言的，轮廓是外形，结构是具体的服装塑型方法，用平面的服装裁剪以及拼接、支撑、堆积等手段解决材料与人体的依附与空间设置。在各类服装的设计中，内部结构是不可或缺的基础要素。除解决一般的服装成型，大量设计需要通过结构手段才可实现，格外强调内部结构创意的设计成为主要的服饰风格之一。以结构为重心的设计，蕴含着理性和智慧的因素，十分耐人寻味。结构设计包含有三方面的因素：功能性结构、审美性结构、生产性结构。

一、功能性结构

首先是穿着舒适的内在功能。服装结构的概念依据自然人体而建立，充分理解人体的生理状态、活动状态，是进行设计之前的必修课。正常穿着的服装首先应具备合体、舒服、便于活动等机能性特点。譬如，衣身上设置袖窿线，对应袖子的袖山弧线，形成袖子与衣身的分离和对接，解决了躯干与手臂的不同状态，使手臂便于活动。

其次是附加和扩展的服装外在功能，以适应在不同的人造环境和自然环境下使用。譬如专业滑雪运动服装，要求简洁，不臃肿，在结构上要尽量以开刀缝形成流畅的外形轮廓。

二、审美性结构

服装结构的创造性如同建筑设计，充满变化。正是通过在结构技术上的突破和创新，人类造就了服装史上千变万化的样式。审美是促进结构变化的一大动因，求新求变、"喜新厌旧"的人类共同心理追求，推动着时尚的改变，表现在结构设计上也是如此。整个20世纪，由高级时装、高级成衣、大众成衣设计师们共同联手创造出了多种审美结构方式。20世纪20年代的法国女设计师维奥耐、70年代的突尼斯设计师阿扎丁·阿莱亚、80年代的日本设计师山本耀司（Yohji

图6-11 别致的结构设计

图6-12 山本耀司早期作品，以层叠缠裹的手段打破了传统的服装结构

Yamamoto）都是审美性结构大师，他们的作品均被法国、美国和日本的博物馆视作艺术品珍藏（图6-11）。

三、生产性结构

毕竟用作服装的材料大多是柔软的纺织品，而非可以随意切割、粘贴的纸张或金属材料，所以必须顾及服装的裁、缝、烫等加工技术的可实现性以及服装制成后的牢固实用。

譬如，结构设计应符合材料的性能，不同的服装材料会产生完全迥异的造型效果，那是由于材料的性能决定了其不同的塑形性。大多数轻薄的真丝绸纺织品柔软飘逸、抗强度差，最好利用其特点设计女装的夏季衣裙和礼服。在结构上不宜紧绷和开刀，尽可能不用有一定重量的纽扣和拉链（图6-12）。

服装内结构设计的手段主要是裁剪、拼合。下面以服装结构的省道为例，论述结构设计给服装款式带来的种种变化。省的运用，是使衣料贴合人体的关键技术之一，也是服装设计师必须具备的基本功之一。英国、法国、美国、日本的不少服装设计书的开篇章节，就是省道的学习。

省道，据史料考证最早产生于14世纪的欧洲哥特式时期。14世纪之前的欧洲服装结构，基本上属于平面结构，其裁剪方式属于古希腊式或东方式的"直线裁剪"。虽然之前罗马式时期的服装曾有收腰意识，但那还只是从衣片两侧向里挖剪后缝合，仍未跳出平面式的框架。而此时新的裁剪方法，是从前、后、侧三个面剪掉了胸腰之间的多余部分，这就形成了一个过去衣片上不曾有过的"侧面"，从而把裁剪方法从古代的二维空间构成的平面式宽衣结构中解放出来，确立了近代的三维空间构成的立体式窄衣结构，由此，东西方服装在构成形式和构成观念上彻底分离。可见省作为实现贴体服装的技术，是东西方服装的主要差别之处。由于生存环境、民族文化、习俗和材料等因素的差异，东方民族长期形成了宽衣博带的服饰风格，以达到隐藏人体曲线于平直

山本耀司（Yohji Yamamoto，1943~　）

山本耀司生于东京。1970年开设高级时装店，1977年在东京举办首次作品发布会，1981年参加巴黎高级成衣发布会。山本耀司设计的服装以黑色居多，这是沿袭了日本文化的风格，并且以男装见长。

西方的着装观念往往是用紧身的衣裙来体现女性优美的曲线，山本耀司则以和服为基础，采用层叠、悬垂、包缠等手段，形成一种非固定结构的着装概念，喜欢从传统日本服饰中吸取美的灵感，通过色彩与材质的丰富组合来传达时尚理念。山本耀司从二维的直线出发，形成一种非对称的外观造型，这种别致的理念是日本传统服饰文化中的精髓。他没有追随西方时尚潮流，而是大胆吸取日本传统服饰文化的精华，形成一种反时尚风格。

山本耀司凭借与西方主流背道而驰的新着装理念，不但在时装界站稳了脚，还反过来影响了西方的设计师。

宽松的布帛之中的目的。直至辛亥革命以后，才逐渐引入西洋的立体裁剪方法。欧洲民族强调感观刺激，服装设计以表现人体、夸张人体为目的，省道的运用便是实现西方紧身贴体服装的重要手段（图6-13）。

省道的运用，能使平面的衣料构成立体的造型，从功能上说，能达到合体的目的，尤其是表现女性人体的胸、腰、臀的厚度，使胸臀丰满，腰肢纤细。人体各部位的省道分别为：胸省、腰省、臀位省、后背省、腹省、肘省等。其中胸、腰省是女装设计最为关键的。省道可取纵的、横的、平直的、弯曲的以及倾斜的，变幻无穷。如果与面料的色彩、图案配合设计，相得益彰，则每个省道都将魅力陡增。娴熟地掌握收省的技巧，使实用与美化有机地结合，以达到完美的境界。

图6-13　省道的出现，使服装紧密贴合人体成为可能

省道始终是设计师们慎之又慎使用的重要方法，也是施展想象的天地。尤其是胸省的处理，可以起到别开生面或画龙点睛的作用。时装之父沃斯的公主线设计；伊夫·圣·洛朗的"毕加索"系列的服装，运用了省与开刀线的结合，实现了立体主义风格；迪奥、皮尔·卡丹、阿玛尼都在省道变化上独具匠心（图6-14）。

女性人体特征主要体现在躯干部位，将布料绕身一周，就会出现某些不合体的空余处，将多余的部分除去，整件服装就能达到贴体的效果。人体的最突出部位是：胸乳点、肩胛点、盆骨点和臀高点，而这些最高点正是省的始点。始于这几点，可呈放射状向任何方向取省道，终点可以结束在肩、侧缝、腰节、领口和袖窿等处。我们可以得到很多位置不同，但具相同功能的省道，然后再做装饰性的变化设计。

这些省道的变化设计使贴身功能不变，而美化装饰的部位使风格得到很大的表现。好的省道设计促使新的服装款式产生，同样，也有许多创新的款式要求用新的收省方法来实现。

与省道相关的还有开刀线。开刀线，亦称结构线，可随意取得，直变平斜，依需要而定。如果是丰满体型，应该纵向开刀，线条柔和而尽量取直，成衣后会减弱臃肿感；如果是纤细体型，应该横向开刀或取弯度较大的纵开刀线，以弥补纤瘦体型之不足；不对称的设计能掩盖身材不端正的缺陷，可使人体的某部分或高或低，或宽或窄，改变其形状。这些都是利用人的视错觉，而达到进一步美化的目的。

设计省道需注意几点：省道无论怎样变化，两条省边线的长度必须相等；衣料上若有规则、明确的图案或条格，那么在省道的选择上就要特别谨慎，否则会弄巧成拙，破坏衣料已有的美；设计前，要事先弄清衣料的组织结构、经纬线方向，若处理不当，就会影响服装的牢度；考虑到人的活动幅度及雅观，胸省尖点应稍离开乳点（1～2厘米）。

省道不仅仅是一项制衣的技术，也是设计中的一大命题，值得不断研究探索。

除了省道的线条，在服装设计中还可以运用各种拼接线、衣褶线、分割线（开刀线、装饰线）等。正确利用服装造型中结构线的设计，正是一个专业服装设计师与一个画家的区别所在。恰到好处地利用结构线的设计，能达到意想不到的绝妙效果。服装款式设计就是运用这些线来构成繁简、疏密有度的形态，并利用服装美学的形式法则，创造出优美适体的衣着（图6-15）。

图6-14　省道的变化形成了新的服装款式，创意性的收省方法形成了千变万化的服装款式

图6-15　结构线对服装风格和造型的影响是极为直接的

服装结构线是指体现在服装的各个拼接部位，构成服装整体形态的线。除了省道线外，还有缝接线、开刀线、褶裥线等。

服装的结构线不论繁简，都不外乎以下三种线结合而成，即直线、弧线和曲线。直线给人以单纯简洁之感；弧线显得圆润均匀而又平稳流畅；曲线如抛物线、螺旋线等，动感较强，具有轻盈、柔和、温顺的特性，适宜表现女性美。

服装的塑形与材料的性能密切相关，制作服装的各类材料，都以自身的塑形性和悬垂性来决定服装的不同气质。例如，丝绸面料柔软而轻飘，呢绒面料则坚挺而滞涩。对于不同塑型性能的材料，结构线的处理方法也有不同。因此，设计服装时应充分展示材料的可塑性，使结构线与材料之间取得和谐，并与整体轮廓线保持协调一致。

在服装结构线中，开刀线又称分割线、剪缉线，是服装结构设计中一个重要方面，从结构出发，利用省道的功用及考虑装饰美，把衣裙分割、剪缉。开刀的方式应立足于基本结构需要，然后再考虑开刀，绝对不能为开刀而开刀。开刀线基本有六种形式，有垂直分割，像公主线那样，可以产生视错觉，有修长之感；水平分割，能产生柔和、平衡的感觉，横向的分割愈多，就愈有律动感，并加以滚边、嵌条以及缀蕾丝、缉明线等方法；斜线分割，能打破形体的呆板；曲线分割，是强化女性的柔美、曲线；还有不对称的分割等，加上不同质地材料的拼接，也会产生情趣盎然的效果。

第三节　服装细部设计

可以被称为细部的东西，通常值得特别端详和品味。细部中具有精细别致之处，往往表露出一种美妙的情感意趣。在人的视觉感受中，细部通常是精彩、生动的点缀，成为设计的点睛之笔。设计中的细部，许多是因为需要才设置的，美化一般是在与功用的有机结合上体现。服装中的细部无疑是设计表达的重要部分，聚集着人类丰富的情感和智慧的想象，通过具体的领、袖、口袋、襻、褶、扣结、图案等局部的造型表现，为设计的款式注入精彩的神韵，来满足人们在衣着上的审美需求。一般说来，服装设计除去外形与结构、色彩与面料的变化外，有关细部的推敲也常常会带来一种新的感受，尤其当这类细部的创作几近艺术的完美时，服装就多些新颖、别致的意味。

常言道：于细微处见精神。在美学理论里也常常阐述局部与整体的关系。服装设计师要把握服装的整体造型、色彩及面料，但这几个方面往往被国际流行趋势所制约，受巴黎、米兰、纽约、伦敦的国际级服装设计师的影响。对更接近市场的服装企业的设计师来说，部件就是发挥自己灵感的重要机会，是区别于他人而取得成功的秘诀所在。

如同机械设备一样，服装也是由各种"零件"构成的。远古时期，服装刚刚产生时只表现为功能的需要。如口袋，它是先民的一项了不起的发明，它解放了人类的手，以便储放工具、食物。经过千万年发展至今的口袋，已不仅仅是出于对这种原始功能的需要，而越来越多地被赋予了"美"的内涵，不少的口袋设计纯粹是一种装饰或只是为了取得视觉上的平衡。如正式场合穿用的西装外套，下摆的口袋只是礼节性的存在，里面是不能放置物品的，否则会破坏整体轮廓线的流畅性。

服装的令人叫绝之处常常在于某一部件的精巧变化。尤其是时装化的日常服装和便装，就是靠其中某一部件的变化而令人耳目一新的。这种部件变化的部位可以是领子、袖子的式样，门襟、袖口的搭配，省道、褶裥的变化，甚至可以是一颗扣子的位置、一个口袋的形状的改变。往往一个领形的改变或口袋的创新，就可以使一件普通的衬衫成为时髦；一件夹克与众不同的过肩分割方法，就会使消费者欣然解囊。对服装细部的刻画犹如文学中对细节的描述，也像足球运动员处理门前球时的细腻动作，这一切细枝末节产生了最佳效果，对服装而言，亦是同理。

服装部件的设计，可以从以下几个主要方面着手。

一、领子的设计

领子靠近面庞，是全身首先吸引人注意的服饰部位，为整体装扮起着点睛的作用。领式的多样化也表明了人们审美及服装工艺的变化过程。领子主要分为三种类型，即翻领、立领和坦领。

翻领是套装、衬衫、大衣等普遍采用的领型。除了技术结构上的变化外，领型之大小、领角的宽窄及锐钝，都会带来新意。立领中的中式领和中世纪的皱褶领都是立领中的经典式样。坦领则更丰富，尤其女装的坦领风格多变，如水手领、荷叶领等。领型虽然只是服装的一个局部，但却是决定服装整体风格及穿衣效果的一个非常重要的细节。方领、圆领、V字领、一字领等众多领型，代表着不同地域特色和风情，领型随着时尚风潮的变换不断交替流行。现代服装的领型变化非常多，甚至与衣身、门襟或袖子连成一气。皮尔·卡丹和蒙塔纳（C.Montana）在领子的设计上总是出奇制胜、别有新意（图6-16~图6-18）。

女装的领型变化约束较小，可以利用各种造型及装饰手法进行设计；男装领型受到文化积淀和男性本身着装特点的影响，变化范围小，以微妙的改变体现不同的时尚气质。以男衬衫领为例，设计时配合不同服装的需求，把握领型变化的分寸，可以设计出各种领式。

西装衬衫的款式较为固定，变化集中在领型的设计上。衬衫领样式通过细微的变

图6-16 皮尔·卡丹夸张的领型设计，使领子成为全身造型点睛的部分

图6-17 女式服装的不对称衣领，别具趣味

图6-18 披肩式翻领，搭配短款的衣身，俏皮可爱

化能够体现出男性性情、气质的差异和流行性。衬衫领造型主要分为：标准式领型、短领式领型、长领式领型、扣结式领型、饰针式领型、敞角式领型、圆领式领型等。

标准式领型是传统的标准领型，它不受年龄因素的影响且适合于任何脸型。领型张开的角度为75°，领边宽窄适度，给人四平八稳、成熟、端庄的感觉。应用范围广，一般多用于正规场合，不仅适合礼服，也适合其他类的服装，普通的西服多半配合这种领型，是衬衫领型中最基本的式样（图6-19）。

短领式领型的领尖较一般衬衫的领尖短，张开角度约80°，领边狭窄，给人平和稳定的感觉，适合年轻人配穿窄腰式的西服（图6-20）。

长领式领型的领尖长而狭窄，一般不系领带，给人的感觉是简洁干练，受到那些走在潮流尖端的年轻男士们的青睐。这种领子产生的效果与现代时髦的形象非常合拍，这种领型可配宽领西服或细条纹宽松西服（图6-21）。

扣结式领型，领子简化为仅有领座部分，领端系有小纽扣，适合于休闲和非正式场合，可内衬T恤而穿，给人轻松、无拘束之感。原是从美国东部大学生中发展而来（图6-22）。

饰针式领型是一种礼服性质的、传统型的正式领型，将两个领端用装饰别针固

图6-19 标准的衬衫领型

图6-20 短领式领型

图6-21 长领式领型

定，可以调节领子的大小，适用于正式场合（图6-23）。

敞角式领型是左右领子角度在120°~180°的领子，这种领型最早流行于19世纪，当年温莎公爵最喜爱这种领子，故这一领型又称"温莎领"。与此相配的领带、领结称"温莎结领带"，领结宽阔。21世纪浪漫风潮的回归，温莎领再度流行，与之相近的是领结稍小的"准温莎结领带"，于复古中反映近年来精致的现代思潮（图6-24）。

图6-22 扣结式领型

图6-23 饰针式礼服衬衫领

图6-24 敞角式领型

在已有的领型上作变化设计，现在已有规律可循。无论是坦领还是立领，无论是海军领还是西装领、衬衫领，前辈工艺师和设计师都创造了很多易学、易掌握的裁剪方法和造型要领（图6-25）。

二、袖子的设计

袖子与领子一样重要，大体上分装袖和连袖两种。自古以来，东方人宽衣博带，多为连身袖，这种着装习惯和相应的心理影响直至今日。装袖服装是在20世纪随着轮船、火车流传到东方的。装袖在西方始于12世纪，已有相当长的历史，当时的贵族用厚锦缎制作合体的衣服时，为了解决人体运动机能问题，在衣服上的关节处（如肩部、肘部等）留出缝隙后，再用绳带连接起来，从而使袖子可摘卸，装袖由此出现。袖子从此开始独立裁剪、制作。

图6-25 圆领式领型具有优雅的风格，使穿着者呈现细致柔情的一面，可配英式或法式西服

袖子的样式相当丰富，尤其是西方14~19世纪的一些夸张而华丽的样式，如文艺复兴时期出现的用填充物塑型，因造型颇似羊腿而得名的羊腿袖（Gigot）、分段填充、造型如莲藕状的维拉戈袖（Virago）以及拿破仑帝政时期流行的白兰瓜形的帕夫袖（Puff）等，其精美的制作和丰富的想象均令现代人叫绝。从结构上看，装袖出自于立体意识，更贴合人体，满足了西方人强调人体曲线的心理需求。

皮尔·卡丹的细部设计

自从开创设计师品牌以来，皮尔·卡丹在时装界就是一个富有震撼力的人物。"大胆突破"这一理念，始终是皮尔·卡丹设计思想的中心。他在时装造型上的大胆创新，每次都让人们惊诧不已。他运用自己的精湛技术和艺术修养，将稀奇古怪的款式与布料上的褶裥和几何图形巧妙地融为一体，创造了突破传统而走向时尚的新形象。他设计的男装如无领夹克、哥萨克领衬衣、卷边花呢帽等，为男士装束赢得了更大的自由。甲壳虫乐队穿着的卡丹式高纽位无领夹克衫就是20世纪60年代时髦男子的必备，在与高领套头羊毛衫一起穿着时，更显出一种悠闲而不失雅致的风貌（图6-26、图6-27）。

图6-26　皮尔·卡丹大胆创新的门襟设计

图6-27　皮尔·卡丹设计的效果图

领和袖是需要用立体意识来设计的部件。领子围绕和覆盖着一个不规则的圆柱形——脖子，袖子同样包裹着一个不规则的圆柱体——手臂，它们要完美而精确地安装在衣身上，较其他部件有着更多结构上的难度。不少服装专家编撰了各种领子、袖式的造型与裁剪工艺的书籍。著名设计师都有不少引以为自豪的领、袖设计，在结构大师巴伦夏加的作品中，就有许多领、袖的变化创新，初学者亦可以此来练习（图6-28、图6-29）。

三、口袋的设计

口袋的变化可表达服装的风格、品位。这一部位的设计除了考虑它的装物、插手等实用功能外，还需

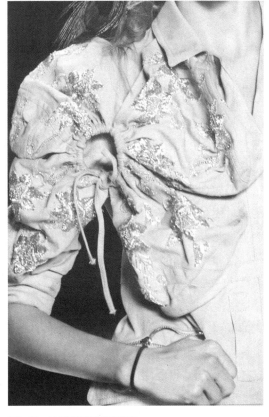

图6-28　袖子的造型与装饰设计

要考虑它的装饰性。像牛仔裤臀部的两只贴袋，主要是为了装饰，设计上可以有多种多样的式样。服装整体款式不变，试将口袋作变化，会给人以不同的印象。现代休闲装中口袋设计极其灵活，口袋既提供了便利的实用功能，其各种富有创意的造型和位置设计，又呈现出非常帅气的中性工装风格（图6-30）。

图6-29　古典风格的袖子设计

图6-30　休闲裤的口袋设计

四、裤子的局部设计

1. 裆部

最早具有完整裆部的裤子大都出现在粗犷的北方民族地区，如欧洲5世纪时的日耳曼民族，中国春秋时期北方内蒙古、辽宁一带的东胡等少数民族（即赵武陵王胡服骑射所借鉴的民族）。他们生活在严寒的气候下，保暖毋庸置疑是第一位的，封闭的裤裆完美地实现了这个功能。同时由于不能像温暖的南方那样以耕种为生，北方民族大多过着游牧、渔猎的生活。他们需要奔跑、骑马，甚至与野兽搏斗，裆部处在臀部及两腿交叉的复杂部位，正是它的巧妙设计，成全了双腿的自由灵活。

裆，是裤子和裙子最根本的区别，在相当长的一段历史中，也代表着男人与女人的区别。在西方，裤子进化成型之后的数个世纪都是男人的专利。当女性开始穿上裤子，像男人一样骑着自行车穿梭在城市间，最彻底的女权运动随之而来了。就这样，裤子总是和自由有着千丝万缕的联系。

现代服装的功能性已经发展得很完善，人们可以做出最舒适的裆部，不过裆部形态不甘寂寞的变化，却成为现代人新的自由观的体现——时尚自由。说来似乎像个悖论，虽然结构微妙复杂，但裆部的变化却夸张得令人瞠目结舌，如果你看过Frankieb近年的牛仔裤，就会立刻明白这种夸张到了什么程度。

横裆与立裆的尺寸直接决定着裤子的外观感觉，中规中矩的立裆深在27厘米左右（正常体型），前、后横裆宽相加在15厘米左右，这是普通裤子的尺寸，刚好适合人的正常活动。看起来自然利索且没有压迫感，不过外观稍显平庸：既不明确突出臀部线条，裆部本身也不具备抢眼的外形。

时髦的年轻人绝不会荒废自己迷人的臀胯，他们喜欢用极端的裤形表现自己的风格，现在的时尚设计与之不谋而合，市场上对于突破性的裆部设计款式开始推崇。式样极为丰富的牛仔裤可谓裆部结构的最佳实验对象，粗斜纹布独有的可塑性和韧性令许多夸张的裆部设计在牛仔裤上得以实现。勾勒出性感臀部曲线的浅裆紧身牛仔裤就是一个典范。为了追求极致性感，前立裆已经缩到了空前的尺寸——7.62厘米（3英寸）。后立裆则降到了臀沟以下。这些"主动暴露倾向"的款式，不仅对穿者的身材有着极为苛刻的要求，对自信也是一次魔鬼筛选。美国品牌Frankieb和意大利品牌Miss Sixty等都推出了这样的款式，并且有十分热情的簇拥者。

紧致短小的另一个极端是超级长的Hip-hop式宽裆。跟迷你性感的7.62厘米相比，这个庞然大物的自我程度毫不逊色，甚至带着更为强烈的自恋意味。追根溯源，超长裆裤来自20世纪80年代初期的贫穷黑人社区，为了衣服能多穿几年，长身体的孩子们都穿着比身体大几号的服装，不曾想，这种结合了节奏、音乐和懒散、颓废的美式风格竟然在20年间横扫全球，成了21世纪青年风格的主流。

丁字裤与内衣外穿的风尚

丁字裤通称T-back，又分为V-String（绳带状丁字裤）和Thong（腰头为有一定宽度的面料）。发明者是一位巴西模特儿，她在制作比基尼时发现布料不够，于是用细绳将布块绑在一起，解决了难题，这种巴西比基尼又称Tanga。随着低腰裤愈演愈烈，其内衣搭档由避免露出腰头的浅裆内裤，演变到刻意露出腰头的丁字裤，成为继胸衣外衣化后的又一内衣外穿风尚。因打着一点色情的擦边球，丁字裤与低腰裤的搭配成为相当刺激的性感款式。如今，丁字裤在方寸之间的设计愈来愈具有装饰性，逐渐进入主流时尚（图6-31、图6-32）。

图6-31 金属环三角装饰的丁字裤

图6-32 丁字裤与低腰牛仔裤的迷人搭配

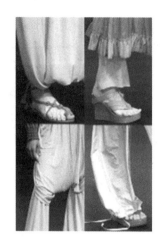

图6-33 让·保罗·戈尔蒂埃的裤脚设计

2. 裤脚

裤脚位于全身服饰的底端，是人体动态最大的部位之一。它的状态体现着与脚面、地面、腿部的关系，从而影响到整个着装姿态和效果。裤脚处的装饰起着良好的点缀、呼应效果（图6-33）。

五、褶裥的设计

人的身体是一个凹凸不平的不规则立体，而且始终处于活动状态。这给制作包裹、遮盖人体的服装带来困难，同时也给服装的变化带来无穷的趣味。要设计制作有紧有松、便于运动而又合体的服装，另一些设计方式，即褶裥、缩皱和省道也同样重要。这三种设计方法都是使衣料符合人体起伏曲线的有效办法。褶裥和缩皱在衣、裤、裙上都有运用。由于省道已在第二章中已较详细地提及，故在本节不再重复论述。

图6-34 以褶裥为造型和装饰的礼服

褶裥和缩皱是服装细部装饰的一种形式。布料的折叠缝制，能产生立体感，有顺褶、工字褶、缉线褶（明线褶、暗线褶），还有细皱褶、自然褶等。利用织物的悬垂性及经纬线，既能够实现造型上的功能，又具有装饰作用。例如将胸省用细褶或缩皱来替代，解决了胸部的立体造型，同时还创造了优雅浪漫的风韵。同样在袖山、袖口采用细皱褶或橡皮筋皱褶，也会显得活泼、典雅（图6-34）。

六、其他细节的设计

服装其他部件还有门襟、育克、袖口及纽扣等。门襟也有人叫"开襟"。主要有正门襟、歪门襟、侧门襟、后门襟、半门襟（还包括领开襟、肩开襟）等。中国清代服装中的"琵琶襟""一字襟"都是门襟设计的优秀范例（图6-35）。

门襟的变化设计要与服装的整体设计取得一致，要服从于款式的风格。另外，还可以在形状上与系缚物

图6-35 模仿领带的门襟设计

（纽扣、带子、拉链等）配合进行变化（图6-36）。

育克，在我国也叫"过肩"或"覆势"。育克设计之初是出于功能的需要，男装的肩背处为双层布料，一方面是为了增加牢固度（扛枪、背包、挑担子），另一方面是为了防雨，使雨水不易湿透。育克有活育克和死育克两种，过去多用于男性的猎装、夹克、风雨衣等户外服装设计，现在女性服装也常常借用，在无性别服装（如牛仔装、运动衣）上更是屡见不鲜。如今育克最初的功能性不再具有当时的意义，更多的是出于装饰上的美观。育克用于服装能产生干练英武的效果，是服装设计中不可忽视的一部分，其与服装部件的精妙配合总会取得出乎意料的效果（图6-37）。

这些细部的刻画使服装在外形无法创新的前提下，给予设计师充分发挥的天地，而且，从某种意义上说，大量的日常便装就是要用各种细节的设计使之精彩，这也是大部分服装设计成功的秘诀所在。

图6-36 拉链之外做皱的装饰性门襟　　　　图6-37 牛仔上衣普遍采用育克的结构设计

第四节　局部设计与整体意识

无论是外轮廓、内结构，还是细部的设计，所有的款式设计要素都必须服从于整体设计，统一在整体造型和风格中。各要素的设计是否得当，完全取决于它们在整件服装上的作用与地位，若喧宾夺主，或是画蛇添足，局部即使再"出色"，也会破坏整体的美感（图6-38）。

著名雕塑大师罗丹在创作巴尔扎克塑像时，就曾因其初稿中巴尔扎克的双手过于精彩，却影响了头部而被去之。罗丹说："拘泥于微不足道的细节表现的画家，永远不能成为大师。"虽然他讲的是绘画艺术，但在服装设计上，道理是相同的。在教

图6-38 历史上每一种女装整体风格都有其相对应的局部设计

学中，不少学生对某一部件的设计津津乐道，将所有"漂亮而充满灵感"的部件堆砌在一件服装上，这种"加法"式的设计，使服装呈现出凌乱而无重点的效果。就像在街头经常可以见到的不少爱美心切的女性，精心地装扮全身，她们从妆容发型到首饰挂件，到处亮闪闪，带着浓烈的香水味掠过你身边。她可能是出众的，也可能是漂亮的，"武装到牙齿"的"她"，过度矫饰，在美学范畴里只能给予"媚俗"的评价。更何况，服装上过多的细部装饰，使加工程序复杂，成本提高，这样的设计是劳而无功。

设计中局部与整体的关系体现了形式美的基本原理，处理细部设计与形式美原理密切相关。如平衡，不对称的歪门襟是一种不平衡，但不平衡造成了生动、愉悦的感觉。若是不平衡致使视觉倾斜而影响效果，可以用口袋、纽扣等予以补正。又如比例，比例是审美中重要的准则，部分与部分、整体与部分、上和下、左和右的大小数量关系，能给人美感，也能破坏美感。如背部育克开刀线的高低与衣下摆的比例，或前片的口袋大小与衣片的面积比例，都是要认真安排和设计的。韵律，是借用音乐的词汇，像纽扣的排列、褶裥的多少，每一部件的设计都应汇入整体中，其排列产生的节奏感、韵律感不能是杂乱无章的。

形式美的原理是设计师们应当遵循的，但需恰到好处地运用。一切法则都无法列出公式，得出绝对的答案。美，无法以规矩求之。迷你裙配长外套是一种美，短衣配短裙又是另一种美。一切细部的设计与整体的考虑都围绕一个标准，即功能与美的统一。

思考题

1. 为什么说服装与建筑在结构原理上有相近之处？

2. 为什么服装款式的设计必须从整体到局部，再从局部到整体？

3. 自13世纪后，西方服装在结构方式上的主要改变是什么？

4. 为什么欧洲历史上会出现女性的硕大裙撑和紧身胸衣，其形成了什么样的外形轮廓？

5. 收省是一种使服装合身立体的制作技术，如何在处理省道时同时实现形式美？

6. 为什么服装的省道主要集中于躯干部分？试举例人体其他部位的收省。

7. 服装上的口袋、衣领、纽扣等细部分别源于什么样的功能性需求？

8. 现代生活条件下，风衣和大衣已不需要具有挡雨防渗漏的"过肩"，为什么许多外衣仍设计保留这个细部？

推荐参阅书目

[1] 中泽愈. 人体与服装 [M]. 袁观洛，译. 北京：中国纺织出版社，2000.

[2] 欧内斯廷·科博，维特罗纳·罗尔夫，比阿特丽斯·泽林，李·格罗斯. 服装纸样设计原理与应用 [M]. 戴鸿，刘静伟等，译. 北京：中国纺织出版社，2000.

[3] 中屋典子，三吉满智子. 服装造型学·技术篇 [M]. 刘美华，孙兆全，译. 北京：中国纺织出版社，2004.

[4] 普莱斯. 织物学 [M]. 虞树荣，祝成炎，译. 北京：中国纺织出版社，2003.

[5] 威尼弗雷德·奥尔德里奇. 英国经典服装板型 [M]. 刘莉，译. 北京：中国纺织出版社，2003.

[6] 香港理工大学纺织及制衣学系. 牛仔服装的设计加工与后整理 [M]. 北京：中国纺织出版社，2002.

第七章
服装色彩设计

我们生活中的动、植物以及我们的城市，我们的周围，有着极其丰富的色彩，并随着时间的推移呈现出不同的迷人风貌。随着生活及科技的进步，色彩在人们的衣饰行为中占据着越来越重要的地位。服装业发展到今天，色彩早已成为竞争中关键的一环。国际流行色机构的出现以及流行色的定期发布和世界性的广泛传播，都说明了色彩在人们时尚生活中演绎着重要的角色。

第一节 色彩的认识

色彩的视觉冲击力非常强，消费者在购衣过程中会受到很多因素的影响，诸如服装的款式、面料、价格、品牌、包装、服务，甚至是消费者的生活背景、工作环境、受教育程度等，但往往最先触动消费者引发其购买欲望的是色彩，因此，充分认识色彩是设计师不可缺少的一课（图7-1）。

图7-1　德国内衣品牌舒雅（Schiesser）的店面，店面设计与主要产品颜色（黑、白、红）相呼应，用色彩的对比营造出一种跳跃感以吸引消费者

一、认识色彩

色彩是光刺激人的眼睛所产生的一种视觉感受，可以从三个不同领域来理解这一视觉感受：作为光学的物理学领域、作为视觉器官的生理学领域和作为精神的心理学领域。英国伟大的物理学家依撒克·牛顿（Isaac Newton）揭示了色彩的基本物理原理：没有光，便没有色彩。他使用三棱镜分析日光的实验是众所周知的伟大发现，于是我们知道了肉眼能够分辨出200种色光，是由于色彩的波长所带来的视觉感受。

色彩具有三方面的属性，即色相、色明度和色纯度。这三个属性交织变换，色彩的世界就像音乐世界一样，成为一个扑朔迷离、变幻无穷的天地。生活在色彩世界中的人们，对色彩的敏感度各有不同。人类借助科学仪器能辨认的颜色大约有两万种以上，训练有素的眼睛甚至能分辨900万种色彩。在光线充足的条件下，人们能够裸视识别的颜色也有2000多种。在日常生活中，人们常接触的颜色有400多种，从古至今能查到名字的颜色约350种左右，这正是现代文明使人们对色彩的需求日趋多样化的结果。

美国潘通公司（Pantone Inc.）

美国潘通（Pantone）色彩体系是在色彩交流中诞生的一种色彩语言。自1963年，Pantone创办人Lawrence Herbert先生开创这一套色彩系统以来，经过五十多年的不断发展和完善，潘通色彩体系已被很多企业采用，成为世界通用的色彩标准。

在颜色编制上，其6位数编号已成为颜色的代名词，为用户之间的交流提供了最大的方便。潘通纺织品色彩系统共有约2000种颜色，根据用户的不同需要，纺织品色卡有纸板和布板两种版本可以选择。纸板色块采用针孔式连接，需要时可撕下色块附于设计图、订单或其他文件之中。布板色卡尺寸较大，便于剪切交流，并可进行分光测色（图7-2、图7-3）。

图7-2 潘通纺织品颜色指南——纸板色卡（扇卡）。对于中国的纺织品及服装而言，要想提高自身的品质并逐步走向世界，使用统一的色彩语言势在必行

图7-3 潘通Color Cue纺织板是可以握于一掌的光谱色度计，用来帮助使用者测定某种色彩在潘通纺织品色彩系统——纸板和布板（同时也是建筑和室内装饰的基础色彩）的色号和相应数据

为使生产和贸易中的色差减至最小，各个国家及很多机构都不断地制订一些色彩标准。1995年，我国色彩标准委员会主持制定了标准色卡，基本能适应各方面的需要。美国潘通（Pantone）色卡有2000个左右色位，为很多时尚产品采用。

对色彩的认识除了其物理特性和视觉生理上的可识别以外，色彩带给人的心理意象或心理影响更显得重要。虽然我们在视觉上是依赖光波长短来辨识色彩，但在选择色彩时的最大影响力却来自心理。心理学研究告诉我们，人们会因色彩在视觉上的影像而带来某种共同的心理印象。

在现代色彩学中，色彩被分为冷暖、轻重、软硬、进退、动静、胀缩、隐显、快慢、活泼抑郁、华丽朴素、兴奋沉静等十几种类型，这是从色彩带给人的心理印象来划分的。例如色彩的冷暖感，大多数人会将色彩中的红、橙、黄等色视作暖色，随之会使人联想到太阳、火焰等；而将青、蓝、绿等色视作冷色，带给人清冷的感受，会使人联想起河流、树木等，这种冷暖感正是源于自然造物给予人的印象。色彩还能给人以其他不同的感觉，如情绪上的喜乐悲哀、味觉上的甜蜜辛辣……在生活中，人们自觉或不自觉地运用了色彩与人们心理的微妙联系。

有位足球教练就曾给运动员准备了"一冷一暖"两间色调不同的休息室，下场休息时用冷色调休息室，而上场的准备时间则用暖色调休息室，这种方法可以调节运动员的心理情绪，是有一定科学道理的。

在一些美术专业的色彩课上，有的老师要求学生做这样的练习，即用色块表现"酸甜苦辣""春夏秋冬"等一些抽象或具象的事物。从学生作业里可以发现人们对色彩的感受是如此惊人地一致。譬如，青绿、浅黄、粉红、淡紫用于表现春天大自然的万物复苏；夏天用红色和绿色加上明快的蓝、中黄等，有骄阳之下的炎热、旺盛感；秋天用黄褐、灰红等表现收获或自然界中枯黄的色彩；冬天是冷色中的蓝加上灰白色。

二、色彩的情感与象征

人们的一般色彩感觉是共同的，但由于受生活地域、时代、民族、阶层、性别、年龄、经济水平、教育水平、风俗习惯、宗教信仰、生活环境等因素的差异而有所不同。譬如世界不同民族对色彩的喜好厌恶就有很大差别。中华民族喜欢用红色作为心情喜悦的宣泄，故婚嫁的色彩就以红为主，且忌讳白色出现在喜庆的场合中，认为该色不祥，是丧葬的颜色；而欧洲民族则认为白色代表圣洁无瑕，因而以白色作为婚嫁的主色。我们国家小学生的校服多采用较为鲜艳的蓝色、绿色、红色；而英国的小学生校服则以沉着的黑色或深蓝色为多（图7-4、图7-5）。

图7-4　美国青年身着中国明代婚礼服饰举办中式婚礼　　图7-5　维奥耐夫人设计的白色婚礼服

第二节　色彩的把握

　　一名服装设计师仅仅懂得色彩理论是不够的，即使谙熟国际色彩专家孟赛尔或奥斯特瓦德的色立体，也并不意味设计师可以挥洒自如地把握色彩。服装设计师的色彩修养以及对色彩组合、搭配技巧的把握，需要通过刻苦的训练和不间断的创作运用来加以提高。

一、色彩的性格

　　人们对色彩有丰富的联想，并赋予不同色彩以不同的性格，这是设计师选用色彩时的一个重要考虑因素。暖色系中红色性格最为"强烈"。红色的波长最长，是使地球上几乎所有民族最为之动情的颜色。一般而言，红色象征生命、热情、血与火、青春朝气等。远古的山顶洞人尸骸周围的暗红色赤铁矿粉和汉代古墓中陪葬的朱砂都有鲜艳的红色，他们希望死者可以借此重新获得鲜血和生命。红色在男性和女性的装扮中具有重要地位。浓重纯正的红色常给人以堂皇富足的感觉，欧洲贵族喜用红色与金色的组合。意大利时装大师瓦伦蒂诺擅用纯正的大红色设计礼服，有"瓦伦蒂诺红"的美誉（图7-6）。深红、灰红显得稳重老成，

图7-6　瓦伦蒂诺与其红色系列作品，当色彩与设计师的创作魅力完美结合时，此时的色彩也被赋予了生命

而含粉的红色则显得年轻、可爱和活泼，适合于婴儿装、少女装，但在近几年，也有不少新锐设计师在男装中采用这种色彩。

名师简介

瓦伦蒂诺·加拉万尼（Valentino Garavani，1932~　）

瓦伦蒂诺17岁到巴黎学习时装设计。1959年，他在意大利和罗马开设了两个时装店，随后在罗马成立了华伦天奴公司，1969年他荣获了时装界的"奥斯卡金像奖"——耐曼·马尔克斯奖。

豪华、富有甚至是奢侈是华伦天奴品牌的特色。在时装设计的原则上，他尽量采用使穿者感到舒适的布料，充分表现身体优雅的线条。他的高级女装精美典雅，充满女性魅力，在欧洲名流社交圈中，深受女士们的热爱。如美国前总统肯尼迪的夫人杰奎琳、意大利影星索菲亚·罗兰和摩洛哥王妃等都是他的常客。

图7-7　瓦伦蒂诺女装魅力的展现与其色彩的选用是分不开的

这位设计天才在品牌经营上也是一把好手，除了女装与男装的设计外，从1969年起，他又相继推出了香水、皮鞋、太阳眼镜、室内装饰用纺织品、随身皮件、打火机、烟具等系列产品，他曾被誉为意大利时尚界的天王，高级时装的"金童子"（图7-7）。

　　橙色，由于接近正午太阳的色彩，因而在色彩心理上比红色的"热感"更浓更强，尤其是饱和艳丽的橙色会使人联想到甜美、收获、富有。历史上服装大面积地使用纯橙色并不多见，而在近年，由于受运动服装的影响，在女装、休闲装、童装上运用了较多的橙色。如意大利品牌"贝纳通"将各种明度的橙色搭配上鲜艳的青绿色，亦曾是服装上的流行色（图7-8）。另外，在皮尔·卡丹和伊曼纽尔·安伽罗的设计中也常能见到这种色彩。

　　黄色，有清冷的柠檬黄和温暖热烈的中黄、橙黄。这种色彩或浓或淡，均有明亮、年轻、开朗、醒目的愉悦感，用于女装和童装更显得娇嫩。高亮度、高纯度的明黄因曾在很长一段时期内是古代中国皇帝的专用色，从而在人们的心目中留下了高贵、神秘的印象。

　　不同纯度、明度的绿色虽有不同的性格，但绿色总是充满生机的颜色，它让人

图7-8　在贝纳通的服装上常看到这种充满活力的色彩组合，其服装与发型、色彩的搭配既复古又青春

名师简介

威克特·郝斯汀 & 拉尔夫·斯讷
（Viktor Horsting& Rolf Snoeren）

威克特和拉尔夫来自荷兰，一样的年龄，一样的充满活力。两个人在公共场合露面时，梳着相同的发型，戴着同一款式的眼镜，穿着同样的衣服，让人难以分辨。

1993年，俩人从荷兰阿纳姆艺术学院毕业，1998年以缝制高级时装起家。1999年，他们在巴黎的秀场只有一个模特静止在转盘上展示，同时穿着二十多件服装，以"蜕壳"的方式表演；2001年秋冬，主题为"Black Hole"的服装展示，从舞台布景、模特面部、手脚到设计师本人，全部浸渍在黑色之中；2002年秋冬，Viktor&Rolf一款黑色外套和白色衬衫组合套装，缝制了7个领子，层层叠叠犹如开屏的孔雀一般；2003年春夏，他们用轻盈的面料、鲜艳的宝石蓝色、娇嫩的妆容打造生机勃勃的景象；2004年秋冬，又荒诞地让模特的头上长出了鹿犄角，脖颈上爬着蜘蛛；2004年年底又推出了以其品牌名称为商标，由欧莱雅公司包装的香水……

狂放而大胆，但不失理智是Viktor & Rolf的风格（图7-9）。

图7-9　Viktor & Rolf在2005年带给我们一场戏剧性服装展示

色彩的魔术师——伊曼纽尔·安伽罗
（Emanuel Ungaro，1933~ ）

1966年，法国女装设计师伊曼纽尔·安伽罗在巴黎的马克马恩大街开设设计室并首次发表作品，他被称为"未来感觉派"。其成功的关键是特有的色彩感觉和对图案的把握，安伽罗因此被誉为"色彩的魔术师"和"印刷的诗人"。实用性也是安伽罗受人称道的特点，在他的服装设计系列中，绝对看不到哗众取宠的款式。

安伽罗的设计灵感常常取自东方。具有中国风格的束腰外衣穿在对比强烈的裙子外面，再披上色彩丰富、带有小花型和波浪形线条的流苏披巾，这种风格会让人想起奥地利分离派画家古斯塔·克里姆特（Gustar Klimt）的绘画作品（图7-10）。

图7-10　安伽罗的作品带给我们图案色彩与面料色彩结合的视觉感受

联想起森林、草地、绿洲以及生命的源头，因而永远是人们最亲近的色彩。近年来，较暖的黄绿色深受年轻人喜爱，它开朗、稚气；而深绿、灰绿显得高雅、沉静；被称为"军绿色"的橄榄绿，更是以其即张扬又内敛的独特色彩性格成为时尚的宠儿、不退的流行。可以说，绿色为各个年龄层的人们所接受。

蓝色则比绿色更具广泛性，它具有平静、深邃、严肃和含而不露的美，使人联想到蓝天和大海、广阔和博大。无论何种性别、何种年龄的人都不会拒绝蓝色。蓝色与欧、亚人种的肤色相配都能达到良好的效果，是最朴实无华而又应用广泛的颜色。藏蓝色则更具东方气质，黄种人穿着明度低、含蓄、稳定的藏蓝色，既不失沉稳、凝重，又衬托肤色。19世纪20年代著名的设计师简奴·朗万（Jeanne Lanvin）从欧洲中世纪教堂的彩色玻璃画中获得灵感的"朗万蓝"十分出名。近几十年来，磨损陈旧的蓝色在大众穿着中始终占有稳固的地位，这就是牛仔蓝，这种做旧的色泽被越来越多的现代人所欣赏（图7-11）。

紫色是黄种人在服装上需谨慎使用的色彩，互为补色的对比易使皮肤更显得黄黑。但调配恰当的紫色会产生高贵、神秘、女性化的感觉。紫色曾是古代欧洲皇室专用的色彩，充满贵族气息，是在高级时装的设计中运用得比较多的颜色（图7-12）。

不管其他的色彩如何"各领风骚"，无彩色中的黑、白、灰始终是服装色彩中最常用的。黑色的沉稳、白色的纯净以及灰色的随和，一直为世界各种族的人们所青睐。无论男女，身着黑色都有或庄重、或神秘、或妖娆之感。男士的正装都以黑色为主，黑色以其庄重、沉静、神秘成为在许多重要场合、重大仪式以至正式会晤时的首选服装颜色。白色具有端庄、贤淑、干净的效果，无论是用于日常装还是时装，都是使用得最多的颜色之一。更为丰

图7-11　虽然每次创造都会留下时代的烙印，但好的作品有穿越时空的力量

图7-12　前英国王妃戴安娜身穿范思哲设计的紫色晚礼服

富的灰色、含灰色也是衣饰上经久不衰的颜色，尤为现代都市人所喜爱，因为它能表达更微妙复杂的情绪和思想。黑、白、灰更可贵的方面是可以是任何色彩的最佳搭配和良好伴侣，在衣着上也能最和谐地协调各类色相。这些不同的色彩，会使着衣者的形象随色彩的性格而变化，这是设计师需要预见并能够熟练把握的。

名师简介

简奴·朗万（Geanne Lanvin，1867~1946）

　　朗万是在第一次世界大战到第二次世界大战期间相当活跃的一名设计师。朗万出道较早，设计生涯长达50多年，她的设计在不同的时代都带有鲜明的时代特色。

　　第一次世界大战前，她设计的是18世纪风格的大篷裙，充满奢华与浪漫的气息。1910年左右，她常驻东方，受东方风情影响，她转向用天鹅绒或绸缎设计制作晚礼服，洋溢着异国情调。第一次世界大战结束后，受时尚的影响，朗万的作品变得短小精干。朗万最早是以订做帽子起家的，因此在男装方面一直保持优良的传统。

　　朗万从不盲目追求时尚，其作品自始至终都充满了个人色彩。她喜欢在素色的面料上加精美的刺绣，做工也始终是一流的。她对色泽有自己的苛求，坚持拥有自己的染坊，她所钟爱的色彩是那些清新、纤柔、女人味十足的风格，如粉彩色系、樱桃红、海棠绿、矢车菊蓝等，最为著名的是"朗万蓝"（Lanvin Blue）。

品牌介绍

odbo：黑白主题秀

"odbo"于1914年诞生于德国科隆一个贵族家庭——欧福门（Offerman），由这个家族的四兄妹用他们四人名字的第一个字母o、d、b、o命名品牌，即"odbo"。他们的创作及设计涵盖服装、皮具、鞋、手表、眼镜、雨伞等，由于其风格独特、符合欧洲人的品味，很快成为享誉欧洲的知名品牌。

odbo品牌理念，主要是引领时尚潮流，树立高品位消费意识；以品位孕育魅力，以风格创造时尚；以简洁而不简单、前卫而不张扬为休闲特色；面向中、高档消费人群，年龄层次广泛，以中青年为主。

odbo品牌风格十分独到，以黑和白两种时装界永恒的色彩作为主题。设计师一丝不苟的设计，立体式的裁剪，含棉麻纤维健康布料的选择，穿着的舒适，让人们感觉不到衣服的束缚。如今odbo又有新产品推向市场，即odbo Colors、odbo Man和odbo Accessories，它们相继进入亚太区市场，以独特的形象给人们最新、最快的时尚信息（图7-13）。

图7-13　黑和白是时尚界永不过时的流行色，odbo充分运用了这两种颜色的特质，创造出无穷的变化

二、服装色彩与服装面料

服装的色彩设计有两种可能，一是先有了纺织材料，也就是在已有的色彩中进行构想；二是并无固定材料，要根据需要与构思，寻找你所需要的色彩（即材料）。但无论设计师是从哪种可能出发，最终要做的都是协调服装色彩与服装面料之间的关系。

1. 服装色彩需要通过不同材质的面料体现

服装色彩是通过不同材质的面料体现出来的，因此色彩与面料材质是紧密相关的统一体。在进行服装色彩设计时，掌握好色彩与面料材质的关系极为重要。

面料的纤维性能和组织结构不同，对于光的吸收和反射程度就不同，所反映出的色彩效果也各不相同。即使是同一色相的颜色，也能因材料质感的变化而带给人不同的感受。同样的一种红色，表现在化纤和丝绸织物上，显得豪华、艳丽；表现在毛织物上，则显得温暖、高雅。这是因为毛织物表面绒毛的漫反射作用，使强烈的色彩变得柔和而稳定；但在丝绸等光泽型的面料上，光线的直接反射使色彩变得热烈而刺激。因此，一般说来，毛织物的色彩配置较易掌握，无论是对比色、调和色或同类色，都能收到良好的效果；光泽型面料的色彩配置难度较大，宜使用纯度变化、明度变化或中性色调和的配色法，以取得优美和谐的色彩效果。

色彩与面料质感的配合是无限的，设计师需对各种色彩和面料质感先有一个认识，然后在设计中将理论知识、实际感受及配色经验相互结合，以达到色感与质感的最佳组合。

2. 服装色彩与服装面料及图案、纹样的搭配

服装图案从工艺上分，有织花图案、印花图案、刺绣编织类的工艺图案；从结构上分，有单独图案、适合图案、二方连续图案、四方连续图案；从内容上分，有花草鸟兽类自然图案、器物建筑等人造物体图案、风景图案、人物图案以及几何图案等；从风格上分，有民族图案、东西方传统图案、现代图案等。不同的图案通过与色彩、材质的有机结合，能够显示出各具特色的魅力。

世界各国、各民族都有其传统的服饰图案和色彩，体现了各自不同的特色风格（图7-14）。

当面料图案和色彩风格与服装的风格协调一致时，就能产生和谐、优美的整体美。在设计中体现民族色彩，可以给现代服装带来新的风格，在后现代主义的今天，设计师回归古典、注重人文，愈来愈重视民族风格的学习与吸纳。20世纪八九十年代，在服装文化和服装设计领域，中国的民俗图案和色彩受到设计大师的格外青睐，成为许多服装设计师设计灵感的来源。意大利著名服装设计师瓦伦蒂诺就曾受中国18世纪屏风纹样的启示，推出了新作，体现了既庄重华丽，又质朴大方的艺术情调；被西方人视为神秘深邃的中国瓷器色——中国蓝及中国20世纪二三十年代的上海风

图7-14　维吾尔族女裙，面料一般选用著名的"艾德莱斯绸"，其独特的色彩搭配成为维吾尔族服装最具代表性的特点

米索尼夫妇（Missoni）

米索尼品牌以设计男、女针织服装为主。1953年创始人泰·米索尼（Ottavio Missoni）与罗莎塔·米索尼（Rosita Missoni）结为夫妇，同年在意大利瓦雷泽创立米索尼服装公司（Missoni），担任设计师，由丈夫负责款式设计，妻子设计图案。

鲜明丰富的想象力，使米索尼服装明显区别于传统过时的手工或机器织品。米索尼时装，其典型的意大利风格和创造性使它不仅在商业中获得巨大成功，在艺术上也备受注目。

用多种色纱交织出不规则的几何抽象图案及用线条组合出多彩图案是米索尼的特色，其灵感来源于水面五颜六色的波浪状倒影，具有强烈的艺术感染力。图案风格形成了其与众不同的艺术魅力，同时也起到了风格专利保护作用。

米索尼的经营范围早已延伸到各个领域，不仅有时装、香水、服饰配件，还有家用纺织品、灯具、餐具等。米索尼夫妇用他们的艺术天赋造就了米索尼品牌（图7-15、图7-16）。

图7-15　米索尼的家庭成员穿着自己品牌的服装，米索尼与意大利的很多服装品牌一样也是家族式企业

图7-16　米索尼产品的价值不在于手工艺制作，而在于它那毫无疑问的、独特的设计

格，也被多位西方设计师作为自己作品的主题风格（图7-17、图7-18）。

　　服装色彩与面料上的图案、纹样搭配时首先要把握整体，即统一的色调。设计时可以选用一种颜色作为服装的主色调，协调统一的色彩较易在设计中掌握，也合乎现代都市色彩的审美观。如多色印花面料的衬衣，选择印花图案中主要的一色作为裙子、外套和帽子的面料色彩，在使用面积上加以强调，这一色彩便成为整套服装的主色调，并以其占主导地位的色调来统一服装上的诸多色彩，从而取得丰富而又谐调的色彩效果。

图7-17 "裂帛"民族风系列服装，采用民间传统印染花布

图7-18 Jean Paul Gaultier 2001年秋季的中国风格服装

从色彩上看，单色图案在服饰中易取得协调统一的效果，适宜于大方、朴素及有个性的设计，适用范围很广。如白地蓝点、黑地白花等面料，运用于服装设计能得到素雅的感觉。多色图案表现出的情感较为复杂，有的浓郁深沉，有的轻松活泼，有的柔和沉静。

三、色彩的运用原则

人的色彩感觉有天生的因素，但经过后天的学习及色彩训练可以强化先天对色彩的感性认识，以便正确而巧妙地运用色彩，在服装设计训练中需要掌握一些色彩的运用原则。以下是色彩运用的两个主要原则。

1. 根据色彩搭配原理来使用色彩

了解绘画的人都知道，色彩可以按一定的色彩序列搭配，如按同类色、邻近色、协调色、对比色（又分强对比和弱对比）等搭配。一般地说，同类色、邻近色和协调色较易组合搭配，色相接近或明度接近的颜色相配合，产生的效果是柔和、协调而平稳的；而明度差距大或色彩饱和度高的搭配往往强烈、热情而富有生气，但较难控制，这有赖于对色块面积和纯度的把握。在实际生活中还是含灰的复合色使用得更普遍，意大利的设计师最擅长使用不同层次的含灰色彩。

要使色彩搭配和谐，设计师们的"杀手锏"是无彩色里的黑、白、灰以及具有装饰点缀效果的金、银色，这些颜色可以使过于强烈的对比效果得到缓和，使模糊感的色彩搭配变得清晰、明朗，使过于艳丽媚俗的服色变得雅致、稳重。金、银色还能造成富丽堂皇的效果。范思哲就是一位精通色彩搭配的大师，他精通丝绸设计如同意大利文艺复兴时期的商人。范思哲很懂得用鲜明的不规则的几何图案和印花来调配华丽的丝织面料。有时，他也会学习电影里服装的艳丽风格，在丝绸上装点南海岸风格的花纹、通俗的美术图案和时髦的色彩。范思哲为了营造出一种具有冲击力的美感，他常常在色彩搭配上常采用一些不协调的处理手法，时时出人意料，让人感到犹如绘画般的大胆（图7-19）。

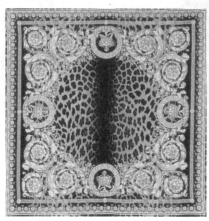

图7-19　金色巴洛克图案是范思哲作品中的经典图案之一，色彩和图案相结合是设计风格最有力的表达手段

名师简介

杰尼·范思哲（Gianni Versace，1946~1997）

　　杰尼·范思哲出生于意大利南部的卡拉布里亚，他曾说："我就是在妈妈的熏陶下，从小培养出对缝制时装的兴趣。"

　　以强烈的个性和审美哲学活跃于服装界的范思哲，与费雷、阿玛尼并称为领导米兰服装界的"三G"。在范思哲设计的服装中，皮革是被反复使用的面料，此外其作品的色彩和质感也给人以强烈的吸引力，具有强烈的文艺复兴式的色彩感觉。范思哲信奉绝对的简约，使用不规则的剪裁和宽松的尺寸，使柔软的丝绸女衫近乎完美；他以审美的角度注视着街头服装，从中采撷当代时装豪华优雅的要素。他的作品将意大利的精美面料与美国的运动装结合，是华美的外表与实用性结合的且行动方便的优美服装。

　　性感是范思哲服装设计思想之一。他的时装大胆且率直，是一位毫无畏惧的有冒险精神的设计师（图7-20）。

图7-20　材质的对比与色彩的搭配是范思哲服装的特点

2. 在选用色彩时要因人或因消费群体而异

把流行色应用到服装和纺织品上，并不是色彩和服装设计的终点，这里还有一个着装艺术的问题。一个人可以根据自己的肤色、发色、脸型和体型，结合自己所处的场合和环境，去选择适合自己的色彩和服装。着装艺术是色彩和服饰设计在消费过程中的延伸，也是一个极富文化品位和内涵的再创作过程。这不仅仅是针对个人定制需要考虑的问题，对于成衣设计也同样重要。

（1）从人的体型考虑。在通常的情况下，胖体型的人应避免用高明度的浅色和高饱和度的强烈色彩，否则会产生膨胀感，发亮闪光的面料也忌使用。瘦体型则不能多用具有收缩感的深色、暗色。矮小身材宜采用淡而柔和的色调，或色调相似，或上下一色的服装，以加强身体体积感和修长感。而高大身材应该多用深色或含灰色，或将通身的色彩分为两段、三段，使人产生不过分高的视觉印象。人群中，体型千差万别，但在设计师的眼里应该是没有不好的体型，而只有不好的设计。经过设计师的努力，虽不能在实际上使矮人变高、胖人变瘦，但却可以用巧妙的色彩手段达到理想的效果，从而弥补身材上的缺憾，使每个人具有自己的特色。

（2）从人的肤色考虑。不同人种、不同地区、不同国家的人以及甚至每个个体，在肤色、发色和眼睛的颜色上都会有一些差别，我们在设计服装时主要考虑的是人的肤色。我们亚洲人的肤色是黄色，适宜的色彩较多，但在使用与黄色对比的色彩时要慎重，以免肤色显得更加黄绿。而茶色系、米色系、含灰色系、褐色系以及暖色与黄皮肤都较能取得协调。

"色彩四季理论"让色彩成为一个行业

1974年，美国卡洛尔·杰克逊女士总结出一套人与色彩之间的配合规律，命名为"色彩四季理论"，在1000多种颜色中选取了144种有代表性的颜色，分为春、夏、秋、冬4个色系，再根据每个人的肤色、发色、瞳孔色等"自然生理色特征"进行色彩诊断，找到最适合自己的色系及与服饰、化妆等相互搭配的关系。

1979年，杰克逊女士创办了Color Me Beautiful公司，从此诞生了一个新行业——色彩形象顾问咨询。1983年，英国的玛丽·斯毕兰女士把原来的"四季理论"与色彩学的冷暖、明度、纯度的属性完美结合，拓展为12色彩季型，即：浅春型、暖春型、净春型、浅夏型、柔夏型、冷夏型、暖秋型、柔秋型、深秋型、净冬型、冷冬型、深冬型。

卡洛尔·杰克逊女士因创立了一个新行业而被载入史册。在我国这一行业也逐渐进入了规范化管理阶段，凡是需要从事色彩咨询行业的单位、申办营业执照的企业及想从事色彩顾问这一行业的个人，均需经过系统培训并持有劳动局颁发的《色彩顾问国家资格认定证书》之后方可进入这一行业。通过色彩考试，合格者颁发由中华人民共和国商务部商务培训认证管理办公室认定的资格证书，进入专业人才库存档。

专业知识窗

基于以上这些现实问题，我们在这一节中将流行色与常规色放在一起，目的是想帮助我们的准设计师们建立一种将流行色与常规色结合运用的意识。

第三节　流行色与常规色

在我们的教学中，对于流行、流行色通常会十分敏感，也十分关注，但对于常规色的认识及关注程度一直远落后于流行色，以至于在很多学习服装设计的学生眼里，服装款式等于流行。与此同时，在一些服装品牌的实际操作中，常规色常常会放到一个远高于流行色的位置，特别是一些中小品牌，流行色的运用只是在一个在整体色系做好后再补几款，用于吸引消费者眼球之用。

一、流行色

作为设计师，关注流行色可谓是每年每季的必修课。当季流行颜色的服装会成为时髦的抢手货；反之，若用色过时或不当，再好的设计也无法博得"上帝"的青睐。

1. 什么是流行色

流行色必须是形成一定流行范围的色彩，是指在一定时期内，最受人们欢迎的几种色彩，有时更多的是几个色系，近几年流行色的发布呈现出明显的风格倾向。流行色发布的特点是一种概念的发布而不只局限于几种颜色。首先用文字与图片描述流行概念，然后提供一组与概念相吻合的颜色并注以色标，这种预测方法兼顾了感性与理性，可以更好地为各种不同要求的主体提供指导。

2. 流行色的产生

流行色的产生不是由一个人或几个人的主观愿望所决定的，也不是色彩专家凭空想象出来的，它反映的是整个消费群体对色彩的自然需求，是在一定的社会和市场基础上产生的。

在当代社会激烈的变化中，改变是常态，任何一轮时尚的诞生都不是闲情逸致的产物，而是社会思潮及公众行为发生变革的一个风向标。对色彩的处理不仅是一个美学问题，更是一个社会问题。人们追随每一轮流行趋势都是为了不被这个社会淘汰掉，对色彩流行状况的关注只是其中一个表现而已，是否选择和应用流行色是人们表现自己在时尚潮流中所处位置的一个标尺。

3. 流行色的预测及发布

流行的研究，最核心的工作就是流行信息预测。流行色的预测是以社会思潮、经济形势、生活环境、心理变化、文化水平和消费动向为依据的。

伴随工业化的进程，出现了国际流行色机构，标准化的概念和营销体系的完善，使得一种色彩关系可以成功地在全世界复制及传播。流行趋势的发布不只对服装品牌、服装设计师有意义，也备受各个国家的时尚消费者关注。随着工业化和市场经济成为越来越多的国家和地区的发展模式，这种色彩观像其他工业制品一样在世界范围内成为消费主流文化。

我国目前色彩流行的发布主要是由国际流行色协会、中国流行色协会、国际羊毛局等机构来做，是一种指导性的发布，不是指令性的，也就是指接收多少、采用多少完全由企业、设计师、消费者来决定。

4. 流行色的实际应用

流行色信息预测的实际运用，早已成为时尚类产品开发过程中非常重要的一环。虽然很多人十分关注也十分重视流行色，但在实际中怎样运用流行色，怎样将流行色融入一个品牌的设计中，恐怕很多设计师都没有一个很明确的思路。中国流行色协会为了印证流行趋势预测的准确率和可信度，会在每年流行色发布之后根据企业对流行色的运用情况做追踪调研，这也为我们提高对流行色的运用提供了很好的信息。

关于流行色协会

1962年，法国、德国、瑞士和日本等国的业内人士在巴黎成立了国际流行色委员会，作为定期预测和发布国际流行色的机构，定期的发布形成了国际流行色的共同信息。中国流行色协会成立于1982年，又于次年加入国际流行色委员会。该组织现包括中、法、德、英、意、荷、比、西、葡、奥、瑞、希、土、日、韩等，每年在巴黎集会两次，分别发布秋冬季和春夏季的流行色。

国际流行色一般提前18个月发布，然后是织物面料向公众展示，最后是服装流行款式同业内人士见面，这一般要在流行周期到来前12个月完成。国际流行色协会根据各成员国家专业色彩研究机构提交的色彩趋势预报汇总，提炼出下一年度的色彩流行样卡即国际流行色卡。在国际一些重要的纱线、面料、成衣博览会上都会有流行色的预测、预报，对这些信息的把握无疑是十分重要的。

流行具有不可抗拒性，各个品牌都积极地将流行纳入自己的产品中，但同时我们更能看出各个品牌在采纳流行的时候不是全盘接收的，而是根据自己品牌的特点有取舍、有变化地将流行色融入自己的品牌。

目前，全球流行行业的目光主要集中在欧美，但是中国拥有深厚的文化背景，拥有占世界五分之一人口的内需环境，相信未来中国对世界贸易、流行的影响将会与日俱增。

二、常规色

对于流行、流行色，即使是一个普通的消费者恐怕也不会陌生，因为它们早已超出了服装专业人士的领域，成为了人们日常生活的一部分。

常规色可能更多的是设计师、品牌要考虑的问题了，但我们服装专业类的学生对其的认知度较流行色相比要差很远。在服装品牌的实际运作中，常规色与流行色扮演着同样重要的角色。

1. 什么是常规色

常规色是指某个品牌或某种风格的服装每季会固定采用的几种颜色，有时更多的是几个色系。在这里我们要特别强调"色系"的概念，在服装品牌中一般没有单个颜色的概念，而总是将色相相近的颜色作为一个色系来处理。这种做法对服装设计、陈列及销售都是十分有利的。

2. 常规色的产生

常规色的产生是必然的：作为一个品牌或一种风格的服装来讲，由于其市场定位及其目标市场、目标消费群是固定的，所以一般情况下一个品牌的风格也是相对固定的。在这个前提条件下，一个品牌置身于复杂多变的流行中必然要保持一些不变的因素，常规色就是其中之一。

常规色的产生是必需的：正是因为流行色的反衬才显示出常规色的重要。伴随着时代的发展，现代生活节奏的加快，加上流行自身的一些特点，流行变得越来越神秘，以至于权威机构每年每季投入大量人力物力所作的流行发布，最后也只能称作流行预测。面对流行的不确定性，如果一个品牌、一个企业把所有的投入都放在流行上，那么每一季每一年就如同在赌博，也许有高利润但更多的是高风险。因此，把握好一个品牌或一种风格的常规色就如同航行时把握好航向一样，可以为一个品牌一季的销售甚至是其生存提供保证。

3. 不固定的"常规色"

所谓固定是与流行色相比较相对的固定，不是绝对的一成不变，依据每年每季流行色、流行面料等因素的变化，每年每季所确定的常规色也会相应变化，但这种变化会比较微妙，不会像流行色的倾向性那么强。

一个品牌或一种类型的服装，其目标消费群及目标市场的不同，其常规色也会有很大的差别。如休闲装、职业装、男装、女装、童装、内衣；销往北方市场还是南方市场，销往大城市还是中小城市，销往国外还是在国内……这一系列因素都会影响到常规色的选择。

为了更直接地说明如何将常规色系纳入设计，下面从一个案例来具体说明：

我们以30～40岁的职业女装为例研究一下其常规色系。作为职业女装来讲，黑白灰系、红色系、米色系、棕色系是其常规色系，其常规色基本属于"高级色"。对这种常规色系的选择及各色系占总产品的比例，不同的品牌在不同季节并不是完全不变的，但变化不会很大。品牌色系的设定，并不是随意的、偶然的，是有一定的必然性，这种必然性与这些色系所具有的特点是分不开的。下面我们来具体地分析一下这些色系。

（1）黑白灰系列。黑、白、灰是服装上最普遍和最重要的颜色，虽然在色彩学中它们并非色彩，只是在表现不同的层次而已，但人们早已将它们认定在色彩的行列里。在如今的职业装中黑色的服装是绝对不可少的，黑色在重要的社交场合中几乎成了代表色。在很多商业场合，人们早已将黑色类服装作为基本款服装，连女士也不例外，黑色在晚礼服中出现的频率恐怕是所有颜色中最多的。现在的黑色在很多情况下是权威、优越感甚至是权势的标示。

在我们的生活中，大多数人认定白色代表着天真、纯洁、优雅与高尚。但白色在某种意义上还代表着不成熟，还或许因为中国长期以来的文化环境，对白色在一定程度上有所成见。所以我们仔细观察一下职业女装市场，就可以发现在职业装中白色服装所占的比例不是太多。据统计，白色服装在每季服装中所占比例不到10%，当然这个比例在不同的季节会有一些差别。

服装中所指的灰色，已不再局限于黑白两者之间，所涉及的颜色范围非常广阔，可以说是一种概念的表述。这种灰在多数情况下是有一定色彩倾向的，它可以是偏冷色调的蓝灰色、紫灰色，也可以是略带暖色调的灰色。作为职业装，灰色系是必不可少的颜色。灰色是一种模糊、不确定的色彩，很多人穿灰色调的衣服是为了隐藏自己的个性。明度高的灰色，给穿着者增添一种迷人的优雅；明度低的灰色，则呈现一种干练的魅力。灰色所具有的独特魅力，使其成为白领阶层所钟爱的色彩（图7-21）。

（2）红色系。在西方人的眼里红色象征着革

图7-21 "高级灰"为消费者和诸多设计师所钟情（图片来自Prada）

色彩的级别

清华大学美术学院曾选择北京地区近200名不同职业、不同年龄及性别的人作为被调查者进行过一项调研，目的是了解公众在不同场合中对服装色彩的选择意向。

在各种场合中（不同职业）出现频率最高的颜色为黑、藏蓝、深棕、浅驼、白、大红色系列。公司、饭店工作人员与学生阶层所选色彩的色相分布较广，明度也偏高；企业职工及机关干部与教师阶层出现频率高的色彩主要限于黑、深灰、藏蓝、深棕等色相感觉不明确、明度偏低的颜色。

从调研结果看，90%以上的被调查者在正式场合最优先选择的颜色依次为：藏蓝、黑、浅驼、深棕、大红、浅灰、白，其中藏蓝、黑两色并列榜首，而这些颜色也常常被专业人士称为"高级色"。浅黄、橘黄、浅紫、粉红等颜色一般适宜在非正式场合穿着，被称为"非高级色"；而介于二者之间的如深灰、铁锈红、橄榄绿等可称为"次高级色"，并据此规律得出了服装色彩"级别"的概念。事实上，加强对这一领域的研究，对于广大服装设计人员以及服装市场消费走向的指导均有着重要的意义。

命，有时甚至象征色情，但中国人自古至今对红色始终有一种特殊的偏爱，人们将其认定为吉祥、喜庆、力量的象征，因此在中国，无论你是什么市场定位、什么年龄段的服装，红色系是绝对不可少的。但红色本身极具跳跃性，红色系在职业女装中所占的比例不大，一般占不到5%，而且，对红色的选择针对不同的年龄定位、不同的品牌，其明度、纯度等都有所不同。如定位年龄段比较大的，可以用颜色比较深、沉稳一些的红色。而年龄段定位年轻一些的品牌可以用纯度高一些的红色。

图7-22 "米色系"的含蓄

（3）米色系。在服装的色系概念里，米色系已成了一个十分重要的色系。但如果从色彩的角度讲，我们却很难确切地说出它是哪种颜色。在服装中，米色系是一个比较泛泛的概念，但我们观察一下便不难发现，它基本上是指在黄色调的基础上变换明度和纯度而得来一系列色彩。黄色是比较年轻化的颜色，它象征光明、欢乐、年轻和希望。小孩的衣服普遍采用黄色，特别是婴儿、儿童及青春期的少年。随着年龄的增长，穿黄色的人减少，黄色的纯度也会降低，成年人会偶尔穿淡黄色的衣服。因为以上的诸多原因，黄色在购买对象较年轻的品牌中经常出现，而在购买对象较成熟一点的品牌中出现一般是伴随着明度、纯度的降低（图7-22）。

（4）棕色系。像米色系一样，棕色系也不是指某一种色彩，而是多种色彩倾向的集合，这其中主要是褐色在色相、明度、纯度上的一些变化。褐色往往让人们感到安全、稳定和力量，适合那些希望隐藏情感或必须收敛自我的人。从以上对各种棕色系的描述中我们不难看出，棕色系是一个十分适合放在工作环境中的色系（图7-23）。

图7-23 "棕色系"是一个颇具魅力的色系

以上我们着重分析了在女性职业装中经常出现的几种色系，可以说是几种基本的色系。除了以上的色系之外，其他的颜色色系，诸如紫色系、绿色系等一般不作为基本的颜色，在每一季中可以根据流行来确定其所占的比例。

在今天的社会中产品琳琅满目，导致了一种"7秒钟效应"，即消费者在购物时7秒钟之内不把注意力放在这个产品上，就不会去买。在7秒钟之内人们对一件商品的认识，大多是以色彩的形式停留在印象里，所以很多产品对色彩的要求越来越高，色彩已经成为最简单、最复杂而又最有效的卖点。说它最简单，是因为只要选对颜色货品就有可能畅销；复杂是因为选择是最艰难的，这就是为什么很多企业每年为了选颜色要花很多精力。设计再好、面料再高级、营销手段再多样，但是如果色彩不到位，产品就可能卖不掉。所以色彩设计给产品所带来的低成本高附加值作用是惊人的。商家在制造色彩，用户在消费色彩，色彩是联系产品与用户之间的一条纽带。如果以色彩的对号入座促成商品销售与消费的完美链接，无疑是商家们最好的营销手段。

色彩是最富于情感的，每个消费者对服装色彩的挑剔是细致入微的，尽管他们未必懂得"色彩学"，但都有自己对色彩的偏好和选择。选用色彩时要考虑的因素还很多，譬如年龄、性别、季节、民俗、文化思潮及实用目的等，要根据具体的设计进行有侧重的考虑。

思考题

1. 一般情况下，服装消费者会将色彩作为挑选服装的第几要素？

2. 色彩的流行趋势源头在哪里？

3. 如何认识流行色？如何认识常规色？它们之间的关系是什么？

4. 大多数服装品牌在每季新产品的开发中会安排几个色彩系列？

5. 追踪调研市场上的某个品牌，了解该品牌当季服装产品的色彩设计和组合。

6. 试以设计师或品牌的具体作品为例，说明色彩在服装设计中的重要作用。

7. 服装色彩的选择与穿着者、穿着环境、工作生活条件有哪些关系？

推荐参阅书目

［1］胡月. 永远的经典——优雅的本色［M］. 北京：中国纺织出版社，2001.

［2］袁仄. 服装设计学［M］. 北京：中国纺织出版社，2000.

［3］王蕴强，马玖成. 色彩·服装与美［M］. 北京：中国轻工业出版社，1996.

［4］陈芳. 设计的理念［M］. 北京：中国纺织出版社，2005.

［5］华梅. 服饰民俗学［M］. 北京：中国纺织出版社，2004.

［6］凯瑟琳·麦凯维，詹莱茵·玛斯罗. 时装设计：过程、创新与实践［M］. 郭平建，武力宏，况灿，译. 北京：中国纺织出版社，2004.

［7］黄元庆. 服装色彩学［M］. 6版. 北京：中国纺织出版社，2014.

［8］贾京生. 服装色彩［M］. 北京：高等教育出版社，1999.

［9］张玉祥. 色彩构成——造型设计基础［M］. 修订版. 北京：中国轻工业出版社，2004.

第八章
服装材料设计

材料是服装设计的基础。服装设计师依靠各种材料来实现自己的构思，正如雕塑家需要雕塑原料、音乐家需要乐器一样，服装的款式造型、服装的色彩设计都依赖于材料来实现，正所谓"皮之不存，毛将焉附"。远古时期的人类将树叶、兽皮披挂在身上以抵御风寒和适应大自然，后来逐渐发明了工具，对各种纤维进行纺织制造，就有了棉、麻、丝、毛等天然纤维制成的服装材料；随着科技的发展，又发明了化学纤维面料。时至今日，可以用作衣服的材料极为丰富。若想了解和掌握如此多材料的性能特点，则需要通过不断的学习、实践。

第一节　材料的认识

可用作服装面料的材料很多，但纺织品材料的使用为人类着装及服装设计提供了丰富多彩的可能性与创造性，所以让我们先从服装最主要的材料——纺织材料的分类开始了解。

一、以原料分类

1. 天然面料

天然纤维包括植物纤维和动物纤维两种。植物纤维主要是棉、麻，而动物纤维则是取自动物身上的皮毛以及蚕丝。所以，天然面料主要是由天然纤维棉、麻、丝、毛制成的面料以及裘、革六大类。至今，天然纤维的许多优点仍然是化学纤维所没有的，主要是在吸湿、透气等舒适性方面，再加上近年来盛行的自然生态、保护环境的呼吁，更使国际上趋向使用天然面料。

棉，是使用最广的天然植物纤维。它无异味、没有酸碱等化学成分，与人的皮肤亲和性最好，具有保暖、吸湿的特性，而且棉花的产量高，价格低廉，因此成为使用量最大的面料纤维。棉制面料品种非常多，有细纺、绉纱、府绸、卡其、贡缎、牛仔布、灯芯绒，还有帆布以及纱支不同的各种棉针织面料，可供一年四季穿用。

棉织物按组织结构可分为平纹、斜纹、缎纹三类；而依据商业经营业务则可分为原色布、色布、花布、色织布。

麻，有亚麻、苎麻、黄麻等不同品种。其共同特点是透气、透湿、快干、不粘身，但褶皱恢复性能十分差，未能克服褶皱问题，所以使用范围受到局限。麻制面料多为夏季面料，也可用于春秋季的外衣。

丝，有桑蚕丝、柞蚕丝及其他野蚕丝之分。人们利用最多的是桑蚕丝。真丝面

图8-1　维奥耐的真丝婚纱作品

料历来是人们心目中的"面料皇后"，其独特的实用性能和审美价值的确是其他纤维品种无法比拟的。丝纤维的细度是天然纤维中最细的，且又有一定牢度。真丝具有柔软性、悬垂性和弹性，而且清凉滑爽，与皮肤的亲和性好。同时，真丝的吸湿性、透湿性、放湿性也很强，与棉、麻相比，其保暖性也略高。丝织品在中国经过了几千年的发展，其品种已非常丰富，从厚到薄，从紧密到疏松，有纱、绡、纺、绉、绸、罗、缎、绫等（图8-1）。

丝绸是中国发明的，也是中国文化的象征，丝绸的魅力也早已跨越了地域时空。在古代欧洲，由商队从遥远的东方带回的丝绸可与黄金等值，使古代东西方之间出现了一条横跨茫茫戈壁的商道，后人更将其命名为"丝绸之路"。这条丝绸之

服装艺术设计 —第2版—

专业知识窗

丝绸故乡与丝绸之路

中国是最早开始种桑养蚕和生产丝织品的国家，是丝绸故乡。各地的考古发现表明，自商周至战国时期，丝绸的生产技术已经发展到相当高的水平。远在公元前5世纪，中国丝绸就传到了希腊等遥远的西方国家。

西汉，张骞通西域，开辟了从长安（今西安市）经甘肃、新疆，到中亚、西亚，并连接地中海各国的陆上通道，这就是举世闻名的北方丝绸之路。它因运送中国的丝绸而闻名，更是整个古代东西方商品和文化交流的交通要道。

1877年，德国地理学家李希霍芬（F. von Richthofen），首次把汉代中国和中亚南部、西部以及印度之间的以丝绸贸易为主的交通路线称作"丝绸之路"，因为大量的中国丝织品经此路西传，其后，德国历史学家赫尔曼（A. Herrmann）在1910年出版的《中国和叙利亚之间的古代丝绸之路》一书中，进一步把丝绸之路延伸到地中海西岸和小亚细亚，确定了丝绸之路的基本内涵，即它是中国古代经中亚通往南亚、西亚以及欧洲、北非的陆上贸易交往的重要通道。

路虽由丝绸命名，但其影响却远远超出了这个名字。

毛，主要包括羊毛、兔毛、驼毛，其中又以绵羊毛使用为最广。精纺毛料特点是布面光洁、质地紧密、手感柔软、起球不明显、折皱回复性较好，但免烫性（亦称洗可穿性）差。其中有华达呢、哔叽、啥味呢、派力司、凡立丁、马裤呢、花呢、女衣呢、维也纳呢等，主要作为春、秋、冬三季的服装面料。作为面料，动物纤维在毛线衫方面使用量很大，除了保暖之外，近些年来毛线衫流行外衣化、时装化更使其销量大增。

皮草、皮革是高档的具有特殊魅力的服装材料。皮革，指动物毛皮经处理后去毛的皮板。在环保意识的作用下，现在穿用的毛皮基本上来自人工养殖的动物。皮草的品种主要有狐狸、貂、狼、羊、狗皮等；皮革的品种有羊、牛、猪、蛇、鹿皮等。从20世纪80年代开始，由于动物保护团体和环保组织的反对，珍稀的野生动物皮草已逐渐被人造毛皮取代，甚至通过重新染色等现代工艺，使真正的皮草制品也看起来越来越像仿制品。而且过去推崇的用整块兽皮缝制衣服的做法也不多见了，作为饰边或与其他面料结合使用的方法越来越多，在外观上也摆脱了以往笨重的形象，现代工艺使皮草大衣达到一种像风衣一样轻薄的风格。曾由拉格菲尔德担任首席设计师的意大利著名品牌芬迪（Fendi）就是从皮革和皮草服饰起家，且在这一领域保持着领导地位。皮草面料从最初的保暖御寒作用，到后来一度被视作财富的象征，今天它已逐渐成为时尚的一部分而进入普通消费者的衣柜（图8-2）。

图8-2　皮草这种人类最早使用的面料随着时代的发展不断地改进着自己的面貌

2. 化学纤维面料

化学纤维是指用天然的或合成的聚合物为原料，经过化学与机械的加工方法而制造出来的纤维。根据所用原料和加工方法的不同，化学纤维主要分为再生纤维（又称人造纤维）和合成纤维。化纤面料中的新品种很多，但都有进一步"天然化"的趋向。目前国际市场上混纺、交织与复合面料越来越多，就质感或舒适性来看，都是在向天然纤维靠拢。

（1）再生纤维（人造纤维）。再生纤维是以天然的高聚物为原料，经过化学方法与机械加工而再生制造出来的，如黏胶纤维、再生蛋白质纤维等。再生纤维面料以黏胶纤维面料为主。黏胶纤维是人工最早制造出来的纺织纤维，这类面料兼具化

皮草的兴衰

皮草是人类最古老的面料。史前人猎杀的动物食其肉衣其皮，动物皮草是当时人类的唯一面料。大约在6000～10000年前，麻纤维打破了皮草面料一统天下的局面，当时在文化发达地区已经普遍使用纤维面料。在古埃及穿着皮草开始成为特权阶层的象征，实际上炎热的埃及是不需要穿皮草的，因此这就成了用皮草来象征财富和权力的最初例子。

到古罗马时代，贵族用皮草制作床上用品和垫子，但同时他们又反对把皮草穿在身上，因为居住在帝国边境的未开化民族一般仍穿着原始的皮草，所以在古罗马皮草有两种相反的标签，一种是落后于衣着文化进步脚步的"野蛮"的标签；另一种则是表现特权的"豪华"的标签，这两种标签一直并存着。

中世纪的欧洲因战乱皮草较少，其再次在欧洲受到青睐是中世纪后期。14世纪的爱德华三世，把貂皮定为皇族专用品，成为一种最高的身份象征。但是，当时人们普遍认为皮草毛朝外穿不是文明人的穿法，直到19世纪末，整件皮草毛朝外的夹克和大衣才开始登场。最先把皮草毛朝外制作夹克的是巴黎的高级时装设计师多赛（Jacpues Doucet）。1886年在加拿大，人工养殖水貂获得成功。随着养殖业的发达，现在人们使用的皮草，90%来自养殖场，价格也较以前便宜了。

纤与天然纤维的特点，穿着舒适、染色鲜艳、价格便宜。如常见的人造棉布、人造丝织品、人造毛呢等面料。黏胶纤维的性能与棉织物相似，吸湿性好，因而不会使人感觉闷热；黏胶纤维的染色性也较好，凡是天然纤维织物能染上的颜色，黏胶纤维基本上都能染上。但是，黏胶纤维面料比起棉织物耐穿性差，特别是缩水率大。黏胶短纤维同人们的关系十分密切，人造毛就是毛型黏胶短纤维，它是毛纺中不可缺少的材料。目前市场上所见的大部分混纺毛织品几乎都掺有不同比例的人造毛。常见的涤黏花呢、黏锦华达呢、毛黏花呢、毛黏大衣呢等，都是含黏胶纤维的混纺毛织品。颜色鲜艳、花纹绚丽的人造棉织品服装，就是用木材、麦秆、甘蔗渣、芦苇、花生壳、棉短绒等作原料制造出来的。人造棉织品无静电积聚，这一点与合成纤维大不相同。

（2）合成纤维。合成纤维的原料基本上来自同一家族——地下燃料库：煤、石油、天然气等。其特点是仿天然纤维材料，在视觉效果上可以乱真，但在手感、透气性、吸湿性、防起球、防静电等方面仍不如天然纤维面料，而天然纤维所不具备的易洗快干、不易折皱、挺括牢固等则是合成纤维面料的优点，而且原料价格相对低廉。

合成纤维中常用于服装的主要有涤纶、腈纶、锦纶、氨纶等，维纶、丙纶、氯纶等在日常服装中的运用目前还较少。

涤纶，是聚对苯二甲酸乙二醇酯纤维的商品名。涤纶面料习惯上被称之为"的确良"，无论是花色品种还是使用量，均居合成纤维面料的首位。最突出的特点是保形性好，穿着涤纶服装不易折皱，洗后不用熨烫，平整挺括。譬如涤纶裤子的折缝，

大豆蛋白纤维
——世界化纤史上我国原创技术"零"的突破

2005年，河南农民李官奇的植物蛋白质合成丝及其制造技术，被国家知识产权局和世界知识产权组织授予"中国专利金奖"，这是自设立中国专利奖以来唯一授予的个人发明金奖。他发明的新型植物蛋白质改性纤维又称"大豆蛋白纤维"，被国际纺织界称为全球"第八大人造纤维"。它实现了世界化纤史上我国原创技术"零"的突破。李官奇从1991年起就致力于利用大豆豆粕等农作物废料提取蛋白质制作纺织纤维，经过艰苦研制，终于获得成功。

大豆蛋白纤维是一种以提取豆油后的废料为原料制成的纤维。它的原料来自大自然，数量大且具有可再生性，可谓是新世纪的"绿色纤维"。大豆蛋白纤维既具有天然蚕丝的优良性能，又具有合成纤维的性能，用大豆纤维制成的服装不仅外观华贵、舒适、美观，而且还具备免烫、保健等特性。纵观涤纶、锦纶、黏胶等各种化学纤维，均由国外率先开发，我们只能跟在人家后面走。而大豆蛋白纤维技术，率先由我国自主开发、研制成功并已投入工业化生产，其现实和经济意义十分重大。

新型环保可再生的化学纤维

新型环保纤维是指在生产过程中减少对环境的污染破坏，近些年出现的玉米纤维、牛奶纤维、竹纤维和天丝纤维等代表了化学纤维面料的这种发展方向。

玉米纤维：玉米纤维可再生可降解，用其制成的服装像棉制品一样柔软，有丝织品的天然光泽和悬垂感。

牛奶纤维：牛奶纤维的原料是从液态牛奶制成奶制品后的奶粕中提取的，经过一系列处理后制成牛奶长丝或短纤维。这种面料质地轻盈、柔软、滑爽，具有特殊的生物保健功能。

竹纤维：竹纤维是将竹子机械打碎，再经高温蒸煮、除糖分、去脂肪、消毒、晾干等物理方法制成的。竹纤维具有良好的韧性及稳定性，并且防缩水、防皱褶、抗起球，用竹纤维制成的服装不会造成过敏，且自然环保。

天丝（Tencel）纤维：天丝纤维是再生纤维素纤维，对环境没有污染。天丝纤维有着天然纤维的舒适性，强度可接近涤纶，并且具有吸湿性好、悬垂性好、强力高、抗静电性强、缩水率低等优点并有柔滑的触感。

熨一次后，虽经多次水洗仍然能保持原样；它还有耐热、耐日晒、结实耐穿等优点。其主要缺点是吸湿性差，透湿指数低，所以穿"的确良"衣服有闷热感。另外，它带静电，易吸附灰尘。涤纶的用途很广，市场上各种涤棉、涤毛、涤丝和涤黏面料制作的衬衫、裤子、套装、运动装、工作服等都是其产物。

腈纶，是聚丙烯腈纤维的商品名。其性能很像羊毛，因此被誉为"合成羊毛"。用腈纶纺成的毛线俗称"开司米"。腈纶蓬松柔软、弹性好，其隔热性能与羊毛相比有过之而无不及。腈纶的强度比羊毛高1~2.5倍，所以"合成羊毛"的衣服，比天然羊

"神州五号"宇航服

这件神州五号宇航员杨利伟所穿的宇航服,是使用一种特殊的高强度涤纶做成的,整套衣服重约10千克,价值高达亿元。它使用了130多种新型材料,使宇航服具备了保温、吸汗、散湿、防细菌、防辐射等功能。为了防止膨胀,宇航服上还特制了各种环、拉链等。同时配有吸氧装置、通话通讯装置等,科技含量非常高。

毛的衣服还耐穿。腈纶耐日晒、耐热、可以熨烫、重量轻,但吸湿性差,不能吸湿透湿,因此给人带来闷热难受的感觉。此外,它还有一个致命弱点,就是耐磨性差。腈纶毛型短纤维的主要用途是做成各种毛纺织品,如膨体线、腈纶和羊毛混纺毛线等,还有各种花色的腈纶女式呢、腈黏混纺呢、腈锦花呢等;还可制造腈纶人造皮草、腈纶长毛绒、腈纶驼绒等产品;腈纶棉型短纤维可以纺织成各种针织品,如运动衣、裤等。

锦纶,是聚酰胺纤维的商品名,亦称尼龙、耐纶等。它的耐磨性在所有天然纤维和化学纤维中是最强的,一双锦纶袜的穿用时间顶得上3～4双棉线袜。锦纶的另一大优点是强度大,一根手指粗的锦纶绳,可以吊起一辆满载货物的解放牌汽车。此外,它的弹性好,耐疲劳性能强,重量轻,吸湿性也较好。锦纶的缺点是保形性差,锦纶服装不挺括,另外它不耐晒,经常晒太阳容易变黄、老化。锦纶短纤维主要用于同羊毛或其他毛型化纤混纺。在很多纺织品中掺有锦纶,使耐磨性提高,例如黏锦华达呢、黏锦凡立丁、黏锦毛三合一华达呢、毛黏锦海军呢等,都是结实耐磨的锦纶纺织品。此外,各种锦纶袜、弹力袜、尼龙丝袜,都是用锦纶长丝织成的。

氨纶,是聚氨基甲酸酯纤维的商品名。因其固有高弹力的特点又被称为"弹性纤维"。除用于运动衣、泳衣以及各种领口、袖口外,现在普遍用于与其他纤维混纺,或做成弹力包芯纱,生产的面料用于制作外衣或内衣等。

二、按生产工艺分类

作为主要服装材料的纺织品,除去纺织纤维的原料特性外,服装材料的加工生产也能赋予其个性。

1. 纺织面料

所谓纺织,分纺纱和织布,也就是将纤维纺成纱线,再织造成布。对于服装设计师而言，面料的视觉效果、触觉手感等可以直接得到，但如果想更深入地了解面料的特性，那么纺织工艺方面的知识越丰富越有用处。

（1）纺纱环节对面料的影响。从纺纱开始，就能对面料的特点产生影响，如纺纱的方式、纱线的粗细与结构、纱线的捻度与捻向等。如利用细度细于羊毛的细且合成纤维（短纤维或长丝）与羊毛混纺，提高纺纱支数，可开发轻薄型面料；通过纱线捻度、捻向改变纱线结构，利用新型纺纱技术开发纱线新结构，可得到双组分纱、长丝包芯纱、缆绳纱、弹力纱和各种花式纱线（如AB纱、圈圈纱、雪尼尔纱、竹节纱等）；通过结构各异的纱线开发轻薄型面料、弹性面料（单弹或经纬双弹）以及各种花式线组合，开发多姿多彩的新型毛织物。这些变化的织物组织结构与其他设计要素融合创新，使纱线技术逐步深入发展。

不同的工艺变化对纱线的发展带来了不可预计的变化空间。如纤维波形线，是在一根股线的两边凸出如耳状的纤维茸，生成如波形状。在生产过程中，是利用一根高收缩腈纶条和一根普通腈纶条做成粗纱，再用粗纱纺成细纱，然后用这种细纱在普通的捻线机上捻成双股线，一般捻度比正常偏低，再经染色定型，由于高收缩纤维的热收缩，使另一根普通纤维纱条产生弯曲凸向纱线两边而形成波形线。这种纱一般纺得较粗，手感柔软而蓬松。

还有利用缩率不同的高收缩纱和普通纱两根纱生产的波形线，在普通并线机上合股加捻，再将这种纱染色或高温定型。双曲波形线是在环锭花式捻线机上用一根芯纱和一根饰纱加捻，芯饰纱间有一定的超喂比，使饰纱缠绕在芯纱上形成藤捻状，然后将两根藤捻线反向合股加捻，使原来缠绕在两根芯纱上的饰纱由于退捻而松弛，两根芯纱由于加捻而捻合在一起，使松弛的饰纱夹持在两根芯纱上的捻度向四周扩展，从而生成双曲波形线，这种波形线的波形密度较一般波形线高一倍左右。波形线产品变化多端，如用两根不同颜色的线就能生产双色波形线。

（2）织布生产加工环节对面料的影响。按形成织物的加工方法可以分为梭织面料和针织面料两种。梭织面料具有光挺、紧密、牢固等特点，且成衣后不易变形，品种繁多，尤其适合熨烫、打褶、镶拼等多种成形手段，具有比较理想的塑形条件。梭织还可以织成各种图案的花布，一般大众所熟知的纺织品种大多都是梭织品。

针织面料在20世纪革新发展的速度极快，就衣着消费来看，到20世纪末，已超过了梭织面料。其特点为有较强的伸张性，厚薄松紧的可塑性很大，可以产生梭织面料达不到的成衣效果。

2. 印染面料

染，即为染色，其工艺主要是在织成布料之后染上颜色，或先将纱线染色再织成布。印，是指在布料上印上各种图案。印花料与织花料、素色料相比，有色彩艳丽、表达明快等特点。扎染及蓝印花布是我国传统印染工艺，风格朴实粗犷。现代

独特的云锦织造技术

2004年中国苏州举行了第28届世界遗产大会，其中南京云锦以其独特的织造技术、华丽的织造效果被列为中国向联合国教科文组织推荐的"世界人类口头与非物质文化遗产"的五个候选项目之一。南京云锦因其绚丽多姿，美如天上云霞而得名，已有1500多年的历史。云锦工艺是唯一流传至今不可被机器取代的传统手工织造工艺，有"寸锦寸金"的美称（图8-3）。在科技飞速向前发展的今天，回顾过往也许会带给我们更大的收获。

图8-3　手工织造云锦

印染科技的发展，使得印花越来越细腻，风格也越来越丰富多样，尤其是出现了数码印花技术后，印花的色彩、图案、种类几乎达到了无所不能的地步。印花面料的恰当运用，也可以使平常的款式变得更为生动可人（图8-4）。

三、服装辅料方面

1. 造型材料

马尾衬、黑炭衬以及各种厚薄不一的黏合衬，还有垫肩和制作礼服用的尼龙棒（绳），都是为了更好地塑造衣服形态的辅助性材料。利用这些衬料，一方面可以使面料更加挺括，另一方面可以弥补身体缺陷或不足（图8-5）。

（1）马尾衬。由于天然马尾衬是一种高弹性材料，柔软中含有阳刚，坚挺中透着顺服，是一种软硬兼具的服装衬布，所以马尾衬是当今国内、国际高档西服必不可少的辅料。它以纯棉纱或涤棉纱为经，以天然马尾为纬编织而成。马尾衬经定形

图8-4　传统蓝印花面料，在后现代主义思潮成为社会主流意识的今天，传统就是时尚

图8-5　塑造好的服装造型离不开辅料的使用

处理后，织物中的马尾呈规则的弯曲状，经纱被规则地镶嵌在马尾的沟槽之中，马尾由挺直棒状变成弯曲弹簧状。这种工艺处理不但防止了纱线与马尾的滑脱蠕动，更重要的是弹簧状的马尾软硬功能兼具，富有弹性和抗变形性，并赋予了衬布活络、生动的服帖性和悬垂性。

用马尾衬制作的西服可按人体曲线构成而定形。服装成形后丰满、服帖。另外其抗皱性、洗后定形性更是其他材料无可比拟的，并产生永久的定形效果。

（2）马尾包芯纱衬。马尾包芯纱是用三股棉纱将马尾绞、绕、包、纺连接起来，形成无限长度的马尾包芯纱线。以棉纱为经，以马尾包芯纱为纬编织的马尾包芯纱衬，除具有马尾衬的各种性能外，还具有门幅宽、衬料厚、风格粗放、弹挺力强的特点。适于做面料较厚、要求挺括大方的风衣、大衣、礼服、军官服的衬料以及服装肩衬等，也可与马尾衬配合使用。

（3）黑炭衬。黑炭衬是以羊毛、驼毛等动物纤维为主体，经过特殊加工整理成的衬布，也可与马尾包芯纱、化纤长丝配合使用。由于其组织结构、纤维选材、基布经过定形和树脂整理，使其具有各向异质的特性，在经向具有贴身的悬垂性，纬向具有挺括的伸缩性，产品自然弹性好，手感柔软挺括，保形性好。其干洗和水洗后尺寸变化均较低，一般低于纯毛或混纺面料。在外衣类服装中，如高档西服、礼服、套装上，将黑炭衬用做大身衬、胸肩衬、袖条衬可以充分发挥其特性。

2. 加固性材料

加固性材料主要有黏合衬、纱带等。因为面料剪开后会有不同程度的散边，若是斜向裁开会散得更加不好收拾，所以需要用黏合衬使之牢固；还有领口、领片、口袋等部位和部件常常需要这种材料加固；针织服装在肩部、裆部都需要使用纱带，这样使衣服不会变形。

3. 系缚物材料

除去用弹力非常大的面料制作的服装外，衣服的穿着必然要借助系缚物材料。传统的系缚物材料主要有纽扣、拉链、结带等。现在的很多设计，系缚物材料早已脱离单纯的实用性，有时甚至可以当作纯粹的装饰（图8-6）。

（1）纽扣。纽扣在服饰中起着举足轻重的作用，它使衣物便于穿、脱。虽然后来拉链的出现代替了部分纽扣的作用，但纽扣仍被广泛地使用。纽扣的材料有天然的木头、

图8-6 范思哲设计的带有"安全别针"的裙子，此时的系缚物成了服装的亮点

贝壳、石头、金属、布、皮革以及人工的塑料、胶木等。

最早的纽扣出现在5000年以前，原始人类用木针或鱼骨把衣服扣住。由于生产力的极端低下，直接取材于大自然的纽扣只承担了最基本的功能性作用。随着社会的不断进步，生产力的不断发展，纽扣在不断改头换面。

1543年在英国，工匠们用青铜丝旋转着绕成一个形状规则的小块，这便是正式纽扣的雏形了。其实，早在15～16世纪时，就有工匠专门用金、银、象牙来制作纽扣，直到18世纪，金、银、象牙纽扣依然是权贵人家的专用品；而在装饰性强的服装上，通常采用绣花扣。18世纪中叶，英国社会流行光亮、昂贵的琢钢纽；法国甚至在这种琢钢纽上精雕细琢出透花纹。从近代至现代，科技的迅猛发展，研制出很多人工合成材料，如玻璃、树脂、纤维素、聚乙烯等就被用做纽扣的材料；动物的角、蹄和精细的陶瓷都可以用来制作纽扣。材料的多元化，使纽扣的装饰性与实用性很好地结合在一起。纽扣的款式风格十分丰富，以圆形为主（功能性目的），还有方形、三角形以及不规则造型。我国的盘花扣是非常有特色的，从实用功能和审美功能上看都十分优秀。近年国际上流行的中国风，其中借鉴最多的细节就是盘花扣。

纽扣的审美功能十分明显，通常可以起到"点睛"的作用。一件普通的衣服，若是纽扣使用得当、有新意，就会改变衣服的面貌，起到补充补救的作用。一般说来，纽扣的风格应该与衣服的风格一致。纽扣的实用功能仍在发展中，人们希望纽扣具有多功能，而且更方便。

（2）拉链。拉链从第二次世界大战的军备用品中开始始用，发展至今已有金属拉链、尼龙拉链等类型。尼龙拉链中包括宽窄、粗细型号十分齐全的隐形拉链、粘合拉链等。在现代服装中，拉链是不可缺少的。较之历史悠久的纽扣，拉链显得现代、活泼和前卫（常常纯粹用作装饰）。在朋克风格的服装中，拉链的装饰作用就更加突出，经常可以在一件朋克服装的表面上看到十几条甚至更多的拉链。在实用功能上，拉链更保暖、更方便。尤其是在登山服、防寒服这类需要严格防寒、保暖的实用服装中，拉链可以很好地起到隔绝冷空气的作用。夏帕瑞丽是第一位将拉链用于高级时装上的设计师，当时的服装媒体评价说，她的设计可以让贵妇们闪电般地完成着装过程。现在拉链多用于便装、运动装、青少年服装，最常与牛仔布、皮革以及防寒类等硬挺面料配合，与柔软面料搭配要更加慎重，尤其是真丝类柔软、轻薄的面料（图8-7）。

图8-7　现代设计留给设计师的设计空间很大，此时的拉链俨然是一种极具个性的装饰物

（3）结带。结带应是最为原始的衣物系缚物，带子可以是单独的织带（可以织出图案），也可以用整块面料制作，单根的、编织的，手法很多。当更为方便的纽扣和拉链发明以后，结带则被采用得越来越少，而在近几年的回归和环保主题的影响下，因结带给人的感觉是朴素、天然的，人们重新开始重视结带的审美趣味和功能。

第二节　材料的运用

一般意义上讲，物质美可分成三个方面：①材料美，它能唤起感觉快感，是形式美表现的基础；②形式美，形成关系和结构美；③表现美，通过表现力将眼前对象唤起并联想其所涉及的价值而产生的美。

材料美是服装设计中的重要因素，不同材料的色泽、纹理、质地带给人的心理感受是完全不同的。在先秦时期的古籍《考工记》中，就提出了"材美工巧"的设计原则，就是要巧于利用材质美，使材料的色泽、纹理、质地等这些天然特性得以充分地发挥。在工业设计教育上影响极大的包豪斯学院，在教学中非常重视材料的研究和学习，要求学生了解各种材质和相应的加工工艺特点，培养学生对材质美的高度敏感性，使之在设计上有效地运用（图8-8）。

图8-8　伊夫·圣·洛朗站在一堆面料前为模特调整样衣，服装设计师只有充分地认识了面料的特性，才能娴熟地进行运用

一、扬长避短用材料

从性能上看，每一种面料可能都不是尽善尽美的，都有需要改进和克服的弱点。天然面料需要防缩、防皱、加强牢度、提高印染色明艳度等；而化纤面料需要进一步在透气、吸湿等方面进行改善。作为设计师，则应当学会巧妙地避开材料的缺点，尽可能地发挥材质的优点，通过各种设计手段使材料的运用达到尽善尽美。

面料不论是天然纤维还是化学纤维的，不论是素色的还是花色的，不论是梭织的还是针织的，不论是厚实的皮革还是薄似蝉翼的轻纱，每一种服装材料都有其不同的个性，给人的外观印象和实用感觉都是不相同的。设计师应当像了解自己一样了解材料。日本著名设计师三宅一生，与将要启用的面料朝夕相处。睡觉时放在枕边，吃饭时放在桌旁，动手设计前会对着镜子，将面料在身上反反复复地披挂、缠绕，并做各种动作，直至熟知面料特性才开始设计。国际上许多设计大师都是某种面料的精通者。意大利设计师米索尼夫妇擅长针织；阿拉伯设计师阿拉亚（A. Alaia）使用皮革尤为娴熟；法国女设计师索尼亚·里基尔（Sonia Rykiel）被誉为"针织女王"。无数成功的例子都说明，只有充分地了解和掌握了材料的特点，设计时才能游刃有余（图8-9）。

图8-9 里基尔设计的充满活力的针织服装，每种面料都有其自身的特点，但设计的方法、表现的方法及能够表达的风格绝不止一种

长期以来，某种服装选用某一类面料，或某种面料适宜制作哪一类服装，在设计时已形成了一种约定俗成的共识。如西装选用中薄型毛料、晚礼服选用丝织锦缎、厚呢料适宜做大衣、亚麻布适宜做夏装等。但近年来，一些打破常规的设计亦给人以别致新奇之感，如以砂洗绸制成的西装显得休闲而浪漫。

二、不同材质的服装设计

柔软面料一般较轻薄、悬垂感好，造型线条光滑流畅而贴体，服装轮廓自然舒展，能柔顺地显现衣着者的体形。这类面料包括组织结构疏散的针织面料和丝绸面料。针织面料质地柔软，垂感良好，弹性好，针织物的延伸率可达20%，因此针织面料的服装可省略省道。轮廓与结构线条简洁，常取长方形造型，使衣、裙、裤自然

| 名师简介

索尼亚·里基尔（Sonia Rykiel, 1930~ ）

索尼亚·里基尔出生于法国巴黎，1968年开设了里基尔服饰商店，以编结和针织服装而闻名，被誉为"针织女王"。

个性强烈是里基尔的特点，其设计思想相当活跃自由，富有创新精神，设计风格比较独立。几十年来，里基尔的天赋在服装设计中得到了淋漓尽致的发挥，她发明了把接缝及锁边裸露在外的服装，去掉了女装的里子，甚至于不处理裙子的下摆。在她每季的纯黑色服装表演台上，鲜艳的针织品、闪光的金属扣、丝绒大衣、真丝宽松裤及黑色羊毛紧身短裙散发出令人惊叹的魅力。

里基尔在世界各地拥有近50家专卖店，39个国家有她的销售点，经营的品种有女装、男装、针织装、童装、皮饰品、彩妆、护肤品、香水等。自1973年起，里基尔担任"巴黎成衣及女装雇主联合会"的副会长长达20年之久，并荣获法国荣誉勋章。

贴身下垂。由于织物本身所具有的弹性，简练的造型依然能体现人体优美的曲线。丝绸面料中的双绉、软缎、丝绒和经砂洗处理的电力纺轻盈飘逸，柔和的服装线条可随人体的运动而自如显现（图8-10）。

挺括面料造型线条清晰而有体量感，能形成丰满的服装轮廓，穿着时不紧贴身体，给人以庄重沉稳的印象。这类面料包括棉布、涤棉布、灯芯绒、亚麻布以及各种中厚型的毛料和化纤织物。丝绸中的锦缎和塔夫绸也有一定的硬挺度。使用挺爽型面料可设计出轮廓线鲜明的合体服装，以突出服装造型的精确性，如正装、礼服的设计。

光泽面料表面光滑并能反射出亮光，常用来制作夜礼服或舞台服，以取得华丽夺目的强烈效果。这类面料大多为缎纹结构的织物，有软缎、绉缎和横贡缎等。缎面的光泽因材料和织物经纬密度的不同而有所区别。黏胶长丝与其他化纤软缎的光泽反射感强，但光感冷漠，不够柔和。真丝绉缎光泽柔和细腻，质地华丽高雅，可用于高档礼服（图8-11）。

厚重面料质地厚实挺括，有一定体积感和毛茸感，如粗花呢、大衣呢等，这类面料浑厚稳重，不宜叠缝层次过多，多用于制作秋冬季节穿用的大衣、外套等防风防寒类衣物。

绒毛类面料指表面起绒或有一定长度的细毛织物，如天鹅绒、灯芯绒等，有丝光感，显得柔和温暖，能塑造独特、温和、活泼的服装造型。天鹅绒特有的沉稳和高贵又使它很适合制作高雅的礼服、晚装。

轻薄类面料质地薄而通透，有绮丽、优雅、朦胧、性感的特征。近年来时尚界流行透、薄、露，这类面料也由过去的礼服面料变成常服用料。

图8-10　毛呢材料的夏奈尔经典套装，一种风格的出现常常与面料材质的选择密不可分

图8-11　面料与设计师的位置有时可以互换，让面料在我们的创作中作主角，或许可以更好地发挥其特点

三、发挥主观能动性

"有了好的材料，设计就成功了一半！"不少设计师如此感叹。新颖特别的材料确实能激发设计师的创作激情和灵感，使设计作品脱颖而出。但如果说材料是设计成功的关键，那也未免偏颇，面对好材料而不能尽其所长的设计师也是常有的，但

好的材料肯定能为设计师设计的款式增辉。材料的正确使用是设计整体的一部分，它所起作用的大小，全在设计者的运用。要将材料的使用统一在明确的设计风格下，与其他的设计因素（款式、板型、缝制等）相互配合，才能尽数地发挥作用。

一般而言，设计师最关心的是服装材料的外观、悬垂性及手感等，材料的选用不同可产生不同的风格。同时，纺织材料经、纬向的不同运用亦能在服装上产生不同效果，如裙子设计，若用同一面料，但以经、纬不同方向直裁或斜裁，其成形效果也是不相同的。20世纪初，维奥耐夫人就是因首创"斜裁"这项裁剪技术，使面料更加悬垂适体而成名。因此，作为一名服装设计师，应该多积累材料知识与裁剪经验，这会使自己的设计事半功倍（图8-12）。

图8-12　维奥耐夫人的作品，当设计师与面料可以相互成就时，这时的创造是一门艺术

名师简介

裁剪大师——玛德莱娜·维奥耐
（Madeleine Vionnet，1876~1975）

维奥耐出生于法国。在设计上，她废除了传统采用硬骨衬的高领和紧身胸衣的构造，使外部轮廓线能自然地表现人体。1920年，她独特的裁剪方法——斜裁法成熟了。1922年，维奥耐举行服装发布会，令同行们惊讶的不仅仅是她的斜裁法和巧妙的缝制技术，最叫人惊叹不已的是，她的服装不使用任何纽扣、别针或其他系缚物，仅仅利用斜纹面料的伸张力，即能轻易地穿上脱下。她的设计自然、漂亮，贴合人体，在她之前还没有人设计过如此动人地表现人体曲线的服装。1927年，她在中国广东利用绉纱进行抽纱，制成低领式套头衫，颇受欢迎，被称为"维奥耐上衣"。在设计过程中，她注重人体结构，注重立体造型。设计时，她直接在人体模型上反复试验：缠绕、打褶、别布和裁剪，直到满意为止。

毫无疑问，维奥耐是20世纪最重要的服装设计师之一，她创造的修道士领式和露背装以及她的打褶方法，都成为今天服装业里的专用词汇。著名的雅克·沃斯（时装之父沃斯的孙子）称维奥耐是：时装界最杰出的技术天才，她永远不可被忽视，因为至今没有人能达到她那样的技术水平。

学会运用服装材料是设计师的一种"经验性的素质"，因为不亲自接触和运用一种纺织材料，是很难真正体会到材质的特点及运用是否恰当的。现今纺织材料花色繁多，对设计师而言，纺织品开发远未穷尽。如有了重磅真丝以后，丝绸面料的秋冬装也应运而生；同样，像纱、绡类轻薄透明的丝织品，在20世纪末也非常流行。传统印花（如蜡染、蓝印花布）和现代印花都为服装增添色彩，同样款式不同花布的运用，会产生截然不同的效果。针织的针法及针织提花的变幻，令现代工业化针织服装有了全新的变化。学习服装材料的特性与加工工艺，将十分有助于设计。

第三节　材料的再创造

服装设计师往往不满足于常用的纺织材料，尤其是国内的服装设计师们往往会时刻关注国外的新型面料。不可否认，纺织材料的科技开发，西方发达国家尚胜一筹，但是，即使我们拥有了最新最好的面料，设计师仍然不会满足，因为设计师永远在创新求异。

因此，在学习纺织材料的同时，我们也应学会如何利用、改造现有的纺织材料。在创造服装面料新的外观效果上，设计师可以充分施展自己的才能。历史上各种面料的诞生都是人的智慧与实践碰撞的结果，创造也包括改造已有的面料。著名的设计师三宅一生，曾用麻布、纸、硅胶做过服装。设计师拉巴纳也因在高级时装领域尝试金属、塑料等各种材质制作服装，给人印象深刻（图8-13~图8-15）。

图8-13　三宅一生用硅胶制作的服装，已经成了服装材料运用史上不可抹掉的一笔

图8-14　拉巴纳擅长用金属、塑料等材料设计高级时装

图8-15　伊夫·圣·洛朗1967年春夏作品，育克部位用木质和玻璃的珠子穿起作装饰，很恰当地表现了服装的风格

三宅一生（Issey Miyake，1938~　）

三宅一生出生于日本广岛。他的时装极具创造力，集质朴和现代于一体，他特别注重面料设计并结合他个人的哲学思想，创造出独特而不可思议的面料和服装，被称为"面料魔术师"。

早在20世纪80年代初，三宅一生就以"一生褶"为主题推出系列时装；1992 年前后，他推出了皱褶系列时装，从而改变了高级时装及成衣一向平整光洁的定式，以各种各样的材料，如宣纸、针织棉布、亚麻布等，创造出各种纹理效果。对于三宅一生来说，任何可能与不可能的材料都被他用来织造布料，从香蕉叶片纤维到最新的人造纤维，从粗糙的麻织物到支数最细的丝织物，他在不断完善着自己前卫、大胆的设计形象。结构上，他借鉴东方制衣技术以及包裹缠绕的立体裁剪技术，运用的色调充满着浓郁的东方情愫。

三宅一生的设计思想与整个西方服装设计界几乎无相同之处，他的设计可谓是东方式的日本民族风格和面料时尚的完美结合。

帕克·拉巴纳（Paco Rabanne，1934~　）

20世纪60年代，时装领域受其他造型艺术的影响，追求以新素材为原料的服装。出生于西班牙的拉巴纳作为这一追求的实现者，为服装的丰富性和多样性做出了杰出的贡献。

1965年，他建立了自己的品牌"Paco Rabanne"。1966年，他在巴黎设置了工作室，并发布了他的第一个设计系列，包括用塑料圆盘连缀成的礼服，其使用塑料、金属等材料创作的作品被称为"前卫派"或"未来派"。1969年，开始着手于香水、装饰品和成衣的制作。

拉巴纳与伊夫·圣·洛朗、皮尔·卡丹是20世纪60年代共同引导巴黎高级时装业的服装设计师。

一、服装材料再创造的方法

每一种面料都有自己不同的"表情"，甚至同一种面料也会因为使用的方法不同而展现出多种风情。如果给100个设计师同一种面料，可以做出100种不同感觉的服装，这时面料是一样的，如何利用好手中的材质，就要看设计师的天分和经验。服装材料的再创造，是设计中一种重要的语言。若将常规的创造手段归纳，主要有以下几种方法。

印染：利用民间的蜡染、扎染、晕染以及手绘、丝网印刷、数码印染等工艺。

刺绣：可用十字绣、雕绣、白绣、网绣、褶绣、亮片绣、补花绣、抽纱、贴绒绣、绗绣、凹凸绣等。

编织：绳编、盘花等。

布料塑造：褶裥、花样抽褶、加棉填充、压褶、缝褶、切割、镶拼等。

设想一下，如果大家用同样的坯布做服装，那么材料的改造就显得尤为重要。如用打褶、加叠、轧纹、涂层、砂洗、缉线、钉珠片、加辅助彩条等方法，会将最普通的面料创造出各种不同外观效果的服装。又譬如丝绸、素绉缎、乔其纱是人们熟悉的面料，但这种看似随手可得的面料一样可以创造出众的作品。例如将丝绸剪成长条作为纱线、甚至毛线使用；柔软的丝绸要做出从细腻到粗犷的感觉，则可以

李维斯（Levi's）

19世纪50年代，美国西部发现大片金矿，无数的人涌向西部。20岁出头的德国移民李维·斯特劳斯（Levi Strauss）来到旧金山，为处理积压的帆布，他试着用其制作低腰、直筒、臀围紧小的裤子，兜售给淘金工，由于其比棉布裤更耐磨，大受淘金工的欢迎。

1874年，李维开始销售带铜铆钉的蓝色牛仔裤。当时没有漂亮的名字，只有501这个工厂编号，"Levi's 501"一时成为家喻户晓的标牌。自1936年起，李维斯开始把白金色的"Levi's"红旗标缝于后裤袋上，这成为日后"Levi's"注册的标记。

20世纪30~40年代，美国西部电影盛行。李维斯利用这个机会，让好莱坞电影明星在演出时穿上"李维的裤子"，在影片中扮演行侠仗义、英俊潇洒的西部牛仔形象，于是影迷们便把明星们身上穿的工装裤称为"Jeans"（牛仔裤）。从此，美国东部地区许多人也把拥有一条牛仔裤作为时尚。

第二次世界大战以后，李维斯开始开发宽斜纹布来生产牛仔裤，在20世纪60年代，成为美国年轻人的一种生活时尚。1986年推出被称作"冷漠风暴"的洗旧系列——穿洞和做烂的牛仔裤；2000年推出3D立体剪裁……李维斯牛仔裤已经有超过150年的历史，甚至还计划开发"上网牛仔裤"和"减肥牛仔裤"（图8-16、图8-17）。

图8-16 李维·斯特劳斯被公认是牛仔裤的发明者，源于实用的设计会获得更长久的生命力

图8-17 李维斯的注册标记和产品

在第一次编织时用一条丝，第二次多加一条，以此类推，就可得到一款独特的面料。方法还有很多，目的只有一个，即利用现有的资源，传达服装设计师的无穷构想。这就是设计的含义，用设计创造新的价值。

在20世纪70年代以后，服装审美上出现了做"旧"的趋势，最典型的是牛仔裤。新牛仔裤必须用砂洗、水洗、石磨来做"旧"甚至做"破"，这种将服装面料的做旧加工，同样是一种设计，并博得了社会的一致认同。如今，"旧"牛仔裤可能比新的值钱，"破"的衣衫或许是价格不菲的名牌。除了现代人审美的演化之外，设计师将服装材料重新创造，造就了牛仔装的粗犷、豪爽、几分沧桑和几分历史感。

二、设计师的再创造意识

现代消费者追求的不只是产品的基本功能，心灵价值的契合和消费过程的愉悦都可能成为购物的决定因素。因此，以满足精神需求为主的"产品创意"就成了消费者购买的重要选择。

设计师应有再创造意识，意识要高于手段，因为只要有再创造意识就不会缺乏手段，必然会有所突破；相反，了解了很多方法但缺乏再创造意识，恐怕很难有创新。

三宅一生最有影响的是他的褶皱面料，业内人士通常称其为"一生褶"，他的这种创造被称为20世纪90年代最有创意的服装材料，而且也被看作是东西方文化、艺术与市场交融的典范。可能很少有人知道其灵感来源是20世纪初的法国设计师马利诺·佛尔切尼（Mariano Fortuny）的作品，而这种灵感的获得又与三宅一生所具有的创造意识是分不开的（图8-18）。

图8-18 佛尔切尼的褶皱作品是三宅一生褶皱服装最初的灵感来源

面料本身的品质与外观在服装的效果中起着重要作用，但它始终是展现服装设计，确切地说是展现设计师思想的原材料。设计师不能过分强调和依赖面料，设计也不能仅仅依赖于出色的面料，设计师若能将普通面料运用成功方更显示设计的作用。

参与服装面料的再创造，也是初学者熟悉材料、发挥创造的重要途径。面料，这个在服装设计中作为载体的物品，关键在于设计师如何运用，如果设计师头脑禁锢在了已有面料的框框上，就会忽视了自

三宅一生的褶皱服装

20世纪60年代，三宅一生赴法国留学，在巴黎的博物馆里，他受到了20世纪初的服装设计大师马利诺·佛尔切尼（1871~1949年）作品的启发。佛尔切尼最突出的成就就是"褶皱"：在极柔软的平纹真丝纺织品上，用叠压高温定形的手段做出细密的风琴褶，使这种面料制成的服装完全符合身体曲线且活动自如。

受到启发后，三宅一生开始寻找、尝试更廉价的材质和更简便有效的加工方法，以期望能够推广这种风格。在最初的十年里，他将褶皱演变成偏重于艺术表达的各种夸张的舞台装形式，引起世人的瞩目。20世纪80年代，三宅一生开始尝试用多种素材演绎褶皱：针织面料、雨伞布、化纤面料、高科技面料……以求在它们之中找到保形性优良、易穿着、造价适中的品种来承载他的褶皱理念。经过大量的尝试，终于在90年代，化纤涤纶面料满足了他的期待——易定形、保形性佳且成本低廉，这些特质使涤纶经工业化压褶处理后，大规模制成服装推向市场成为可能。90年代，三宅一生开发的"Pleats Please"品牌褶皱成衣以其独特的肌理外观、随意舒适的可穿着性和适中的价位，获得了巨大的商业成功，成为褶皱运用的典范。

从三宅一生褶皱服装的成功中我们可以看到：设计灵感的来源是多元的，但创作的过程是一样的，都要经过一个把灵感通过实践转化而达到成功的过程（图8-19~图8-21）。

图8-19　20世纪70年代，三宅一生开始对褶皱服装进行最初的尝试

图8-20　20世纪80年代，三宅一生尝试用多种素材演绎褶皱

图8-21　20世纪90年代，三宅一生找到了最合适的涤纶面料来制作褶皱时装，并大规模制成服装推向市场，获得了巨大的商业回报

已动手改造面料的能力和乐趣。所有这一切都在于创造，它带给设计师无与伦比的快乐，服装设计师应该具备再创造面料的能力，只有这样，想象的翅膀才不会被禁锢，才会有更完美的设计。

三、服装材料的再创造推动面料的发展

服装发展到今天，能够做衣服的面料已不仅仅是我们原来意义上的针织、梭织以及化纤、棉、丝、毛、亚麻等传统面料。科技的发展带给面料更多的发展机会，牛奶、大豆、塑料等这些原来意想不到的东西已经成为制作面料的原材料，可以被人们穿在身上。如今纺织材料的发展正向高技术领域迈进，越来越注重特殊功用服装的研制开发，如防火、防水、防污染、防辐射、抗高寒、除臭杀菌、保健治疗等。新型材料的开发也为服装设计师提供了新的创作灵感。设计师能和纺织科学家一起改良这些新型材料的色泽、外观、肌理、手感等，那将是形式与内容的完美结合。

黑格尔认为：艺术美高于自然美。因为艺术是由心灵产生的再生的美。这个观念肯定了人的创造意义，肯定了艺术的价值。我们对服装材料的再创造，正是人类并不满足于自然美的。

服装设计中最需要创造。创新、品质与营销是全球纺织服装贸易的三大重要工具，创造高附加价值的产品是发达国家主要的竞争优势。服装之都巴黎、米兰之所以让人心驰神往，其魅力也正来自于创造。

软体水上防弹救生衣

软体水上防弹救生衣是将防弹功能和救生功能集于一身的高防护军服。对一般的防护服而言，其高性能往往是以牺牲舒适性为代价的，如第一次世界大战中，美、德、意等特种部队，就是使用了坚硬的钢制胸甲作为防弹背心。而软体水上防弹衣则采用了防弹陶瓷材料、蜘蛛丝防弹材料等特殊材料制成，它不仅具备了更强的防弹效果，同时也减轻了防护服的重量，提高了舒适性。

最新服装面料动向

服装不只是艺术创新的秀场，也是科技发展的舞台。

更多的高新科技融入到服装面料中，各种具有新奇功能的服装也从幻想走入我们的现实生活中，未来我们将穿上……

抗菌保健服装：银、氧化锌等具有杀菌消毒作用的微粒混纺到传统的纺织面料中去，可以制成具有抗菌保健功能的新型面料。这种面料可以非常有效地祛除身上发出的难闻气味并杀死附着在衣服上的有害细菌。

抗静电和电磁屏蔽服装：干燥的空气常常使我们面临被静电"偷袭"的烦恼，将导电高分子材料复合到面料中，可以制成具有良好的抗静电、电磁屏蔽效果的面料。

"冬暖夏凉"调温服装：调温服装的奥妙是采用了一种相变调温纤维。用这种纤维制成服装后，在正常体温状态下，该材料固态与液态共存，当从正常温度环境进入温度较高的环境时，相变材料由固态变成液态，吸收热量，反之亦然。

专业知识窗

服装艺术设计 —第 2 版—

"形状记忆"服装：意大利人在衬衫面料中加入了镍钛记忆合金材料，设计出一款具有"形态记忆功能"特性的衬衫。当外界气温偏高时，袖子会在几秒钟之内自动从手腕卷到肘部；当温度降低时，袖子能自动复原。同时，当人体出汗时，衣服也能改变形态。其抗皱能力强，揉压后能在 30 秒内恢复挺括的原状。

　　智能防护服装：英国科学家研制出的这种服装面料平时轻而柔韧，但受到撞击时会在1/1000秒内变硬。这种材料由在高速运动时产生彼此勾连的柔韧分子链构成，其原理有点像汽车在潮湿的沙地上行驶的情况：慢速行驶时会陷下去，但车速很快时，沙粒就会粘在一起，车也不会下陷。

　　维生素T恤：日本发明了一种含维生素的面料，这种面料是将含有可以转换为维生素C的维生素原引入到纺织面料中。这种维生素原与人体皮肤接触后就会反应生成维生素C，一件T恤衫产生的维生素C相当于2个柠檬，穿着这种T恤，人们就可以通过皮肤直接来摄取维生素C。

　　电子服装：美国科学家已经研制出具有传导功能的纺织品，研究人员发明了一种安在衣服上的纺织品键盘，衬衫的穿着者可以用它轻松地弹奏出动听的乐曲。

　　自洁免洗服装：我国科学家则利用一种双亲性的高分子聚乙烯醇为原料，研制了具有超疏水性表面的纳米纤维。应用这种面料制成的衣服、领带具有不沾雨水、油脂、油墨等脏物的特点，从而达到自洁免洗的功能。

　　隐形服装：日本科学家研制出一种能够让穿着者做到部分隐形的隐形衣，被称为"光学伪装衣"。它是由"后反射物质"制造而成，衣服外覆盖了一层反光小珠，衣服上还装有数个小型摄像仪。当人穿上衣服后，衣服的前面会显示摄像仪拍下的背景影像，衣服后面则显示前景影像，这就使穿着者与环境混为一体，从而达到隐形效果。

　　看来，"未来我们会穿上什么"真的需要充分发挥想象力，但可以预见的是随着科技的发展，越来越多的新型服装将会面世，并为我们带来更美好、更健康的生活。

思考题

1. 为什么设计师应该了解从原料、纤维、纱线、布料到服装的生产过程？

2. 三宅一生的服装材料设计思想可以给我们哪些启示？

3. 工业化服装纺织品图案的主要生产加工方法有哪些？

4. 哪一类的服装可以使容易起皱的麻纺织品以皱为特色？

5. 厚重的丝绸品种有哪些？轻薄的丝绸品种又有哪些？

6. 为什么现代社会还无法完全杜绝动物皮毛的生产和使用？

7. 工业革命之后，高科技纺织品如何为服装设计带来巨大的空间？

推荐参阅书目

[1] 杰奎·威尔逊. 纺织品设计手册 [M]. 郭兴峰，王建坤，译. 北京：中国纺织出版社，2004.

[2] 刁梅. 毛皮与毛皮服装创新设计 [M]. 北京：中国纺织出版社，2005.

[3] 朱松文，刘静伟. 服装材料学 [M]. 5版. 北京：中国纺织出版社，2015.

[4] 周璐英，吕逸华. 现代服装材料学 [M]. 北京：中国纺织出版社，2000.

[5] 袁利，赵明东. 打破思维的界限——服装设计的创新与表现 [M]. 北京：中国纺织出版社，2005.

[6] 城一夫. 西方染织纹样史 [M]. 孙基亮，译. 北京：中国纺织出版社，2001.

[7] 王庄穆. 新中国丝绸史记 [M]. 北京：中国纺织出版社，2004.

[8] 肖长发，等. 化学纤维概论 [M]. 2版. 北京：中国纺织出版社，2005.

第九章
服装流行研究

流行，是因为成功的服装一定是入时而流行的。当我们装扮自己时，常常有意无意地考虑同一个问题：画眉深浅入时无？

时髦具有一种神奇的力量。任何环境、任何文化背景、任何时代的个体，都会不由自主地追随时髦风尚，而不愿被旁人视作异物或落伍者。正是这种追求时髦的心理，导演了人类千年时尚的兴衰和演化更替。人类追随时髦的心理，是一股捉摸不定而又顽固执著的汨汨泉水。

第一节　服装流行的基本理论

每当一种时尚出现，人们往往还来不及深思熟虑、探其究竟，就被迫接受并受其驱使。回首20世纪以来的服装发展历史，时髦的标准频频更迭，每个年代都有其代表性的时装"各领风骚"若干年。以至今天的人们只要根据电影中的服装就可以极容易地判断出剧情讲的是哪一个年代的故事，足见服装是社会生活中"流行"特征最为广泛、最为敏感和最为显著的；反之，对于观众来说，影片中明星们的服装也是他们关注的焦点，故而影片中设计新颖独特、能给人深刻印象的服饰常常会引发新一轮的流行。譬如意大利著名服装设计师阿玛尼为《美国舞男》和《安迪·霍尔》两部电影设计的服装，由于打破了传统服装僵硬的裁剪方式，代之以全新宽松的外形设计而广受年轻人欢迎，成为20世纪80年代"雅皮"的标志服装之一；20世纪80年代日本电视剧《血疑》在中国红火播出后，几乎每个城市的大街小巷都可以看到身着"幸子衫"和"岛茂衫"的行人；在新版《罗密欧与朱丽叶》中，意大利著名品牌普拉达的新装令无数少女痴迷不已，令此品牌在消费者中人气急升。纵观半个多世纪以来大众电影的发展，就可以窥见大众服装流行口味的变迁（图9-1）。

服装是人类具有象征意义的一种符号形态。它

图9-1　阿玛尼为《美国舞男》设计的服装极大地提升了影片知名度，也为自己的服装品牌赢得了美国市场

电影与时装的时尚互动

电影圈、时装圈，这看似独立的两个文化圈，实际上已经互相渗透融合。夏奈尔是著名服装设计师加盟电影服装设计的开先河者。她利用电影银幕向全世界展示她的作品。设计师与明星结合最成功的例子当属纪梵希与奥黛丽·赫本。纪梵希为刚出道的赫本设计了一件式样简单的轻便家居服，映衬出了她的夺目光彩。一举成功之后，纪梵希又为赫本的七部影片设计了服装。他们共同创造了赫本清丽动人的银幕造型和优雅入时的生活装扮。"赫本模式"也成为全世界女孩争相模仿的对象。

电影带动潮流，流行装点明星，是电影与时尚结合的最佳模式。一部成功电影的轰动效应是无法估量的。明星们在影片中的服装造型也会因角色的塑造成功而深入人心、征服观众。

明星们的服装往往最能体现一个时代的时尚潮流，他们在影片中的新式衣着及品牌风格，往往会掀起新的追逐、模仿的热潮。电影与时装就是以这种方式交织互动，共同创造时尚和美（图9-2）。

图9-2 纪梵希与赫本在工作中是合作的伙伴，在生活上是亲密的朋友

反映了衣着者的社会地位、经济状况、文化层次，也表现了人的个性气质、情趣爱好及喜怒哀乐。作为人类精神内涵的物质载体，它的流行就显得更具诱惑力了。服装设计的作品，不是博物馆的收藏品，首先是商品，这种商品的美丑有着强烈的流行特点，任何好的、美的设计，必须与当季的流行吻合，否则，该设计就不会被大众所接受。保罗·波瓦赫虽然为20世纪的服装带来了划时代的变革，然而，第一次世界大战以后，伴随着夏奈尔的发展，波瓦赫逐渐落后于时代，以至于到20世纪20年代的后期几乎处于破产状态。波瓦赫的风行一时和之后的三次破产，以及李维斯从80年代的牛仔销售霸主地位到近年来的销量急剧下降都充分说明对流行的研究和思考对服装设计是多么的重要（图9-3）。

流行又称风行。有"迅速传播或盛行一时"之意。英语把"流行服装"写作"Fashion"，亦指"时兴式样"。有人用"风潮"形容服装新式样传播的迅猛之状，更是对服装流行的形象描绘。

图9-3 牛仔裤风行的最初原因是由于功能性的结构与材料设计

实际上，不仅服装，其他领域同样存在流行，诸如流行音乐、流行建筑、流行工业产品造型……总之，流行是在特定文化条件和一定空间范围内为人们广泛采用的一种行为特征、追求和趣味，是人类趋同心理的物化，并以特定的符号出现。在现代社会中，任何一种新产品推导者所进行的努力，无不旨在使其产品得以流行以便占据广大市场，获得各方面效益。而在那林林总总的流行中，"最广泛的流行媒介还是衣服"（引自美国服装设计师K.安斯帕克的著作《流行的发现》）。作为对人类最具象征意义的一种形态或商品，作为社会的综合性的象征，服装的流行自然显得更敏感、更活跃、更具诱惑力。

到20世纪末，流行的观念和意识更加社会化、商业化，社会学家们甚至提出了"时尚产业"的概念，并指出"服装是时尚产业的核心"。

追溯流行之源，应了解到服装的渊源。在启蒙文《千字文》中，有"寒来暑往，秋收冬藏……始创文字，乃服衣裳"之句。此处"服"字用作动词，系指穿着，且意味着一定的规范性；"衣裳"即指上装和下装，上为"衣"，下曰"裳"。我们祖先的衣文化不断被注入新的内涵。

人们正是从装饰自己（包括涂色、文身）的行为中获得视觉快感和心理愉悦，把装饰视为生活中的乐趣，人类对美的认识便逐步呈现理性并汇入社会。流行的成因是人的趋同心理。在远古时期，每个人都渴望能得到本群落中其他人的认同以寻求安全感，因而对大众喜爱的事物产生同感和趋同心理，以群落中大部分人的行为规范为规范，与群落中大部分人的生活方式和服饰式样趋同，便是这种崇拜感情与趋同心理的外化与物化，并代代沿袭。流行正是人的个性与社会中人的共性的一种平衡或协调。趋同心理在一般情况下会使人不假思索地以流行为美，以为别人合适的自己也一定合适。

流行的先导物即某一时期的时髦服装，能诱发人们的穿着欲望，并迅速传播或盛行。随着时间流逝，旧的流行先导物不能满足人们永不休止的求新欲望而被厌倦，于是新的、被认为更美、更新鲜的流行和先导物——时髦服装——就会出现并为人们迅速接受，引起新的流行。

流行作为一种社会现象有以下几种类型。

1. 作为社会现象的流行

流行作为社会的客观存在，是顺应人趋同心理形成和发展的结果。当社会遇有突发事件，例如在政治、经济、战争等形势突变情况下，流行要求人们迅速适应，表达政治信念成为急需的流行。20世纪70年代初期，阿拉伯国家与以色列之间爆发第四次中东战争，阿拉伯各产油国采取石油增价的策略，给整个世界造成剧烈的冲击，把全球的注意力集中引向中东地区，也引发了时尚界对阿拉伯地区的兴趣。于是，T台上出现了许多具有中东异国情调的宽松样式服装，与西方传统的构筑式窄衣

图9-4 在加利亚诺受中国20世纪60~70年代的服装启发推出的这一系列高级时装作品中，社会文化对服装流行思潮的影响一目了然

图9-5 伊夫·圣·洛朗受绘画等其他艺术形式的影响，创作了一大批优秀的作品，图为圣·洛朗将梵·高的名画《向日葵》成功地用于服装的语言表现出来

结构截然相反，不强调合体、曲线，线条宽松肥大的非构筑式结构，在石油冲击和反体制思潮的背景下，这种东方风格风靡一时，以此为契机，三宅一生、高田贤三这两位来自东方的设计师大受欢迎，一举成名。"9·11"之后，全世界反恐情绪高涨，人们希望和平与安定，时尚界的顽童亚历山大·麦昆在发布会上曾就此主题展开系列设计：模特戴防毒面具，身穿防护服，鲜红的色彩十分刺目；还有一款时装将迷彩服的图案信手拈来，做成短裤与挎包，裸露的上身文有红色纹样，震撼人心；甚至直接将空军飞行员的头盔戴在头上，表达了人们呼唤祥和繁荣的生活、让战争远离的愿望（图9-4）。

2. 作为象征的流行

流行原本就是人们追求理想的一种象征。其具有民族、地区特点，并与历史上长期积淀的文化紧密关联，久而久之，形成某国、某地、某一民族的习惯。如中国人通常以红色象征喜庆，白色象征悲哀；而西方人恰恰以白色作为婚礼的标准用色。随着全球范围文化的交流，人类审美意识的变化，某些人们都能够接受的象征意义会走向趋同（图9-5）。

3. 作为商品的流行

作为商品的流行是由某集团或在某人的推动下设计生产出来并投放市场，吸引人们购买使用（包括动用舆论和宣传工具等）而形成的流行。每年巴黎、伦敦、纽约等时尚集中地和全球各大服饰品集团、面料公司所做的流行发布、流行预测以及各大国际服饰展、面料展，甚至纱线展都成为服装"作为商品流行"的策源地。

事实上，上述三类流行经常呈现出互相交错的现象，表现了流行与人类生活密不可分及其丰富的内涵。如果没有政治动荡、经济危机或某种不可抗力的因素而导致社会物质生活基础崩溃，或者没有新兴技术在实质上增进材料对人体的益用，现代服装的流行只会更多地与意识形态或精神领域的需求有关。频繁更迭的生活时尚已经使服装纯粹的物质效用（保暖御寒等功能）边际递减至最低，正如食饱的人对平常的食物暂时失去了兴趣一样。人的消费欲望越是与精神领域关联，其饱和的可能性便越小。除了从流行时尚中攫取利润的商业目的、物质生活逐渐丰裕等外在因素，人们难以抚平的精神文化消费欲望是引发流行的内在动力。正是如此，种种"形而上"的新概念、新解释才被赋予流行时尚的内容（图9-6）。

图9-6 三宅一生对服装材料的创造性运用对服装流行思潮产生了极大的影响

一、服装流行的特点

服装的流行是有据可依的，其特点分为以下几个方面：

1. 多元性

服装流行的多元性包括色彩、纹样、造型、款式、材质（物理及化学性能、肌理、制造技术）、工艺、装饰手段（含配件）、着装条件及着装方式，如内衣外穿、里长外短、多层叠穿等均在"新潮"之列。流行服装组成的综合交映是时尚、审美和科技的统一，其功能相对来说也比较完善。

2. 渐变性

流行不会突发或骤止，而是遵循着"先导物的诞生——在一定范围内适应及个别接受——部分接受形成流行——逐渐消退——一定时间延续至最后消失"的规律，其中的关键是人们对先导物的适应和接受。从年龄层次看，青年人对流行最敏感，

影响流行趋势的主要国际展会

1. 法国第一视觉面料展（Premiere Vision）
法国巴黎，www.premierevision.com

2. 法国国际面料展览会（Texworld）
法国巴黎，www.texworld. com

3. 意大利国际男装展（Pitti Uomo）
意大利佛罗伦萨，www.pittimmagine.com

4. 德国女装男装博览会（CPD woman-man）
德国杜塞尔多夫，www.igedo.com

5. 德国国际高科技纺织服装展（Avantex）
德国法兰克福，www.messefrankfurt.com

6. CHIC中国服装服饰博览会（China International Fashion Fair）
中国上海，www.chiconline.com.cn

专业知识窗

少年、中年次之。20世纪60年代的迷你裙、中性化风潮、70年代的朋克装束等无一不是在青年人中首先流行起来，再被少年追逐模仿，而后才渐渐被中年人以及社会各阶层接受认可；从地区看，以经济繁荣、文化交流活跃、交通发达的区域渐变速度最快，流行通常是以圆周辐射的形式，以经济发达的地区为中心，向周边地区和偏远地区辐射传播（图9-7）。

3. 周期性

周期性是人类趋同心理物化和心理变化的综合反映，和其他领域的流行一样，服装的流行周期一般可以分为以下四个阶段：

（1）产生阶段为最时髦阶段。由著名设计师在时装发布会上推出高级时装（先导物），这种时装的设计绝无仅有，价格极其昂贵，生产量也非常少，因为即使在全世界范围内统计，消费得起这类服装的富豪权贵也不超过2000人。只有如此量少价高的措施，才能以盈利的部分平衡不被市场接受的部分所造成的损失（图9-8）。

（2）发展阶段是流行形成阶段，由高级成衣公司推出时装产品，此阶段的高级成衣虽然与第一阶段相比，价格相对低廉，但对广大受众来说，仍然是无法消费得起的天价，因此只能在某些特定阶层中流行，还无法形成规模，但因为这个阶段的消费者多是演艺界、商界、政界人士等受人瞩目的社会名流，故而为下一个阶段的大规模流行积蓄了潜力，即促成第三阶段的产生（图9-9）。

（3）盛行阶段是流行的全盛阶段，由大众成衣公司推出大多数人都可以消费得起的、价格低廉、工艺相对简单、由大规模生产制造出来的成衣。此阶段，时装已真正转化为流行服装，被众多的人穿用。

（4）消退阶段。这一轮流行在消退阶段前已经达到鼎盛，该服装的普及率已经

图9-7 流行产生阶段的服装通常具有一定实验色彩

图9-8 从加利亚诺为迪奥设计的高级时装作品中可以看出国际知名品牌的发布也具有概念性特点

图9-9 高级时装不仅设计观念处于超前的位置，材料与工艺同样是独一无二的

来去匆匆的"Fad"

美国著名服装心理研究家M.Jhiorm用曲线表示了服装的流行周期，其中"Fad"指间或出现的极端时髦。

Fad指短暂流行的极端时髦，热得快，冷得也快，常常表现为较为夸张或前卫的形式。消费者为追逐时髦一哄而上，但因其本身的不切实际或其他致命的缺陷而一下子消失得无踪无影。

20世纪30年代的上海，曾有一些人提倡户外裸体运动，尽管喧闹一时，但仅是昙花一现。80年代在香港曾流行的"乞丐装"，看上去破破烂烂却索价不菲，这在浮华的香港自然无法持久，上市数周后即无人问津。此二例皆为Fad的典型。

有些Fad第一次问世虽不为世人接受，草草收场，但时过境迁，数十年后复出却有了不同的境遇。如比基尼泳装，1946年被法国时装设计师埃姆（Jacques Heim）和里尔德（Louis Reard）首次推出，直至六七十年代它以更简洁的形式再现时，才真正流行起来。

最大，以至于市场被最大限度地充斥占据。在此阶段，大众的从众心理已过去，喜新厌旧的心理开始发挥作用，使这类服装的穿着者大大减少，或者成为大众喜爱的日常基本款式被长久使用，或暂时消退、待机再起成为新的流行。

美国著名学者海斯特（Hester）教授的销售曲线说明：在美国，服装新产品一上市售价最高。随着人们认识的深化（接受宣传，直观判断，受潮流刺激），销量渐增而售价渐降。当销售高峰过后，销量及售价一起下跌，产品即完成一个流行周期而退出市场。

二、构成流行形成、传播与消亡的诸多因素

1. 经济因素

时尚与经济有着密切的关系，经济的增长与衰落直接影响时尚产业。甚至有人把时髦衣裙的长与短同经济状况联系在一起，说经济不景气令裙摆提高。不管怎样，国民收入直接影响购买力，购买力会刺激时尚。

2. 文化因素

文化因素包括生活方式和审美心理两方面。其中，生活方式受自然环境、民族传统、民俗、宗教、人际环境、社会阶层职业等影响；审美心理则受文化水平、审美标准、名人服饰、服饰宣传、国际流行趋势及其他领域（如建筑、绘画、音乐等）艺术风格的影响。各地流行服装总是与本地区各种文化表现相协调。历史上，各个时代的服装风格也总是与当时社会文化的各个方面有着千丝万缕的联系。在欧洲服

装史上，各个历史时期的服装风格总与同时期的其他艺术成就相互关联。

兴起于18世纪中期的新古典主义艺术风格就对服装流行产生了强烈的影响，其精神是针对巴洛克与洛可可艺术风格所进行的一种强烈的反叛。它主要是力求恢复古希腊罗马时期所强烈追求的庄重与宁静感，并融入理性主义美学。这种强调自然、淡雅、节制的艺术风格，与古希腊罗马风格结合所发展出来的服饰，在法国大革命之后跃升为服装款式的代表。特别是在女装方面。例如，以自然简单的款式取代华丽而夸张的服装款式；又如，排除受约束、非自然的裙撑等。因此从1790～1820年之间，所追求的淡雅、自然之美，在服装史上被称为"新古典主义风格"（图9-10）。

3. 科技因素

科技成果被应用于服装，是当今公认的时髦。例如20世纪50年代美国首次出现的彩色电影带来的"高技术色彩"，60年代高科技影响引出"宇航服"和"太空服"的流行，服装防静电研究以及服装舒适性研究成果、服装新材料问世、服装新工艺的应用、服装配饰产品开发等（图9-11、图9-12）。

4. 消费者个人因素

消费者是流行的参与者，他们的性别、年龄、职业、文化素质、社会地位和经济状况以及个性表现等，直接推动和制约着流行，在服装流行周期中，参与流行的消费者可分为五种类型。

流行激进者（Pioneer），他们一般是有一定经济基础、富于冒险精神、有勇气、经常希望尝试新构想的人。

流行引导者（Early Adopter），有见解、可成功预见新事物的发展趋势，往往对舆论有引导作用。

图9-10　古希腊罗马时期的服装理念与淡雅风格在新古典主义时期被再次发扬光大

图9-11　在悉尼奥运会中，穿着新型高科技材料制成的黑色连体紧身泳装的澳大利亚游泳运动员连创佳绩

图9-12　克莱究在20世纪中叶推出的具有科技因素的服装曾经轰动一时，尤其是那款宽大的眼镜，已经成为服装史上的经典造型

专业知识窗

流行前期追随者（Early Follower），对新事物、新构想比较慎重，但却能够相当积极地追随流行。

流行后期随从者（Late Follower），对新事物保持十分慎重的态度，直至大多数人都追随流行的时候才加入。

流行迟缓者（Drop Out），倾向维持旧的观念和传统，对追随流行有克制态度，往往在流行末期才接受流行的事物。

5. 设计师因素

设计师因素是服装作为商品流行的一个重要因素。由于流行趋势是理性的，而设计师的设计相对是自由、感性的，因此，设计师必须根据流行特点、其他制约因素、美学规律对以往的经验和眼前事物重新组合，以开展创作活动，从而适合大众的心理趋向，引导时髦穿着。设计师推出的流行服装，让各阶层的人从中找到自己所需。因此，设计师除了兼具多元的复合知识、艺术情愫外，还要了解历史、了解社会，特别是了解市场，客观地表现消费者的意向。实践证明，不能占领市场的设计，不是成功的设计。

三、流行发生的原因

分析流行发生的原因，对于掌握服装发展趋势与公众审美变化具有重要意义。流行的发生原因可以大体概括为以下几个方面。

1. 自然发生

人们对流行已久的东西会麻木厌倦，正如法国著名服装设计师迪奥所言："流行是按一种愿望展开的，当你对它厌倦了就又会去改变它。厌倦会使你很快抛弃先前曾十分喜爱的东西。"流行色的变化、裙下摆的长短以及人体曲线的强调与掩饰，都是周而复始有其自然规律的。

2. 必然发生

随着生产力的发展，带来了生产方式和生活方式的改变，也带来了审美标准和趣味的改变。轰轰烈烈的工业革命和妇女解放运动，使走出家门参与社会的女性们不再无所事事地穿着曳地长裙。第一次世界大战后，随着女性进一步参与社会分工，更为简洁的夏奈尔套装和裤装的流行就成为了必然。

3. 偶然发生

在社会生活中，政治、文化、科技等领域的事件，也会极大地影响服装流行。如20世纪50年代后期，人类步入太空，带来了太空服的流行一时；美国著名电影演员马龙·白兰度在《欲望号街车》一片中的成功扮相，使原为内衣的短袖T恤衫成为时尚。

4. 模仿发生

在生活中，每个人都有衣着举止的标准和崇拜羡慕的偶像，或者是戴安娜王妃的高贵打扮，或者是电影演员林青霞在成名影片《窗外》中清纯少女的形象，或者是著名歌星猫王被奉为经典的、镶有金光闪闪的亮片和腰间宽板皮带的白色连身衣裤加飞机头的造型。人们自觉或不自觉地模仿名人衣着的行为常常会成为流行的传播媒介。他们需要设计师设计出符合他们需求的服装和形象，而著名的设计师也往往通过受众推广自己的设计和思想（图9-13、图9-14）。

人类的"沟通行为"，不论是主动还是被动、语言的与非语言的，皆包括人与人、人与社会之间的关系。衣着上的求新求变，正是完善自我并完成与他人沟通的需要。

图9-13 偶像崇拜是现代社会流行形成的重要因素

图9-14 戴安娜优雅的举止与着装品位影响了数以万计的妇女

第二节　服装流行规律

要预测和把握流行，首先要掌握流行的历史。只有了解过去与今天，才能预见明天。20世纪以来，时装变化迅猛，但仍能找到其规律，如女装腰部X—H—X—H的变化，女装下摆长—短—长的改变。如果更仔细地研究，我们还能从腰节线的高低、袖式、领型的变化中发现更多东西。多数人认为流行是再现的，当然流行是螺旋式上升的再现，决不会是完全的重复。

一种服装流行转化为另一种服装流行不是骤然完成的，而是有一个渐变的过程。因此，一个流行过程大致要经历如下步骤：新的式样出现，激进敏感的人马上做出反应；待流行上升，逐渐为大多数人所接受；流行达到高潮，接着就会出现更新的式样；随着它得到公众的接受，前面的式样就逐渐要被淘汰，更新的式样达到高潮。不断出现的新式样引起一个又一个流行高潮。著名学者莱弗（J. Laver）曾这么生动地分析说："一个人的穿着离时兴还有五年，被认为不道德；在时兴的三年前穿，被认为招摇过市；提前一年穿是大胆行为；时兴当年穿，显得完美；时兴后一年穿，非常可怕；十年后穿，招来耻笑；可再过30年穿，又有了创新精神。"莱弗的话道出了时装流行的某些规律。具体而言，各类服装的流行规律又各有不同。如有些服装的流行具有稳定性，其变化仅在细部上，而整体上有一个相当长的流行期，这在西装或牛仔裤上尤为明显。另一类是时效性流行，即短时间的时髦样式或颜色，很快就销声匿迹。还有一些属于反复、交替性流行，即时断时续的周期性变化。如20世纪70年代盛行一时的民族风，在世纪之交时，又以"波西米亚"的名义卷土重来。虽然流行的规律不是固定的、一律的，但流行始终是依循现代人的审美规律发展变换的。

一、初始阶段

每一种新的款式，从设计创作到组织生产、推入市场，都要经历一个过程。巴黎最新款式，并非一开始就博得大家的喜爱。在新时装推出的初始阶段，它展现于公众面前的是一种"新意"，由着人们去欣赏、品味、比较。最初"新"的时尚未必被社会大众认同，这时就需要媒体的推介。

二、流行上升阶段

新的时装问世后，首先引起部分人的关注，他们捷足先登，先穿着出来；接着，这种新意广泛传播，为更多的人所欣赏，从而才有可能进入普及阶段。在此，服装工业应及时顺应"流行上升阶段"的消费者需求。服装设计人员应对自己的市场及顾客有一定了解，故可根据他们的情况与审美观等，对服装款式进行细节方面的改动，从而打开销路。

对服装企业来说，因有市场制约因素的存在，必须在信息、原料及其他各个环节中密切协调，在明确流行趋势走向时，积极行动，不失时机地抓住这个周期中的重要阶段，以便将流行推向高潮。

三、流行高潮

由于顾客的需求量大大增加，生产厂家要在这个时期从各个不同方面千方百计地满足需要。这个时期中流行式样的仿制、复制品品种繁多，价格也多样化。在流行鼎盛时期，即意味着有流行意识的人们寻求新阶段的开始。

四、趋势下降阶段

同一类式样的服装大批量生产销售，使人们从狂热的追求中冷静下来，突然发现身边的雷同明显，产生了"视觉疲劳"，引起了一种厌烦的心理，"求异"的心情此时比较强烈。

五、"拒绝"阶段

在流行周期的最后阶段，消费者的眼光实际上已经转向新的样式。因此，这个时期可以认为是另一新流行周期的初始阶段。

不过，有些时装在短期内即可达到流行的高潮，曲线上升快但时间短；还有一些情况则相反，持续时期较为长久，曲线下降缓慢，并非"转瞬即逝"。有些款式似乎永远不会完全消失；而另一些则很快被人们遗忘。

那些"传统型"服装就属于不会完全被人放弃的服装，这种服装在不同时期受人喜爱的程度不同，但仍能体现"流行"。如夏奈尔的套装，于20世纪二三十年代进入流行高峰，而在70年代后又一次受到欢迎。甚至时至今日，仍流行着这样的说法：当你拿不定主意该穿什么时，就穿夏奈尔套装吧！足见它的生命力之长久，适应性之广泛（图9-15）。

至于短期流行的时装，原因是多种的，可能这种时尚仅流行于范围很狭小的一种类型的人群之中。20世纪80年代初，短期流行的英国"朋克"风格，当时它对国际青年的服装市场有强烈的冲击影响力，但流行的范围较窄。

20世纪70年代，日益衰落的英国面临着经济危机，青少年对现实社会产生了强烈的不满，他们拿起吉他，穿上光怪陆离的衣服，咆哮着唱出既有攻击性又有讽刺意味的歌词，直白地把埋藏在内心深处的对于专制社会的愤怒，以一种富有激情的狂躁音乐和不与世俗同流合污的反传统行为表达出来，这就是所谓的朋克摇滚。

朋克文化从舞台走向生活，朋克摇滚的演唱者们和朋克精神的追随者们开始在各个层面表现他们彻底革命的决心：穿上磨出窟窿、画满骷髅和美女的T恤、牛仔装；把裤袜抽丝，校服划破得不成样子；男人将两侧的头发剃光，中间的头发染成五颜六色，像鸡冠一样竖起，以此表现他们的与众不同、叛逆和对现实社会的不满。朋克是一场风暴，而所有这些都具有商业价值，它对高级时装的影响也是革命性的（图9-16）。

图9-15　夏奈尔套装并非是一种造型的服装，它已经成为一种超越时代的语言，在不同的历史时期能够适应不同消费者的审美需求

图9-16　朋克的鸡冠头传递着他们反叛的意愿

历史上尚有不少例子可以说明正常的流行周期会被突然中断或延长，原因也不是单一的，如大的社会变革、经济萧条或爆发战争等。20世纪30年代开始流行的宽肩、楔形女装一直持续到第二次世界大战末期，直到1947年迪奥的"新造型"问世，开始了新的流行周期。

一种时尚在一个时期内可能匿迹，但过了一段时间后，还有可能重新流行起来，这是时尚螺旋式循环的一般流行规律。

第三节　服装流行预测

流行是一种社会现象，并非设计师个人能够操纵的。作为服装设计师，除了应具有前文所述的设计思维和创造能力以外，还必须把握流行动向。因为一个设计师无论他有多么精湛的技艺或设计才华，若他的设计不符合时尚潮流则将前功尽弃。伊夫·圣·洛朗是服装界的一代宗师，这样一个富有才华的设计师，却因接连发表对于当时潮流太过超前的服装不被顾客接受而被解雇的厄运。之后的几十年里，圣·洛朗抓住了时代变化的脉搏，进入了他的黄金时期，他不断为时尚界注入新的动力和富于开创性的设计，比如衬衫式夹克、女装式样的军服、现代的民族元素等，启发了许多后来的设计师，成为了20世纪后半叶时装样式的蓝本和典范。逐渐地，圣·洛朗的服装被奉为经典的化身、优雅的代名词，如同夏奈尔套装一样。但时代在不断变化，20世纪末，浮躁的人们已不再追求一成不变的优雅，转而热情地投入像约翰·加利亚诺、卡尔·拉格菲尔德这些从前看上去离经叛道的新锐设计师的怀抱。于是圣·洛朗再一次被流行拒绝，在销售量一落千丈、财政周转困难的窘境下，他不得不将这个以自己名字命名的品牌卖给了古驰（Gucci）集团，由年轻而且声势凌厉的晚辈汤姆·福特（Tom Ford）担任设计总监。

因此，从某种意义上说，一名时装设计师应该始终把自己放在时尚潮流的浪尖上，把自己的精神生活融入现代社会生活的方方面面，要密切关注这个世界，关心世界的政治、经济和文化生活。因为这些方面的信息会提供关于服装流行的重要要素：不管是重大的外交活动还是体育赛事，或者某部影视作品，都有可能带来时尚的新潮流。所以设计师应是现代社会生活的积极参与者。

服装流行因素很广，包括造型、色彩、面料、装饰和加工手段等诸多方面，其中流行特征最明显的是形、色、质。服装造型、色彩和材质的变化具有强烈的时代

名师简介

汤姆·福特（Tom Ford，1963~　）

汤姆·福特生于美国的得克萨斯州，1986年毕业于帕森斯设计学院。1990年以来，汤姆·福特担任国际一线时尚品牌古驰的设计师。汤姆·福特的时尚眼光和艺术天赋在这段时间内得到充分发挥，很快他就被提升为古驰的创意总监。截至1999年，汤姆·福特将一度濒临破产的古驰打造成一个拥有43亿美金市值的时尚航母。汤姆·福特认为设计师应该懂得怎样面对人和满足消费者的需要。设计最终目的，就是为女性创造出她们梦寐以求的美丽事物，为女性塑造出漂亮动人的形象。他1996年倡导的怀旧风潮在国际时尚界风行一时，而他曾倡导的20世纪70年代的华丽摇滚风格也一度成为流行的主体。

汤姆·福特曾经获得1996年最佳女装设计师大奖和最佳男装设计师大奖，以及VHI 1999年最佳女装设计师大奖等重量级奖项。他于2000年出任YSL创作总监，2004年离开古驰，专心经营Tom Ford品牌，在时尚界具有强大的影响力。

约翰·加利亚诺（John Galliano，1961~ ）

约翰·加利亚诺毕业于伦敦著名的圣·马丁艺术学院，曾任著名法国品牌迪奥的设计总监。曾荣获1987年度英国设计师大奖、1988年度英国最佳设计师等多项荣誉。2009年，时任法国总统授予加利亚诺法国荣誉军团骑士勋章。1985年，加利亚诺打出了个人冠名的品牌，设计的作品独立于商业利益之外。自担任迪奥公司的设计总监以来，他以惊人的才华，在短短数年间成为当今国际上最重要的服装设计师之一，但是在2011年由于加利亚诺酒后发表了反犹太人言论而被迪奥公司解雇。于2014年担任Maision Margiela的品牌创意总监。

加利亚诺的设计构思独特、怪诞不羁，每一季加利亚诺都有新的创意展现，东亚、北非、西欧以及由古至今的许多民族都曾经作为鲜明的创作题材被加利亚诺重新演绎。他以敏锐的判断力提炼了当时最具代表性的着装风格与形象特征，然后把这些因素再现在他另类风格的创作中。诸多设计元素被加利亚诺一一地转化成现代的设计语言并完美地融入到新的设计中，全新的设计作品不是古代服饰的复制品，而是一件件具有历史文化风格特征的当代设计作品。在今天被商业利益驱动的时尚界，加利亚诺是一位当之无愧的浪漫主义大师（图9-17）。

图9-17 约翰·加利亚诺的设计曾备受争议，但看似离经叛道的设计却能够深深地打动观众的心

特征。因此，服装设计师应对流行的脉搏十分敏感，并及时注意服装的主题、结构、色彩和材料的新变化。如穿着风格的新倾向，造型结构的新改变，流行色彩的新格调，图案花形的新变化，面料材质的新开发以至服饰品和发型的新特点等，都要尽快掌握。当然，要捕捉流行的踪迹并非轻而易举，因为影响、制约流行的因素很多。有时一些偶然的事情也会带来令人意想不到的流行，如突发的社会变革、电影戏剧的上演等。但从哲学意义上看，偶然也是一种"必然"，所以设计师应注重有关资料的探寻归纳，从中分析、推测服装流行的新趋势。

不同的时装式样具有不同的兴衰演变规律。英国一位时装专家曾绘制了一个时装曲线表，从曲线可看出，凡流行特征明显的服装，其曲线呈大起大落之势，即服装流行来得猛，去得快；反之，一般的便服和常服，其曲线相对平缓，即服装流行能保持相当的时期而不显得过时。服装的款式、色彩及面料都具有这一特性。由于人们的衣着需求是千变万化的，所以在流行的大潮中，往往是多条曲线交织在一起；各条曲线也并不是都有规则，有的经过几十年才开始回复，有的在几年内便跌入低谷而销声匿迹。服装流行的这种特性需要设计师独具慧眼予以分析研究，对于某一款式、色彩、面料的服装，可以大致预测到它的流行趋向和流行趋势的急缓强弱。

服装的流行基于人类的社会特性和趋同心理，因此，流行可以运用人为的手段加以促进和强化，以扩大流行的影响而吸引更多的追随者。一般运用广告、传播媒介和时装发布等方式对新的潮流趋势进行权威性的宣传，可以引导消费者对新趋势的注意，进而产生追随的欲望，促进购买行为。此外，运用树立品牌形象的方法，以名牌、名家的形象宣传流行趋势，使人们产生一种追随时尚的精神需求，从而形成从众消费行为，刺激购买欲望。随着服装世界的千变万化和市场竞争的日趋激烈，认真研究时装流行的客观性，寻求时装促销的多种途径，在满足市场需求的同时要引领市场健康向上地发展，已成为服装设计师必须关注和研究的重要问题。

要把握服装的流行趋势，则必须在这个资讯发达的社会里，学会训练自己敏锐的观察力、辨别力和分析力，需要学会分析利用各种情报和信息。

首先要关注国际纺织服装机构发布的流行信息，并加以分析、思考，结合国情与市场来把握未来流行趋势。

可以通过以下几方面获取信息：①定期或不定期的出版刊物、图书、宣传册，以了解服装流行趋势；②新闻报道，通过报纸、电视、广播获取新的一年要流行的色彩、面料、款式；③商品展销和服装博览会；④时装表演；⑤各种形式的服装讲座。

综合知识窗

时尚刊物——流行的风向标

1. *Elle*，www.elle.com

法国，1945年创刊。比*Vogue*与*Bazaar*更年轻的作风，贴近时下年轻女性的时尚需求，加上"女性都向年轻看齐"的心理暗合自然法则，*Elle*全球开花的经济效益策略正日见其影响力。

2. *Madame Figaro*，www.lefigaro.fr

法国，1980年创刊。法国知名高端女性杂志，由实力雄厚的Figaro集团出品，最突出的主张是"时尚中强调的智慧"，全球12个版本无一不强调高雅气质。

3. *Vogue*，www.vogue.com

美国，1892年创刊。老牌*Vogue*的时尚地位已不容置疑。

4. *Harper's Bazaar*，www.bazaar.com

美国，1867年创刊。主导知性女性概念，提倡对衣着、时尚文化的思辨、反省能力，全球最老牌的时尚杂志。

5. *The Face*，www.ukmagazines.co.uk

英国，1980年创刊。在1980~2003年间坚持不懈地在青年文化运动中做着"The Face"式的发言。

6. *L'Uomo Vogue*，www.vogue.com

诞生于意大利的*Vogue*体系，这本坚持自我见解、坚持高端男装制作方式的杂志已成为如今最有名望和影响力的男装杂志（图9-18）。

图9-18　不同的杂志具有不同的风格特色，*Harper's Bazaar*杂志气质表现较其他女性主流时尚杂志更为内敛，*Vogue*已在学者中化身为时尚影像历史的代表物

此外，还必须关注大师及国际上重要的时装展。如巴黎时装周上各个国际著名品牌的发布会；阅读时尚、服装等专业刊物，仔细分析新的流行及一些大师作品的具体做法，如外形线条、色彩、面料及细部处理；有条件的话可以利用电脑网络，这样可以更快捷地掌握流行动向。

同时，也必须关心纺织服装界的新工艺、新技术和新材料的信息，这些"新"的把握，往往能领先潮流一步。当然，对市场情报及消费者的调查资料（包括年龄、性别、阶层、生活方式、经济状况等）也必须把握，尤其对市场的反馈信息的把握必须做到迅捷准确。只有掌握了充分的资料，才能摸到流行的脉搏，然后就可以给自己的设计"定位"。而成功的"定位"正是设计师设计技巧、创作思维、流行趋势及市场把握的综合能力的体现，我们正是要培养这种能力。

思考题

1. 影响服装流行的因素包括哪几个方面？试举例分析。

2. 请分析电影等其他艺术形式与服装流行的关系。

3. 如何理解服装流行的周期性？请举例分析。

4. 服装杂志在服装流行中发挥了什么作用？

5. 举例分析服装流行的特点。

6. 请分析服装审美的"求同心理"与"求异心理"同服装流行的关系。

推荐参阅书目

[1] 刘晓刚. 品牌服装设计 [M]. 上海：东华大学出版社，2001.

[2] 柳泽元子. 从灵感到贸易——时装设计师与品牌运作 [M]. 李当歧，译. 北京：中国纺织出版社，2000.

[3] Jay, Ellen Diamond. 时装与服饰品的经营和销售 [M]. 李旭，章永红，吴巧英，方丽英，季晓芬，译. 北京：中国纺织出版社，1998.

[4] 刘亭. 尘世深蓝：国际著名男装品牌集录 [M]. 上海：百家出版社，2003.

[5] 刘亭. 尘世粉红：国际著名女装品牌集录 [M]. 上海：百家出版社，2003.

[6] 卞向阳. 国际服装名牌备忘录 [M]. 卷一. 上海：东华大学出版社，2007.

[7] 宁俊. 服装营销管理 [M]. 北京：中国纺织出版社，2004.

[8] 王蕾，代小琳. 霓裳神话——媒体服饰话语研究 [M]. 北京：中央编译出版社，2004.

[9] 曹小鸥. 国外后现代设计 [M]. 南京：江苏美术出版社，2002.

第十章
创造力与设计思维

设计，最重要的是打破常规的创造性内容。人类文明越是发达，创造力越显重要。今天，人们生活中许多司空见惯、又不可缺少的物品（如电灯、电话、飞机等），在发明构想初始阶段都被称为"疯狂"。而今天许多看起来非理性的奇思妙想（如时光机器、外星移民、肉体再生等）也很可能就在未来得以实现而造福于人类。服装发展至今出现的

图10-1　维维安·韦斯特伍德的叛逆风格充满了新奇与怪诞

图10-2　让·保罗·戈蒂埃前卫的设计风格在服装界独树一帜

宇航员的航天服、游泳运动的鲨鱼服等也是过去无法想象的。即便是单纯的审美形式，在20世纪服装变迁中，从沃斯的富丽繁冗到夏奈尔、巴黎世家的简洁实用，再到韦斯特伍德的古怪叛逆、三宅一生的东方哲思，以及卡尔·拉格菲尔德、让·保罗·戈蒂埃等人的新锐前卫、游戏诙谐，不能不令人惊叹不已，人类怎么会有如此丰富的想象力和创造力（图10-1、图10-2）？

第一节　设计教育的目的是培养创造力

尽管现在我们的专业教育十分强调和重视行业实际，但同样不能忽视艺术修养和创造性思维的培养。尤其是科学技术如此迅猛发展的今天，有两句话对我们的启发非常大："没有做不到的，只有想不到的。""千万双灵巧的手抵不上一个开放的头脑。"

工业革命后，人类生活用品的生产方式逐渐发展为由机器进行批量化生产，从而派生出一个新的领域，即设计领域。在这之后，轰轰的马达声宣布了工业设计的诞生，从事工业设计的人被称为设计师。

进入20世纪后，世界各国的服装设计师们更是出色地满足了不同时期人们的审美需求，使服装的功能发挥到尽善尽美。作为一种行业，服装可以满足众多人员的就业需要；作为一种商品，服装可以创造惊人的利润价值；作为一种实用物品，服装可以助人"上天入海"，甚至传达人的好恶喜怒；作为一种文化艺术品，服装更是拓宽了审美视野，使之成为现代文明中人们不可或缺的精神食粮。

法国、美国、意大利、日本等经济发达国家，都建立了近代服装博物馆，陈列展示了近代史上各个时期的服装艺术，法国文化部早已确定了时装艺术的地位，将其称为继电影之后的"第八艺术"。2003年初，阿玛尼的历年时装作品回顾展就是在美国的服装博物馆中举办的，近年来在国际时装界当红的极简主义大师赫尔穆特·朗（Helmut Lang）以及不到35岁即出任路易·威登艺术总监的马克·雅可布（Marc Jacobs）都是由正统的艺术家转变而来的服装设计师。

20世纪80年代初的中国服装行业处在发展的起步阶段，既缺乏硬件也缺少软件。首先是完全不具备发展现代服装工业的环境条件，其次也缺乏管理、设计、商贸等人才；但客观因素使我们又不得已要从发达国家手中接过服装这一"夕阳工业"的接力棒。自1983年上海丝绸公司流行色研讨会上第一次组织了时装表演后，中国的服装教育从无到有，服装设计师也在迅速成长。中国现代服装艺术的真正萌芽，正是伴随着服装教育和服装设计师群体的日趋成熟而发展的。在商品经济和文化思潮的潮起潮落之中，中国的土地上出现了一批为中国现代服装艺术奋斗的设计人。

服装设计教学的难点，在于服装设计是一种思维创意活动，但人的思维具有内在性和隐蔽性，看不见，摸不着，并不是仅仅依靠传授知识、教会技能就能学会的。知识和技能对于服装设计教学是必须的，也是必要的，它们是设计创作的前提和基础。然而，教学要想进入更高的层次，还在于对学生设计思维和创造能力的开发和引导。教条、缺乏创造性思维的教育是不行的。因此，在21世纪的教育教学中，必须重视和树立培养学生的创造性思维。所以在服装设计的教学中，鼓励学生的创造力是十分必要的，培养学生的创造力是设计思维教学的重要内容。虽然最终的产品

专业知识窗

法国国际青年服装设计师作品大赛

创始于1983年的法国巴黎国际青年服装设计师作品大赛（通常简称"巴黎大赛"）已经成功地举办了三十余届。经过三十几年的发展，该项赛事逐渐地成为了国际上最富影响力的创意性服装设计大赛。它奖励以独特的个性与创新精神将服装设计发挥得最杰出的青年服装设计师。巴黎大赛只允许以单件作品参赛，这与以系列作品表达设计主题的其他比赛有所不同。设计师必须把一系列服装中要表现的内容压缩在一套服装中，并表现清晰，既不能繁杂琐碎，也不能呆板单调。各国的年轻设计师们需要围绕每一届不同的主题演绎自己对命题的独特理解，以此展开丰富而深入的观念性设计。

是要通过市场来鉴定，但在学习过程中应该具有大胆的创造。像"兄弟杯"国际青年服装设计师作品大赛等赛事，激发了许多选手的创造性，这些创造展现了选手的创意。事实证明，很多优秀选手在比赛以后的产品创作中，也能做到收放自如。

第二节　设计思维与知识积累

服装设计必须依靠各种技术的运用，最终实现产品的完成（如绘画技术，裁剪打板、缝制熨烫等工艺技术，另外还有营销手段等）。但其灵魂是设计思想，是人的创造性的发挥。我们必须注意：服装设计重要的不是设计行为本身，而是设计思想。服装设计就是不断地推陈出新，尽管服装的基本形式因人的体型不变而大致如此，可是，在设计师的创造之下，服装的款式、色彩及材料一年四季都在变换。这些层出不穷的服装就是设计师精心培育的智慧之花。人类在服装这一物体上汇集了物质与精神的劳动，几千年来创造了辉煌的成果。创造性思维的培养和鼓励是重要的，尤其是对于中国的学生。

创造性思维的开拓并非猎奇和哗众取宠，造成一时的轰动效果。它需要经过几方面的共同努力。服装设计是一门综合性很强的复合型学科，涉及政治、语言、自然、美学、心理学、人体工程学、市场学、美术史、服装史等多方面的知识。这些知识与设计者的作品内涵一脉相承，反映着设计者的眼界高低和文化修养的层次。教师的职责就是启发和引导，使每个学生将自己生活中最独特的感受和体验激发出来，同时拓展知识面，深入文化层，对边缘学科、姐妹艺术都要能够兼收并蓄、融会贯通。在世界一流的服装设计师行列中，不少人曾是舞蹈专业出身，如法国的让·路易·雪莱年轻时曾在巴黎国立音乐学院学习芭蕾，香港著名的服装设计师张天爱女士，曾是英国皇家芭蕾舞团最有才华和天分的演员之一。古今中外的优秀服饰也是一座用之不竭的宝库，从中可以汲取无尽的营养。另外，身边日常的事物（如马路上的人群、影视中的景物等）也可以启发设计的灵感，20世纪60年代的英国服装设计师玛丽·奎恩特正是从街头少女的装扮上得到启迪，创作了风靡一时的迷你裙。日本服装设计师三宅一生和高田贤三在巴黎接受了西方的服装教育之后，以自己独特的日本和东方式的服装风格和观念给予20世纪70～80年代的国际时装界以极大的冲击和影响。此外，阅读优秀的文学作品也能间接地帮助我们取得生活经验，培养高尚的道德情操和对美的热爱，如我们能从中国近代、现代的知名作家徐志摩、张爱玲、三毛等人的作品中读到文学的艺术，从发黄的照片里读到穿着的艺术（图10-3）。

具体说来，构筑服装设计思维的知识积累包括六个方面的内容。

一、学习服装史及设计理论

服装设计的构思阶段是在头脑中进行服装形式的选择。设计是一种创造，但不是发明，设计必须借鉴前人。服装设计更是如此，因为服装的变迁过程是连续的、不间断的，每一种服装都处于人类服装文化史的变迁中，是承前启后的。要借鉴前人，就必须虚心地学习和研究前人的成就和经验。就服装设计来讲，必须学习的是服装史及设计理论，因为要想在设计中准确地把握现在的流行，就必须了解服装过去的变迁过程，了解具有普遍性的设计理论对服装设计发展的指导意义（图10-4）。

图10-3　三宅一生从东方服饰中吸取灵感推出的设计作品同样具有艺术品的特质

图10-4　历史上曾经出现的服装结构与形式美感给予现代服装设计师以无限的灵感来源

服装艺术设计 ｜第 2 版｜

专业知识窗

"汉帛奖"中国国际青年设计师时装作品大赛

"汉帛奖"中国国际青年设计师时装作品大赛，是国内举办的最具影响力的国际性服装设计大赛，系国内唯一国际性的创意服装设计大赛，是由中国服装设计师协会和汉帛国际集团共同主办，每年3月中国国际时装周在北京举办，也是中外媒体、中外时尚业、服装教育业极为关注的焦点。

"汉帛奖"的前身是创办于1993年的"兄弟杯"中国国际青年设计师时装作品大赛，2001年由汉帛集团冠名，改称"汉帛奖"。"汉帛奖"，为我国乃至世界时尚业界选拔、培养了一大批设计新秀，为我国服装设计创新、设计队伍建设、服装产业的发展、时尚文化建设、设计教育事业的发展和设计人才培养质量的提高，做出了巨大贡献。作为国际大赛，"汉帛奖"一方面加强了各国之间的文化交流，让世界了解发展中的中国，特别是增进了各国的年轻选手对中国的感情；另一方面，中国的文化和中国的设计创新力量得到彰显，扩大了中国的国际影响力。

设计构思的形成就是对构成设计的各种因素进行综合比较和挑选，找出对设计构思有利的因素，确定设计的切入点，从而制定出初步设计方案。服装设计是满足效果的工作，效果体现了对设计因素的综合判断和运用。设计构思的目的也正是为了创造新的设计思维点，而创造的目的是满足人们的需要。创造的过程是对现有造型做出新的视觉认识的过程。设计创新不是简单的模仿，而是在总结前人成功经验的基础上升华，服装的流行也是对过去某个时期衣着服饰的重新理解和认识。如喇叭裤的再度流行与20世纪70年代的喇叭裤相比，因时代赋予了它新的文化内涵而被人们所接受（图10-5、图10-6）。

图10-5 该设计作品既体现了鲜明的时代感又具有浓郁的民族特色

图10-6 加利亚诺设计的高级时装作品将中国旗袍赋予了新的时代精神

二、了解服装流行趋势及其他信息

服装设计更多的是对流行时尚的全面关注，流行时尚的产生又有它深厚的文化背景，如今的图书杂志、电视通讯、网络技术使我们在第一时间就能得到最新的流行信息。对流行信息进行分析和组织，找出构成该时期流行的因素，并做出相应的反映，就能产生新的事物和设计。面对面料、色彩等的流行信息，不同的设计定位有不同的选择条件和组织方式，所展现的整体效果也有好坏，这体现了设计者对全局的把握能力和对信息的综合组织能力。信息的导入与组织，大致可归纳为直接信息、间接信息和其他信息几个方面。

（1）直接信息就是来自现代传播手段和宣传媒介所展示的服装图片、服装表演、面料式样、流行色彩等视觉印象的直观感受。这类信息为最初的设计提供了款型依据、色彩组合、面料系列，也为设计主题的确定奠定了基本框架。在此基础上，设计者对这类信息中价值的部分加以分析和借鉴，重新塑造一种设计元素，组成新的和谐秩序。

（2）间接信息来自人们对生活时尚的关注与敏锐的观察和对多个时期流行服饰的分析，结合当前人们消费心理和生活装束，进行详细的市场调研而得到反馈信息，并由此对未来发展方向做出预测和判断。

（3）其他信息来自对民族服饰内涵的体验以及对相关艺术如绘画、音乐、建筑、雕塑等方面的感悟所产生的设计灵感。由此产生的信息在许多服装大师的作品中成功演绎。意大利设计师瓦伦蒂诺在1993年根据中国青花瓷器和刺绣设计出了带有东方特色的服装作品，而世纪之交国际服装推出的"东方情结"，也正是从这些民族服饰中产生的灵感，从而引导了一个时期的流行时尚。这类设计强调的是文化底蕴和民族内涵（图10-7、图10-8）。

图10-7　中国建筑的造型给予西方服装设计师以灵感，瓦伦蒂诺从中国建筑的飞檐造型得到启发，设计了翘边大檐帽

图10-8　让·保罗·戈蒂埃认为"龙凤呈祥"是中国传统文化的代表，他于20世纪末推出了具有鲜明中国文化特色的礼服

三、表现设计效果图的能力

设计效果图也称时装画。它强调把构思的服装款式，通过艺术的适当夸张，呈现出平面的着装效果、款式特点、标准色彩、面料组合以及基本的材料质感，使我们能直观地感受设计。同时，它也对夸张的部位、上下之间的比例、局部与整体的省略与表现都有一定的要求，以便使最后的着装效果符合最初的构思表现。

1. 准确的表达

款型结构是在设计效果图的基础上对构成服装款式结构的具体表现，也是板型完善的依据、工艺实施的保证。它包括款型正背面结构、省位变化、开刀部位、纽扣的排列关系、袋口位置等详细图解。款型结构的表现准确性是设计具体实施的重要依据，也是设计表现的重要组成部分。

2. 完整的表达

与整体着装相关的服饰配件表现是服装整体的组成部分之一。它包括帽、领带、皮带、包、围巾、首饰等方面的配套设计，以及相关的结构细节、材料使用、加工手段的具体说明。由于效果图对款型细节和局部不能详尽表达，如服装的里衬、内袋、商标位置等。因此，在设计上若有局部、装饰效果等特殊需求时，就需要对这类设计做大样表现，并附详细说明（如款式上有电脑绣花、局部镶拼、丝网印花等）。设计只有做到准确表现，才能使构思效果得到完整体现。我们应该在此基础上，制定相应的工艺流程和技术规范，使设计表现得以具体体现（图10-9）。

四、了解服装制板及裁剪技术

设计是一种造物的过程，有了好的构思后，接着就是如何来完成和实现这个构思，把设计构思画在纸上，那仅仅是设计

图10-9　绘制服装设计效果图的目的是详尽地表达设计意图（作者：金鹏）

的开始。服装设计效果图是设计构思的视觉表达手段之一，而这个设计构思能否实现，还要通过一定技巧的裁剪、制作工艺来探索其实现的可能性。因此，作为设计师，如果对服装裁剪方法和制作技术等实际操作技能一无所知的话，其构思肯定是不着边际的。经常看到许多设计效果图画得很好，但实际上不可能做出来，或者即使勉强做出来也无法穿用。可见，掌握裁剪、制作的基本技能对于设计师十分重要。事实上，许多设计的技巧、设计的变化不在纸面上，而在实际制板、裁剪和缝制的过程中。所谓的服装上的"线条"和"造型"，也绝不是纸面上的线和形，而是立体上的、三维空间中的线和形，这种感觉只有在三维空间的实际训练中才能体现。

五、对服装材料学知识的掌握

设计构想需要相应的材料作具体的表现，千变万化的服装是由各种不同性质的服装材料组合而成的。服装材料的推陈出新，创造了丰富多彩、功能各异的服装款型。服装材料指的是构成服装整体的全部材料。按服装组成的结构层次，可分为面料、里料和辅料三大种类；从质地上分有天然纤维、化学纤维两大类。服装材料的种类不同，表现出来的材质性能、视觉效果、使用功能也不同。因此，我们有必要对材料的性能特点作基本的了解和认识，根据材料的性质着手设计符合材料的款式，充分

表现材料本身所具有的美感（图10-10）。

服装材料有粗细、厚薄、轻重之别，不同的材料有不同的表现手法和视觉效果。在设计中，使用轻薄的材料不一定能造成轻快之感，相反使用厚重的材料，经过技术加工也能达到轻快的目的，这在于对材料的使用和组合上的判断。因此，对材料本身的状态和加工完成后的效果应有清醒的认识，巧妙地利用材料自身的特性，能为设计增添新的惊奇。材料的特性，一般指材料的特征和性能两个方面。特征主要指能直观感受到的材料肌理、厚薄、轻重等方面。性能主要指纤维含量、伸缩率、保暖透气性能以及后处理等方面。这些特性，可以以目测、触摸等方式进行判断并加以表现，使材料特性得以丰富展现，为设计服务。除此之外，依据材料而产生的形状和颜色也是我们需要考虑的重要因素。特别是色彩，它是视觉能直观感受到而用手无法分辨的，它对材料的使用起着重要的作用，它直接关系到人们对服装的第一印象，由色彩产生的花纹和花样，更能反映材料的外在效果（图10-11、图10-12）。

图10-10　材料的质感、触感等特点对于服装的效果具有极大的影响

图10-11　三宅一生在服装材料再创造方面做出的贡献人难以超越

图10-12　新材料的运用极大地拓展了服装设计的表现空间

六、对综合性人文主题的关注

服装设计思维的形成还来源于设计师对社会热点问题的敏感程度，如人们对生态环境的关注、对生活质量的关注等。这些设计主题概念的确定和推出，是我们认识设计、组织设计、完善设计的主要来源，由此产生的设计主题明确、产品指向性强，具有自身特点，并且设计思路清晰，有着继续延伸的发展空间。主题概念的推出并非为了主题而主题，而是对设计思维的全面理解，为设计创新找到理论依据和新的思维源。设计应善于关注人们关心的热点话题，敏锐地感受社会发展的动向。主题概念的推出，可以从年代主题、地域主题、季节主题、文化主题等方面进行思考。

年代主题就是针对历史上某个时期衣着服饰流行的时代背景，结合现代审美，进行有效的提炼和升华，引发人们对那个时代的关注与回忆，满足现代人来自多方面的精神需求。如20世纪60年代的西部牛仔装，直到今天仍受人们喜爱，但它已不再停留于耐磨的粗棉布上，而是赋予了它新的时代内涵和科技含量。如今的牛仔系列已发展到衬衣、风衣、防寒服、短裤、背包，甚至女装的裤、裙以及中老年装、童装系列。面料的深加工和后处理，既保留了服装原有的特色，又考虑了现代人的审美需求和穿着的舒适感。20世纪70年代的乡村音乐和乡村服饰带来的乡村休闲新概念，表现在服装上是一种朴实无华的设计理念。在20世纪末，为迎接新千年的到来，各服装品牌推出跨世纪概念装，以世纪末人们的怀旧情结为热点主题，如对老照片的喜爱与回顾、服装流行趋势推出的"30年代怀旧风情"等，都曾掀起人们关注的热潮，满足了现代人回忆过去和展望未来的心理。

地域主题指在人们印象中较有影响和较有特色的带有浓厚的地域色彩和风土人情，带给人们在设计上的联想，从而推出的设计主题。如美国夏威夷以它特有的历史背景而成为当今海滩旅游胜地，由此产生的"夏威夷衬衫"，以它特有的花形和休闲的样式，带动了男士衬衫一个时期的潮流。20世纪初的"东方情结"带来了具有中式特点的男士立领衬衫和中式便装，改变了男士衬衫以白色为主的着装模式，色彩更加丰富（图10-13）。

季节主题对于设计师来说是一个非常重要的时间概念。对所处地区的季节周期、温差变化等方面的掌握，有利于对产品做出有针对性的调整，在季节的各个黄金期做文章。以防寒服、羊毛衫、保暖内衣为主的冬季服装推出的"来自冬天的温暖"，改变了男士冬季着装的臃肿，更体现一份潇洒和自信，同时也带动了男士外套的消费。季节主题应根据各地区的季节特点和周期，思考季节的销售旺季，突出设计创意，营造新的市场机遇（图10-14）。

图10-13　生活在热带地区的人们穿着防晒、易于散热的服装

图10-14　加入莱卡等新型材料的内衣既保暖又舒适

文化主题主要来自于对文学作品、哲学观念、审美取向、传统文化、现代思潮以及社会发展的广泛关注和领悟。社会的发展给人类在物质和精神方面带来了新的追求和挑战。由网络时代带来的信息革命、由科技发展带来的新型合成面料，使设计更富于想象空间。从20世纪60年代"嬉皮士"运动的反传统到崇尚个人主义和绅士风度的"雅皮士"，从全民健身和"生命在于运动"的倡导到运动休闲装的流行以及当今的新古典主义和所谓的"文化衫"的风靡，无不体现由文化主题引发的流行时尚。

第三节　设计的社会性与创造力

从本质上说，设计是一种社会性工作，而设计师则是为社会、为大众提供设计服务的一种职业。只有纯艺术家才能够有权利标榜自己的艺术是"为个人表现的艺术"，但是设计师没有这样的权利和可能性。因为设计是为社会、为大众服务的，与纯艺术作品相比，设计作品具有明显的社会性特征。设计师必须具有合作的意识和观念，并将其作为职业素质的内在品质之一，自觉地在设计的全过程中体现出来。

图10-15　即使范思哲这样的以杰出的创造力著称的服装设计大师的作品，也同样是为了满足人的实用目的而设计

当代设计的发展状况是设计越来越呈现多学科交叉、多专业协同发展的趋势，在这种情况下，设计师的工作其实只是整个设计体系的一部分。设计的社会性已经成为设计成功的一个重要因素，也应成为设计师自身优良素质的一个重要方面。设计师这个职业，其本质内涵就决定了设计师必须具备社会意识和社会责任（图10-15）。

设计师的社会意识并不仅仅是当代的要求，更应该说是从设计师的职业化开始时就本质性地具备了这一重要特征。从现代设计发展史来看，早在19世纪的工艺美术运动时期的威廉·莫里斯就以"为大众而设计"作为自己的职责，莫里斯认为真正的艺术必须是"为人民所创造的，又为人民服务的，对于创造者和使用者来说都是一种乐趣"。设计更应是如此。莫里斯说："我不愿意艺术只为少数人效劳，仅仅为了少数人的教育和自由。"莫里斯倡导艺术家与工匠结合，艺术与设计结合，在实用艺术领域用设计的方式为广大民众服务。正是基于艺术为人民服务的这种思想，现代设计史上第一个具有里程碑意义的现代设计运动——工艺美术运动在莫里斯的倡导下开始了。从此，设计以大众为主要的服务对象，而为社会服务也就成为设计师最基本的社会意识。到了为现代设计的发展做出巨大贡献的包豪斯时期，设计大师们从一开始就树立了为大众而设计的设计理念和信仰，这些设计理念是设计大师们意识到了作为设计师的社会职责和义务。例如，包豪斯的创办人和精神领袖格罗皮乌斯，他倡导设计成为"全民的事业"。在20世纪现代设计发展史上，欧美优良设计的品评标准同样也是以为大众而设计作为设计的基本准则。以设计模压胶合板家具而闻名的美国设计师查尔斯·艾姆斯提出的设计口号是：以最多最优秀的给予人民，而只索取最小的（图10-16）。

图10-16　曾作为包豪斯教师的拜耶在美国极大地深化了新包豪斯的图形设计原则

然而，设计的社会性特征并不排斥设计的创造性特点，如上所述，现代设计运动中的设计大师的作品既是为大众、为社会而设计，又是一种创造性的、前所未有的设计。其实，设计就是一种创造性工作，设计即是创造，设计师也就是创造者。创造，就是赋予事物一种新的存在形

综合知识窗

209

图10-17　创造力是运用早已存在的可以利用的材料，用无法预料的方式去加以改变，川久保玲推出这一系列解构主义风格的设计具有足够的说服力

图10-18　创造力是设计师的灵魂，法国著名设计师戈蒂埃的作品无处不在彰显他高于常人的创作才华

式和方式，是人类生活的本质特征之一，是人类理想的一种追求。随着人类文明的发展，它已经成为人类的一种新的生活形式，生活即创造。创造是设计师的本职，设计师是天生的创造者，是永无止境的创造者（图10-17）。

创造，按照不同的事物和需要而处于不同的层面上，既有原创又有非原创，既包括创造过程又包括创造成果，不管哪一层面，都需要创造者付出创造性的劳动。每个人都具有创造的能力。创造力作为人的特权，是运用早已存在的可以利用的材料，用无法预料的方式去加以改变。对人类所普遍具备的这种创造力而言，它实际上是与人的智力因素、动机因素、个性因素相关。智力因素包括个人的记忆、认识、评价能力和思维的整合和发散过程等；动机因素包括了驱动力、献身事业的精神、智慧、对规律和理想的追求等；在个性因素中包括了独立性、自信、个性、个人气质、爱好等多方面。这些方面，既有个人的天生素质又有环境的因素。就个人本身的素质而言，有许多人类所共有的东西，"每一个正常人，从更大程度上看是有创造力的人所具有的特点之一，就是能够在心灵中同时表现出个体（特殊）和类型（一般）。"共同的东西就是类型的、一般的、共性的东西（图10-18）。

在人的行为中，创造力是与自发性、独创性等特性联系在一起的，有的甚至与人的自然生理联系在一起。有学者认为：人的自发性和独创性是通过意象、情感和观念的流露来体现的。在这里，"自发性"意味着一个人的心灵所具有的一系列直觉的可能性，它决定于这个人的内在品质以及过去与当前的经验。自发性以及自发的变异性与人的生理机制密切相关。独创性也与人的生物机制相联系且具有一种必然性。尤其在人生的初期阶段，人是在社会化的过程中逐渐丧失原始的、非派生的独创性的。独创性并非为少数人所有，而是人所共有的一种能力。创造力作为人所共有的一种能力，不是靠遗传的天赋，也不完全依赖于环境或教育，它是每一个人具有的需要自我开发的一种潜能（图10-19）。

设计的过程是创造力发挥、施展的过程，良好的创造力是设计师自我发展与成长的保证，也是设计师终身的追求。创造力不是天赋的，而是努力的结果，设计师与一般人不同的是，他所从事的设计工作几乎完全是建立在这种创造能力基础上的，因此，要有意识地培养自己的这种创造力。著名心理学家马斯洛曾将有创造力的人归属于自我实现的人，"自我实现"实际上是一种有意识的追求。创造力与智力虽然有一定关联，但

图10-19 意大利著名设计师米索尼对针织工艺的创造性开发，再次证明服装设计师的创造力是服装品牌发展的关键性因素

创造者的基本特征

这是由西方创造力研究学者弗兰克·巴伦提出的理论，共有12项：

1. 善于观察；

2. 仅仅表达部分真理；

3. 除了看到别人看到的事物，还看到了别人没有看到的事物；

4. 具有独立的认识能力，并对此给予高度的评价；

5. 受自身才能和自身评价的激励；

6. 能够很快地把握许多思想，并且对更多的思想加以比较，从而形成更丰富的综合性理念；

7. 从体格上来看，他们具有更多的内驱力，更敏感；

8. 有更为复杂的生活，能看到更复杂的普遍性；

9. 能够意识到无意识的动机与幻想；

10. 有更强的自我，从而能使他们回归、倒退，也能够使他们恢复正常；

11. 能在一定时间内使主客观的差别消失掉；

12. 创造者的肌体处于最大限度的客观自由状态，其创造力就是这种客观自由的功能。

创造力的大小不完全取决于个人的智力而取决于个人的努力。培养自身的创造力对于设计师而言是十分重要的，这是设计师素质中最重要的部分，培养创造力要从培养自己对于事物良好的感受性开始，有了敏锐的和良好的感受性，还需要有专心致志的精神态度。这是创造力养成的基础和先决条件。

就具体的设计而言，设计师创造优良的、符合社会和大众需要的产品，这是设计师的职责所在。优秀的设计是真、善、美统一的设计。真、善、美作为一种共性的要求，每一时代都有不同的体现和内涵。真，在设计上首先表现为设计功能、结构的合理性和目的性，它真实地体现着设计的根本目的，它可以体现为对材料的合理使用，经济、节约、最大限度地利用材料和发挥材料本身的功能。善，是优良的同义词，优良设计可以说是善的设计，但每一时代对"优良设计"都有相应的标准和原则。对于设计而言，真和善都是一种美，中国古人认为真、善相通，即真和善都是美的一种存在形态，在这一意义上，真和善本身就是一种美。

在服装设计中，设计的社会性与创造力之间存在着紧密的关系，服装设计的创造力必须为社会所承认，服装设计必须同时兼顾设计的社会性与创造性。服装设计的这种特点为当代服装教育的发展提出了思考，为什么有些社会人士认定具有创造性的服装设计作品就必然缺乏符合社会需要的社会性呢？服装设计是现代设计的一个门类，而现代设计的真正本质含义就是创造性地设计符合社会与大众需要的设计作品。在现代设计运动中，设计的社会性与创造性是天然契合在一起的，背离设计的创造性与社会性的设计教育，必然背离现代设计的本质意义。正如著名的时装设计师克里斯汀·拉夸曾经说过："时装设计的最高境界在于如何使艺术实用化，使概念具体化。人人都会用珍珠、貂皮点缀连衣裙，但设计一件外表朴素自然、合身又不影响行动的连衣裙却是考验大师的难题。因为既要让公众接受，又要体现鲜明的个性，还要融合科学原理，再加上设计师的构思、才能和细节展示，谁能把这一切以最简单的形式完成，谁才是真正的天才。"

思考题

1. 作为一名服装设计师应该具备哪几个方面的综合能力？
2. 试举例分析国际著名服装设计大师作品中的创造性思维的体现。
3. 在服装设计教育中，是应该注重创造性思维的培养呢，还是应该更加注重实践能力的培养？二者之间存在什么关系？
4. 如果说创造性思维的培养对于一名服装设计师来说最为重要，那么理性思维能力是否同样重要呢？试举例分析。
5. 试分析制约中国服装企业发展的主要原因。
6. 试举例分析服装设计的社会性与创造性的关系。

推荐参阅书目

[1] 谭平，甘一方，张永和. 概念艺术设计 [M]. 青岛：青岛出版社，1999.

[2] 钱来忠. 概念艺术 [M]. 北京：现代艺术杂志社，2002.

[3] 刘元风. 服装设计教程 [M]. 杭州：中国美术学院出版社，2002.

[4] 韦荣慧. 中华民族服饰文化 [M]. 北京：纺织工业出版社，1992.

[5] 王东霞. 从长袍马褂到西装革履 [M]. 成都：四川人民出版社，2003.

[6] 苗莉，王文革. 服装心理学 [M]. 北京：中国纺织出版社，1997.

[7] 李当歧. 西洋服装史 [M]. 北京：高等教育出版社，1995.

[8] 朱狄. 艺术的起源 [M]. 北京：中国青年出版社，1999.

Ⅲ

第三部分

服装分类
设计

第十一章
服装设计定位

现代社会环境下的设计定位理论与现代设计运动自身的特点有着密切的关系，20世纪期间发展起来的现代设计活动与传统设计最根本的区别就在于，现代设计是与大工业生产、现代文明以及现代生活方式密切联系的。服装艺术设计是对物的设计，也是一种物的使用方式的设计。物的使用方式是生活方式的具体内涵之一，使用方式的改变对生活方式会产生一定的影响。生活方式在一定意义上表现为一种对产品的消费方式。因此，现代设计与现代生活方式关系密切。

第一节　现代社会环境下的设计定位理论

当代西方学者韦伯曾指出：特定的生活方式表现为消费商品的特定规律，即研究商品消费可以认识生活方式。一定的产品为一定的群体所消费，产品的艺术设计总是针对特定消费群体的，即使是主张面向大众的现代设计，其真正现代意义上的产品尤其是前卫性的设计产品，它们的消费对象主要是富裕的、文化层次较高的有闲阶层。在一定意义上，不同凡响的设计本身就为产品建立了一个外在的显著的符号形象，消费者选择的不是商品实物，而是设计，一种非凡的创意，正是这种设计和创意所形成的产品样式和风格，使消费者获得了消费的象征价值。所以，设计与消费之间的关系十分紧密。

设计与消费的关系实际上就是设计与市场的关系，设计与市场的关系实际上也是设计与消费的关系。在市场学中，市场也可以解释为消费需求。"市场是由一切具有特定需求或欲望，并且愿意和可能从事交换，来使需求和欲望得到满足的潜在顾客所组成的"，市场需求，在一定意义上即是消费需求；市场对设计的需求，实际上是消费对设计的需求，这种需求通过市场这一中介得以反映和表现出来。市场需求的大小在一定意义上反映了设计的成败，而现代成功的设计，是把市场调研作为设计的一个重要环节，在充分进行市场调研的基础上，进行产品的开发设计，这几乎已经成为新设计产生的必由之路。

由此可见，为了准确把握现代设计的定位，设计人员除了掌握产品设计专业知识外，还要充分了解产品设计与市场策略之间的关系。在设计与市场的关系中，设计既有对市场需求的适应，又有对市场需求的引导作用。对市场需求的适应，表现在满足市场需求、使设计符合市场需求的期待方面；而对市场需求的引导作用则是由设计本身所具备的创造性和未来性所决定的。设计不仅应适应市场需求，而且还能创造市场需求。

设计不是简单的画图，而是产出产品实物的一系列过程。产品作为商品，就要有流通的价值，就要让消费者接受，才能实现产品的真正意义。产品在设计过程中受到众多方面因素的制约，设计定位强调的是整体配合的最佳组合方案，通过对定位对象的研究，找到符合企业自身特点的定位方向非常重要。设计定位的准确，能使设计从盲目性、简单性、模式性向目标性、规范性、合理性方向发展，使企业目的明确，保持自身特点，拓展新的市场份额，为企业创造新的机遇与利润增长点（图11-1）。

所谓的设计定位就是指通过市场调研，分析消费心理、消费层次，认识企业自身特点，制定相应的战略目标，从而找到产品与消费者之间的切入点，确定相应的产品形式，做到有的放矢，使产品能适应它所设定的消费对象，从而引发购买欲，达到消费者满意、企业获利的目的。制定相应的可行性方案，做到定位准确是产品获得市场的基础，因此就产品的设计定位而言，可以从下述方面进行思考：产品对象的定位、产

图11-1 服装的服务对象在设计过程中是需要考虑的第一个要素

品类型的定位、产销方式的定位、工艺品质的定位、发展目标的定位、宣传方式的定位。

一、产品对象的定位

性别对象——是男性还是女性。

年龄结构——是少年、青年、中年、老年还是特定的设计年龄段。

职业特点——是室内还是室外，是体力劳动还是脑力劳动等，这决定着消费阶层和购买能力。

经济状况——经济收入的高低决定着产品价位及档次的确定，收入是否稳定与国民经济增长相关，这决定着国民的购买力。

文化程度——由于消费者受教育的程度及文化层次的不同，审美方式、审美情趣也有一定差异，对设计产品的时尚性以及形式感也有不同的认可。因此，文化程度的高低对产品设计的定位起着非常重要的作用。

文化习俗——这是就广义的民族和地域而言的。了解各地区人们不同的风俗习惯、宗教信仰等传统文化模式有利于抓住重点进行产品设计，从而使设计能够结合流行时尚，调整产品结构，使产品适销对路。

二、产品类型的定位

市场预测——包括流行趋势、消费心理、购买力的预测以及对前几年同季节同类产品流行原因的分析研究，找出规律和各时期适销对路的产品特点，求得消费者对此的反映。这有利于提前做好新产品的研究与开发，确定档次与批量生产计划，以先入为主的方式赢得市场份额。

专业化特定人群的媒体广告形式

所谓专业化特定人群的媒体广告形式，主要是针对某一人群的某项需要而开发并发行的媒体，其表现形式包括：

（1）电视栏目特定广告（如某一固定或特邀电视栏目广告或资助）；

（2）时尚类阅览广告（如《时尚》《瑞丽》等杂志）；

（3）特定范围的传媒（如在各航班中发放的航空杂志以及俱乐部阅读刊物）。

此类广告形式能够基本判断其受众人群，并能够较为有利地进行品牌或产品展示，容易在特定人群内形成品牌的认知度，即使表达方式更加专业化也能够被受众所理解，在成本投入方面较之大众媒体更加低廉。

产品档次——是高档次还是低档次，或是满足大众消费的中等档次。档次的确定有利于设计师在面料的选择、生产工艺的难易程度等方面做出思考，有利于经营者确定产品价值与价格以及做出比较和选择，使设计师能较为准确地根据产品的档次，设计符合这一档次消费层的款型。

产品批量——生产量要根据该地区消费能力、人口流量、经营策略、营销口岸、该产品的市场占有率等因素来确定。量的大小关系到消费层对该产品的认定，而信息的反馈又促进设计师对产品做出相应的思考。

三、产销方式的定位

生产方式——是独立生产还是委托加工或部分合作加工。保证生产的机器设备、规模，确定是普通设备还是专用设备或流水线配套设备。材料的供应渠道是否畅通，各工段人员是否配备，员工掌握技术的水平及素质是否达到一定标准，流水工艺是否合理，质检标准及手段是否科学规范等，都是保证设计完善的必要条件。

生产周期——对时间性、季节性强的服装，生产周期的科学规定是完成产品的可靠保证。季节性服装在市场的流行，通常应提前做好对市场信息的消化，提出生产周期的可行性方案，制定科学合理的工艺流程，并按现有生产人员、设备状况对每单日生产量做出评估和测算，以保障在季节之前有效地投放市场，并以市场反馈来合理调整生产，推出新产品。

销售方式——确定是批发、零售、专卖还是商场专柜。产品销售的好坏以及营销战略的制定是否成功，直接影响着设计的成功与否以及系列产品的再投入。因此制定相应的科学先进的营销策略是产品成功的要素之一。

成本估算——包括直接成本和间接成本的估算。直接成本指生产产品的直接费用，如面料、辅料的单价，单套件产品的实际生产成本、人工单价、机器设备磨损费以及厂房、店面的租金等；间接成本指产品上市的间接费用，如广告宣传、促销展示、材料和成品的运输、法定税金以及其他公用事业的投入等，通过全面细致的计算，可得出相应的利润率，为产品的开发和再投入以及企业的可持续发展制定相应的目标。

四、工艺品质的定位

外观——指产品设计的整体效果如何，结构线是否流畅，外观是否完整，局部细节是否精益求精，手感是否舒适，试穿是否达到设计要求。通过这些比较，设计师可进一步完善设计，调整板型以达到更为理想的视觉效果。

质量——质量是企业生存的基础，也是产品形象的可靠保证。好的设计需要高质量的生产和管理作保证。从产品材料的优劣、工艺水平的高低到后处理的完善与否等都是质量保证的基础。产品通过严格的质量检测，达到预期设定的成品标准。这既是对消费者负责，也是对企业自身发展负责。

规格——根据各地区、各种族在身高、体型、消费习惯方面的不同，对该地区某个消费群进行普查和抽样调查，求得相对合理的人体理论数据，以确定服装产品规格。

五、发展目标的定位

效益目标——取得良好的经济效益是企业共同的目标，但必须考虑到市场的风险。产品投放市场前，应对盈亏做充分的预测。因此，以完善的设计、可靠的质量保证、替消费者着想为经营思路，建立信赖消费层，这对企业声誉和效益十分有利。

战略目标——在众多的企业中，如何树立自己的企业形象，使企业脱颖而出，需结合自身条件对市场前景做出合理判断，科学地制定战略目标显得尤为重要。以名牌战略、精品战略和良好的售后服务占有市场，赢得消费者的认同是当前规模较大的企业的发展重要方向。那种跟潮流、粗加工的短期行为将随着消费者观念的提高而落后于社会。

规划目标——对企业现有的实力和规模不断考察，制定相应的长期发展规划，有利于企业朝着制定的目标努力去实现。如生产规模的扩大再投入，机器设备的更新，技术力量的提高和再培训，产品结构的相对调整，产品质量的提升，建立新的、广泛的合作对象等，都是长远规划的一部分。因此，制定符合自身实力的发展规划，是企业立足发展之本。

六、宣传方式的定位

产品的成功除了设计定位准确、质量优秀外，宣传也是产品成功的必要手段。就服装产品的宣传而言，选择媒介方式有陈列开架式自选、封闭式售货以及挂架、产品说明、系列包装、材料成分牌、洗涤说明等视觉传达媒介。还有电视广告、报刊杂志、广播电台、路牌广告、季节主题概念招贴等传播媒介（图11-2）。好的产品没有适当的宣传手段也是不会被消费者认同的。因此对媒体的选择要根据企业自身的目标和综合实力，通过广告费用与成本利润的估算比率来选择适当的媒体对产品进行宣传。

图11-2 服装宣传广告具有多种多样的表现形式

合理地利用现代化视听手段，如广泛的网络服务，传递各种信息是整个设计定位中最重要的环节之一。

第二节　服装设计定位的基本方法与程序

服装设计与其他艺术设计门类一样，需要通过工业手段以产品的形式出现，最后通过市场流通体系，使之穿在消费者身上才是设计的最终完成。因此，在服装设计的整个过程中，一方面是对服装造型本身各种要素深入细致的构思和筹划；另一方面是对其相关的多种直接和间接的因素进行系统的研究，诸如国际服装服饰（包括款式、色彩、面料、辅料等）流行趋势、国内市场现状、服装营销策略、服装消费者的审美观念等。服装设计师的设计视野和设计方法必须是建立在市场调研和准确把握信息、充分了解消费者的精神需求和物质需求之上的。同时，还需要根据企业的特点和实际条件，找准设计与需求之间的融汇点（即设计定位），掌握一整套科学而有效的设计程序。总而言之，服装设计是一项实践性、操作性很强的专业活动。对于不同的服装设计项目、条件和要求，其方法可能有所不同，这需要服装设计者根据实际而确定、选择和加以变化，甚至需要创新。

服装设计程序是设计实施的一个过程，每一个设计都有自己的过程。服装设计程序与服装设计方法又有一定的互为关联，即服装设计程序往往与一定的服装设计方法相适应。在计算机作为辅助设计手段后，一般的专业设计的程序可以分为五个阶段：①获取信息阶段；②创造性设计阶段；③参数决策阶段；④显示、记录设计对象阶段；⑤综合评价阶段。一般设计程序有很大的适应性，可以应用于产品设计之中。服装产品设计程序可以说是一般设计程序在服装产品设计中运用的具体化和细化。服装设计定位的基本方法与程序如下：

一、对服装设计产品消费对象的定位

对消费对象的划分包括性别年龄、职业特征、经济状况、文化程度、穿着时间和场合、生活状态、风俗习惯七个方面。对性别、年龄的划分确定消费对象是男装、女装或者儿童、少年、青年、中年或老年等。对职业特征的划分确定消费对象是国家公务员、科技人员、教师、高级知识分子或者是工人、农民等。对经济状况的划分确定是高薪阶层、中薪阶层或者低薪阶层，是固定收入者还是不固定收入者等。对文化程度的划分是因为文化程度和艺术素养往往决定着消费者对服装审美的品位和层次，一般来讲文化程度与审美形成正比。对穿着时间和场合的划分，确定穿着服装的时间是白天还是晚间，是正式场合还是非正式场合。对生活状态的划分是因为每一个消费阶层都有自己相对独立的生活状态，而这种生活状态又制约着对服装的审美需求。对风俗习惯的划分是因为不同的民族、不同的地区有着相应的社会文化背景和由此而形成的文化习俗，如宗教信仰、风土人情、生活习惯、色彩偏爱、装扮特点等，这些因素直接影响着消费对象对服装的审美和需求（图11-3、图11-4）。

图11-3　非洲女子的特色服饰

二、对服装设计产品特征的定位

对服装产品特征的划分主要包括产品类型、产品档次、产品批量、价格设定四个方面。产品类型是在深入地进行市场调研的基础上确定的，特别是要研究和分析市场上同类或相近产品的现状，并根据企业的自身特点和客观条件，准确地把握和确定新产品的类型。服装设计的款式、色彩、面料及配件等需要有一定的新意和独创之处，因而需要考虑新产品以何种面貌出现。

图11-4　我国西南地区少数民族独具特色的服饰

产品的档次需要根据企业自身的实力和具体情况来决定，并且还要考虑到消费者的实际需求和对产品的认可程度。企业自身的情况一般包括生产规模、机械设备、资金运作、人员素质、设计能力、管理水平、工艺流程、广告策划、市场营销等方面。

产品批量是当服装的类型和档次确定之后，需要对产品的产量确定一个切实可行的计划，是小批量还是大批量，应以市场试销和市场环境为前提。

产品价格有高、中、低档之分，在确定产品档次和特色的基础上，根据服装的成本、工业利润、税收、交通费用、商业利润及消费者的实际承受能力等因素合理设定。

三、对服装设计产品风格的定位

对产品风格的划分主要包括产品造型、产品质量、产品特色、号型设定、商标设定五个方面。对产品造型的设定是因为服装设计的造型要有一定特色，其中包括设计概念、创意取向、结构特征、色彩配置、工艺处理、装饰手法以及服饰配件等。产品质量一般应从下列几方面严格把关：服装的功能性，面、辅料的物理性能，服装板型的准确性和科学性，流水线的合理性，缝制工艺的精良程度，产品后整理技术等。艺术性和科学性决定了产品的特色，产品的特色又是统一在企业的整体形象设计之中的，在一定程度上显示出企业的品牌定位。因此，要善于在服装设计、面辅料选择、工艺流程中逐渐形成自身的个性风格。产品风格一旦被市场认可，就意味着企业和产品在消费者心中树立了信誉，而产品良好的信誉对于企业的发展又是极为重要的因素。对号型的设定是企业根据产品销售地区消费者的体形特征，以国家统一的服装号型为依据，制定出科学的、准确的产品号型规则，并且需要在号型的设定中力求规范化和细分化；同时，也应照顾到特殊体型的消费者。对商标的设定是围绕产品的特色设定出新颖而有个性的产品标识，包括服装的各种吊牌、包装用品等，以引起消费者对于产品的兴趣和购买欲望。

四、对服装设计产品营销策略的定位

对营销策略的确定包括市场定位、市场细分、市场策略、销售地点、促销方式、产品评价、产品发展目标七个方面。市场定位与产品定位，其内涵是一致的。企业在确定市场定位时，首先要了解本企业的产品在市场上与同类产品的竞争位置，了解消费者对产品各种属性的重视程度，找出消费者对产品的理想形象和竞争对手的弱势环节与不利因素，然后，根据企业自身情况决定新产品适当的营销方式，并制定相应的销售网络体系。市场细分是市场可按地区、产品性质、消费群体、企业经营规模和经营方式来划分，企业应根据自身的产品风格和经营特点有针对性地选择

最合适的服装消费市场。市场策略是服装产品投放市场的策略，包括投放市场的时间、批量、途径三个方面。产品投入市场需要把握最有利的时机（如夏装进入市场的最佳时机是春末夏初），以最为适度的批量，通过有效途径将产品推向市场，同时要抓住购买旺盛期（如农村一般是在秋收之后春节之前，城市一般是在重大节日之际），最大限度地实现企业的营销目标。销售地点的确定是根据产品的性质选择最佳的销售地点，重要的是要考虑销售地点的文化氛围、顾客流量及购物的内外环境等。促销方式一般是利用广告及各种传媒介绍产品的特点、增加销售网络、培训销售人员、采用灵活多变的短期措施等；同时，还可以采用服装的多种展示手段、公益事业及售后服务等方式进行间接促销。产品评价是根据产品通过市场经销后所反映出来的各方面的情况和各种具体的数据，进行全面综合的分析，并提出改进意见和相应措施。其中包括产品在市场竞争中的优势和劣势评估；改进产品结构、降低成本、提高利润的具体计划；产品营销手段是否科学；改进各个生产工序和工艺流程计划等。产品发展目标是指产品在原有的基础上是否扩大生产规模或转产，是否在发展生产方面有新的设想，如产品销售额、销售增长率、市场占有率、利润、投资收益等。另外，审核有关设计部门和其他部门在一定时期内需要做的计划以及预定目标。

五、对服装设计产品设计阶段的定位

当服装设计定位的各种因素都确定之后，即可进入产品的设计阶段。这个阶段是以设计师为主体的环节，也是最具实际意义的一个环节。产品设计阶段包括收集资料、掌握信息、市场调研、设计构思及绘制效果图四个方面。

收集服装的资料有两种形式：一种是以图像为主的视觉形象资料，其中包括时装展示、专业杂志、画报、录像、影视、幻灯片及照片等；另一种是以文字为主的间接的和概念性的资料，其中包括哲学、美学、文学、艺术理论、中外服装史及相关刊物中的有关文章。以上两种形式的资料都需要认真查阅和研究。另外，对服装资料的整理与存储要有一定的科学方法，切不可杂乱无章地随意堆砌，否则资料再多也没有实用价值。要善于分门别类、有条理地存放，这样运用起来才会便利而有效。

在现代服装设计中，掌握流行信息是至关重要的。服装的信息主要是指有关的国际和国内最新的流行倾向与趋势。信息分为文字信息和图像信息两种形式。信息与资料的区别在于前者侧重于还未发生的、超前性的有关内容，而后者侧重于已经发生的、历史性的相关内容。对于信息的掌握不只限于专业的和单方面的，而是多角度、多方位的，与服装、服饰有关的内容都应包括其中，如最新的科技成果、最新的文化动态、最新的艺术思潮、最新的流行色彩，最新的纺织材料及纺织机械等。同时，应注意开发信息来源的途径和渠道，使信息更加快捷和有效。

市场调研是服装设计的重要环节，它是指运用一定的科学方法把握和分析市场营销的相关内容，为服装的设计和市场营销决策提供直接的依据。市场调研包括对消费者的调研、对产品现状的调研、对产品销售的调研、对同类产品的调研和对市场环境的调研。

服装设计的构思是具体实施设计方案的开始，是建立在确定设计定位、搜集信息资料及市场调研的基础上的，是设计师运用形象思维、创造性思维和立体思维，对服装整体造型的全方位的思考和酝酿的过程。

设计构思是通过设计草图的形式表达出来的，一定数量的草图显示着设计师设计构思的广度和深度，服装设计的最终设计方案也出自这些设计草图之中。当在大量的设计草图中几经推敲和筛选而确定最佳的设计方案之后，即可根据具体的设计需要绘制出正规的服装设计效果图。与其他艺术设计门类（如建筑设计、陶瓷设计、工业产品设计等）的设计效果图一样，也是以绘画艺术为手段来表现服装造型的款式结构、色彩配置、面料搭配、服饰配件及整体着装的直观效果的。特别是对于服装的结构和工艺特征，如衣服的领子、袖子、接缝、省道、开衩、打褶及一些装饰手法等，都应清晰、明确地表现出来。具体的绘制过程一般分为草稿、色稿和正稿三个步骤。草稿阶段应对服装的款式特征、人体姿态、人体与衣服内在关系等方面进行反复修正；色稿阶段应运用服装色彩的艺术规律，尝试多种色调的配置，待草稿和色稿都取得理想的效果时，才可以着手绘制正稿（图11-5）。

图11-5　服装效果图的表现形式不一

六、对服装样品制作阶段的定位

服装样品的制作是指根据设计效果图所表现的服装造型特征及其着装效果，选择适当的面料和辅料，通过剪裁（平面剪裁或立体剪裁）和缝制工艺来实施设计效果，使之具体化、实物化。样品的制作阶段包括选择材料、样板制作、试制基础型样衣、制作样品四个阶段。

材料的选择包括服装的面料、辅料（里料、里衬等）及附属材料（拉链、纽扣、带子、缝纫线等），其中面料和里料直接影响着服装造型的特征。因此，其色彩、质

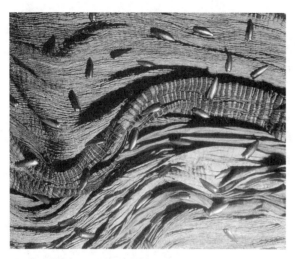

图11-6 服装面料的搭配可以有着丰富的肌理变化

感、垂感、图案等应尽量与设计效果图的感觉相吻合（图11-6）。对于附属材料的选择也应力求与设计效果图的要求相一致。同时，选择材料还需要考虑到其价格应与整套服装的成本预算相符合，否则，就会影响到成衣的市场销售。

样板制作是服装成型的重要环节。在制作样板之前需要设定样品制作的成衣规格尺寸。成衣规格尺寸的设定一般是以国家统一服装号型中的中间号型为基础，以方便成衣的样板缩放和批量生产。服装样板一般是采用平面裁剪法来进行的（在高级时装的样品制作中一般是采用立体剪裁的方法），或者两种剪裁方法综合运用，根据号型的具体规格尺寸和服装设计的具体造型结构特征，依次裁制出服装各个部分的标准样板，特别要注重其样板的合理性和科学性，而后按其缝制工艺的前后顺序编号成套。

试制基础型样衣是指服装在正式制作成衣之前，先用白坯布试制服装的基本造型。在服装设计中，设计效果图是无法充分表现出服装的实际立体效果的，需要通过服装的基础型样衣来展示整体效果和各个局部的具体结构，基础型样衣比起设计效果图来更为直观、也更接近服装的实际效果。在基础型样衣的制作中，并非单纯地依据设计效果图机械地将服装造型具体化，还应该善于在基础型样衣的制作过程中，有意识地继续补充和完善其设计效果。在基础型样衣的制作中常常会发现原有的设计构想中存在某些不妥之处，可以进行调整和修订；同时，进一步协调服装造型中各个局部之间的线条分割和结构的合理性以及各个局部与整体造型之间的统一性。

制作样品指在服装的基础型样衣达到了较为准确、合理、完美的效果之后，按照服装样板进行实际面料和辅料的剪裁，然后根据预先制定好的工艺流程依次缝制服装的各个部位，最后进行整合，完成样品成衣。在一些高级时装的样品制作时，大部分工艺是以手工缝制完成的。另外，在样品的缝制过程中，熨烫工艺也是不可缺少的辅助手段。服装的样品制作中，其成衣尺寸要标准、规范，各个部位的结构要准确、合理，整体工艺制作要精细、考究。只有这样，才能确保后面批量成衣的产品质量。

七、对服装产品推向市场阶段的定位

服装样品制作完成，在一定程度上体现了服装设计的构思，取得了较为理想的效果，但这还不是服装设计的最终完成。服装的样品需要通过服装展销会、订货会或市场试销洽谈会等形式，征求来自销售方面的有关意见和市场的信息反馈，验证其实用性和市场认可程度。根据多方面的意见，对服装样品进行局部修正或重新制作，直至得到消费者和市场的认可和满意。

根据修正或重新制作的最后定型的样品成衣，在其样板的基础上制作出适合批量生产的服装工业用板，并确立服装生产的工艺流程，使之按预定计划进行批量成衣生产。

在批量生产的、号型齐全的服装进入市场之前，一般还需要举办不同规模的服装展示会，并利用电视广告、报纸、杂志等媒体对新产品的特性进行广泛的宣传。同时，产品经后整理、定形、包装后，通过有效的销售渠道和销售方式将新产品推向市场（图11–7）。

图11-7　服装作品的发布会展示了设计师的个性

真丝服装面料

常见的真丝面料品种大致有双绉、重绉、乔其烂花、乔其、重乔、桑波缎、素绉缎、弹力素绉缎、经编针织等几大类。优秀的品牌在面料染整工艺处理中，均依赖于高科技的生产工艺流程，采用环保型染料，色牢度达3～4.5级。在让人们欣赏丝绸面料独特的色彩美感的同时，保持了丝绸面料的自然属性。在面料后处理过程中还进行不同程度的预缩处理，以保证所用面料的成衣缩水率在0.5%～3%。

常用几种面料的品种特性介绍如下：

1. 双绉：经高温定形，抗皱性好。该面料组织稳定，印染饱和度较高，色泽鲜艳。加厚的双绉面料即为重绉，重绉的优点在于面料垂性较好，抗皱性更强。

2. 乔其：有薄而透的乔其和烂花乔其，也有厚而糯的重乔。乔其的优点在于飘逸轻薄；重乔的优点在于挺括，回弹力强，垂性好。

3. 桑波缎：丝绸面料中的常规面料，缎面纹理清晰，古色古香，华丽高贵。

4. 素绉缎：丝绸面料中的常规面料，缎面高贵，手感滑爽，组织密实，该面料的缩水率相对较大，下水后光泽有所下降。

5. 弹力素绉缎：新型面料，成分90%～95%桑蚕丝，5%～10%氨纶，属重桑面料。其特点是弹性好、舒适、缩水率相对较小，风格独特。

6. 织锦缎：为传统的熟织提花丝织物。采用真丝加捻丝为经纱、有光黏胶丝为纬纱织成的经面缎纹提花织物。具有花纹精细、质地厚实紧密、缎身平挺、色泽绚丽的特点。一般适于做旗袍、便服、睡衣、礼服及少数民族节日盛装等高档服用衣料。

思考题

1. 简述服装设计产品定位几个要素之间的关系。

2. 网络作为新兴宣传手段在进行产品宣传时起到什么作用?

3. 服装品牌进行宣传时的侧重点与普遍意义上的产品宣传是否一致,为什么?

4. 简述VI系统和服装设计的关系。

5. 简述CI系统中VI部分的服装项目对于服装企业和其他企业意义的区别。

6. 举例说明欧洲品牌在进驻中国市场后本土化的举措和效果。

7. 服装制板的过程是否体现了产品的定位?为什么?

推荐参阅书目

[1] 刘元风. 服装设计学 [M]. 北京: 高等教育出版社, 2010.

[2] 刘元风. 服装设计 [M]. 长春: 吉林美术出版社, 1996.

[3] 李当歧. 服装学概论 [M]. 北京: 高等教育出版社, 1998.

[4] 刘小红, 等. 服装市场营销 [M]. 北京: 中国纺织出版社, 2000.

[5] Philip Kotler, Gary Armstrong. 市场营销原理 [M]. 赵平, 王霞, 等译. 北京: 清华大学出版社, 2003.

[6] 菲利普·R. 凯特奥拉, 等. 国际市场营销学 [M]. 周祖城, 等译. 北京: 机械工业出版社, 2003.

[7] 申凡, 戚海龙. 当代传播学 [M]. 武汉: 华中科技大学出版社, 2000.

[8] 康定斯基. 康定斯基文论与作品 [M]. 查立, 译. 北京: 中国社会科学出版社, 2003.

[9] 艾·里斯, 杰克·特劳特. 定位 [M]. 王恩冕, 于少蔚, 译. 北京: 中国财政经济出版社, 2002.

第十二章
生理状态类别

随着消费观念的变化以及生活质量的提高，服装已不仅停留在满足人们生理方面的需求，而着重于满足人们心理上的自尊需求和自我实现的高层次需求。由此，人们也逐渐开始有选择、有目的地多方位、多层次消费。从生理状态来讲服装设计主要可以分成三个部分：男装设计、女装设计和童装设计。

第一节　男装设计

传统意义上的男装一向以色调沉稳、款式稳定著称，但是随着社会文化观念的变化，男装一改过去中山装、西装的着装模式，开始紧跟流行时尚，变得丰富多彩起来。男装以庄重大方、功能性强为主要特点，而消费心态的成熟和着装要求的提高，对产品设计提出了更多的思考。制定相应的可行性方案，做到定位准确是产品获得市场的基础。设计定位的准确，能使设计从盲目性、简单性、模式性向目标性、规范性、合理性方向发展，使企业目的明确，保持自身特点，拓展新的市场份额，为企业创造新的机遇与增长点。

设计的过程是复杂而有趣的，设计效果的好坏是设计综合素质高低的体现。对影响设计各种要素的考虑，对设计各个环节的认识以及对实施方案的可行性分析是保证设计效果的根本。长期以来，男装虽然衣着款型变化不大，但在设计上却比女装更为严谨和规范（图12-1）。如今，男性比女性更为广泛地融入社会，也更注重着装环境对衣着服饰的要求以及服装的功能与形式的统一。随着社会的进步与经济的增长，品牌意识和精品意识已成为男性着装的主要方向。男装设计必须具有个性创意，有简洁而富于变化的线型，有风格鲜明的板型，有科学规范的工艺，有品质优越的面料，符合男性审美的色彩才能为男性所接受。

图12-1　燕尾服是男装最为正规的传统礼服

男装从大的产品类型上，大致可分为正式着装和生活着装两大类。正式装的穿着有一定规范，款式变化不大，注重材质、工艺以及着装的整体协调，是在较为正式的场合穿着的服装，如礼服、套装、西服套装、中山服套装等（图12-2）。正装的主要目的在于体现着装者身份、地位、修养及审美水准。生活装即以满足现代人生活、工作、休闲为目的的一类服装。它功能性强，穿着较为自由，有很强的时尚感，从而深受青年一代欢迎，如T恤衫、牛仔裤、便装西服等。在从用途上对男装分类的同时，把这些类型的服装在性质、特点、穿着和设计上的要素加以分析，以便对这一类型的服装有更加明确的认识。

图12-2　随着社会的进步，传统西装在不断改进

一、礼服

礼服作为参加社交礼仪活动时穿用的服装，在设计、面料、着装方式以及服饰品的搭配上具有很强的规范性。礼服分白天穿用与夜间穿用两种，同时又分正式礼服和半正式礼服。因此必须注意穿着礼服的场合和时间性，包括服饰配件、附属品的使用和搭配方法。

1. 正式礼服

（1）燕尾服。燕尾服是指在夜间18点以后正式穿着的礼服。主要是在宫廷、国家性的仪式或典礼上穿用，在欧美常在夜间的仪式、正式的宴会等场合穿用。古典音乐演奏会几乎都是在夜间举行，演奏家及美声歌唱家正式演出时常穿着这一类服装。正是由于这类礼服的优雅华贵、庄重严谨，才使它在正式社交场合广为穿用。上衣以黑色或深蓝色的面料为主，领子是半尖领或丝瓜领，驳领的领面需加盖一层领绢。上衣的前长与背心相当，左右各有3个装饰纽扣，后片下摆呈燕尾状，在腰围以下开衩。背心为白色，领为大开领。裤子面料与上衣相同，裤脚口为手工缲边，在裤的前后片侧缝处镶两条装饰用的色带。

衬衫为白色丝质，领是前翻领，配白色蝴蝶结。手套也是白色的。帽子是带有光泽的黑色面料，并在绢表面配有羽毛，而坚硬的圆筒状帽冠上面是平坦的，帽檐稍微上翘，有的装有弹簧用于帽的折叠。皮靴和袜子是黑色的，上装口袋装饰的小方巾为白色麻质面料，衬衫门襟上的纽扣与袖口上的装饰纽扣通常以珍珠为佳品。除正式的礼仪活动和宴会时需穿用燕尾服外，葬礼的时候也要使用白色的蝴蝶结和白手套。

（2）晨礼服。晨礼服是男士白天穿着的正式礼服，与女性的午后装（午后礼服）的性质相同。它是参加仪式或结婚典礼时的礼用服装，也可以作为告别仪式、丧葬活动穿用。近年来男装的简洁、朴素化倾向，使原来晨礼服的穿着场合多被黑色套装取代。晨礼服以黑色的礼服面料为主，领子为尖驳领（或叫作戗驳领）。前片为一个扣子，从前片到后片的衣摆逐渐呈弧线倾斜，后片与燕尾服相同。前后衣片从腰围侧下摆开长衩。裤子使用灰色与黑色的条纹裤用面料，裤脚口为手工缲边。背心与上衣同面料或用灰色法兰绒面料，而夏天多以白色面料制作背心。

衬衫用白色的面料，领型是带领座的翻领，领带以黑色条纹或银灰色为主，但葬礼时必须使用黑色领带。手套使用白色或灰色面料，参加葬礼时必须用黑色手套。靴子是非常简洁而不带任何装饰的黑色皮鞋，袜子也是采用与鞋配套的黑色。帽子是大礼帽，或带有帽檐的中折帽。上装口袋装饰用的小方巾为白麻或白绢。袖口装饰纽扣多采用纯金、珍珠或宝石。

2. 半正式礼服

（1）晚会用半正式礼服，亦称准礼服。由于男士除了白天忙于公务外，夜间还将出席一些社会性的交际活动，如宴会、观剧、舞会、婚宴等，而晚会用半正式礼服正是适合于夜晚的社交用服。这类礼服被广泛使用，与女性的派对装、鸡尾酒会服为同一类。晚会用半正式礼服也称正餐夹克、晚礼服夹克，通常为演艺人员的午后用装，或年轻人参加派对的轻松着装。上衣面料为黑色或深蓝色，门襟为单排扣或双排扣，领子为尖领或丝瓜领。在夏季，驳领上需镶一层黑色的领绢，而领绢的面料多以绢或绸缎为主。裤子是黑色或深蓝色，在前后片的侧缝处，通常镶一条装饰色带。

背心面料与上衣相同，或是黑色织纹的丝绢。礼服用背心通常为大开领，但近年来背心常被省略，而使用饰带、装饰腰带等。衬衫为开胸并在前片加皱褶。领带是黑色的蝴蝶领结或有特色的领带。手套为灰色的皮手套。鞋子是普通的黑皮鞋。上衣口袋有一张白麻的装饰用小手绢，但穿白色上衣时手绢使用黑底的丝绸或纯棉布。袖口装饰纽扣常用条纹玛瑙为装饰。如果被邀请人的请帖上写着"穿用黑色领带"，即穿用夜用准礼服之意。

（2）黑色套装。黑色套装是指黑色的双排扣或单排扣的西服套装。黑色套装本来并不是礼服，但近年来已作为晨礼服或夜晚半正式礼服的代用礼服，在结婚典礼、派对、告别式等场合被广泛穿用。即使是在正式场合，只要对服装没有特别的指定，穿黑色套装都适合。面料以纯毛面料为主，款型与西装完全相同，只是在制作工艺上更加体现优雅豪华。上衣通常为单排扣西服，也可做成一粒扣的戗驳领样式或双排扣样式，虽然双排扣有六粒扣，但只扣两粒，其他作为装饰性纽扣，也有做成四粒扣而扣系一粒扣的式样，这都取决于穿着者的喜好。裤子为传统的西裤，大腿以上到腰部需加里衬，缝合处需包边，服装的配饰与晨礼服相同。

（3）丧礼服。丧礼服作为特殊环境条件下穿用的服装，为了体现其庄重性和严肃性以及对丧者家属的尊重，着装以黑色面料为主，黑色套装在这一场合下更为适合系黑色领带。如果穿晨礼服参加葬礼，这时裤子、背心都用黑色的即可。穿黑色套装参加丧礼时，领带、手套需选用黑色或灰色，还需在左臂佩戴黑色丧纱。若佩戴大礼帽、绢帽，还须将与丧纱同样的纱布卷在帽子之中佩戴，这种佩戴方式被认为是正式的方式。通常的穿着是黑色套装配上丧纱。

随着服装的变化，在出席葬礼时一般以穿着深色套装为宜，同时应避免着装的艳丽及服饰品的花俏，如出席告别式时要避免穿着咖啡色系的服装或鞋子，这是参加此类活动的基本常识。

二、日常服

礼服是因为有穿着上的规定，所以在穿着上须遵循其惯例。而除制服外，日常服可以自由选择衣料、设计服饰品等。职业男士在上班或交际中几乎都穿西装，虽然西装在款型上的变化不大，但在领型、袖型、衣长、袋口、面料以及细节工艺的处理上也反映出一个时代的流行风貌，如近年来流行的窄身、短驳领、便服等（图12-3）。

男性在出席较为正式的场合时应考虑西装的颜色、衬衣、领带、皮鞋、服饰品的协调，以显示着装者的文化素养和身份。但随着社会的进步与发展，不论是西装还是便装，在穿着上将更为自由和丰富。以下为几类常见的男装风格类型。

1. 办公服装

办公服装是在办公室、写字间等办公场所穿着的实用性服装。衣料的色调选用较为稳重的无花单色或暗条纹面料。款式可做成上衣、背心、裤子三件套或上下的单套装。如果服装的颜色朴素而深沉，可佩颜色较为明快华丽的领带。上衣的袋口可用贴袋代替传统的暗袋，使整件服装在稳重中流露一丝轻松（图12-4）。

2. 运动服

运动服是指参加运动竞技比赛和观看比赛时穿用的服装，它的种类很多，如狩猎服、骑马服、登山服、滑雪服、棒球服、足球服、橄榄球服等。还有专为运动团体作为制服而穿用的运动型西装，这类运动型西装常用在重大比赛的开幕式上。它采用较为鲜艳的色彩为服装面料，在胸前佩戴所属国家、地区或俱乐部的标志、徽章，款型较为宽松和自由。运动型西装并非是在运动时穿用的服装，而是观看运动比赛时穿用的服装，也可用于旅行以及轻松的散步（图12-5）。

图12-3　颜色搭配十分统一的日常服　　图12-4　商务办公服装的颜色通常　　图12-5　拉尔夫·劳伦的骑马装，
偏冷色调　　款式设计

运动服装在设计、工艺处理、面料使用方面都非常考究，甚至考虑相关体育器材的因素。因此必须熟悉你所设计的项目是室内还是室外，是春夏季还是秋冬季用，是单人项目还是集体项目，它的运动特点、运动强度、实用功能和安全功能等因素。材质上可选择结实、质轻、透气、保暖性能好、不易折皱的面料。色彩上可用单色或带有几何图形的组合色彩，也可根据运动的场所、季节、环境来选定颜色。运动装在整体上给人轻松、愉快、活泼向上的感觉。近年来，一些热门的体育项目，如足球、篮球、赛车等，都是由一些知名的品牌公司为其赞助或专门设计制作的，如耐克、阿迪达斯等体育用品公司。这些品牌公司赞助热门且观看率高的项目，一是体现该公司的实力，二是通过这些项目取得一定的广告效应，扩大品牌的知名度，提高该品牌的市场占有率。由于这些品牌坚持体育用品的开发与研究，在经营理念与产品营销上有着严格的规定，深受体育团体和个人的喜爱，有着很高的知名度。

3. 制服

制服是以功能性为主，注重职业性质、职业特点、职业环境和面料使用的一类服装。如学生服、工厂的工作服，军队、警察、铁路、消防等职业性很强的工作制服，以及注重团体规范和行业形象的服务类的宾馆、饭店、专卖店等职业范围较为固定的制服。制服设计应体现该行业的精神面貌和行业特点，好的制服能提高工作效率，体现企业形象，便于现代化管理，增强职工的责任感和荣誉感。

4. 休闲装

休闲装是近几年较为流行的一种着装方式。它以轻松、愉快的休闲为目的，穿着较为随意，款式以简洁、方便为主。由于休闲方式和休闲品质的不同，在选择休闲装时可根据自己的休闲目的而着装。休闲装的面料多以牛仔面料、砂洗面料、条纹或格纹的棉质面料为主。色彩组合上可以有单色、拼色、多色等多种形式，不过应注重色彩之间的配搭和服饰品之间的协调性。在设计上应结合流行趋势、流行面料、流行色彩的运用，体现时代气息（图12-6）。

5. 中山服

素有"国服"之称，在以往的礼仪性会晤、外交场合上广为穿用。随着改革开放和国际化的推进，西式套装已更多地取代中山装而成为对外交流的主要着装（图12-7）。但中山装以它独有的款型以及适合东方男性身体条件的样式，一直深受东方男性特别是中华民族的喜爱。款型上它具有严谨、端庄、稳重、大方的特点，如同女性旗袍一样，是中华民族的象征。中山服领型对称平挺，口袋布局均衡，大小协调，后身平整流畅。面料以卡其、毛料为主，色彩多为深色或灰色。

图12-6　休闲西装也是休闲装的一个重要组成部分　　　　图12-7　包含中山装元素的现代时装设计

6. 中式服装

中式服装也称对襟服装，在国外被称为"唐服"。款式上以对襟、暗襟、盘扣、葡萄扣为主。袖型为平面连体袖，领口为立领。后背有背缝和无背缝两种，在前后片侧缝处开衩，缝制工艺以传统手工为主。面料通常采用真丝或暗花绸缎以显示它的高雅、富贵，在一些重要场合也可作为礼服穿着。

第二节　女装设计

女装设计与男装设计最明显的不同就在于女装设计不仅注重类别的设计，更注重款式与风格的设计。女装设计的变革带动了服装设计的发展。此外，了解服装的分类非常有利于在风格的基础上进一步细化女装的设计。从类别上分，现代女装的种类可以分为礼服、外出服、室内服、运动服、便装、工作服等。

一、礼服

礼服的种类很多，有婚礼服、丧礼服、夜便礼服、鸡尾酒会服等。

婚礼服——根据婚礼场合及时间，造型各异，有的带拖裙，有的裙长及脚踝，也有的裙子较短。白天举行婚礼时，多为高领，或领口不宜开得过大，长袖；晚上举行婚礼，则袒胸露臂，似夜礼服状。一般选用白色，象征纯洁（图12-8、图12-9）。

图12-8 婚礼服也会随着服装流行趋势的走向体现不同时期的时尚

图12-9 优雅而不失传统的婚礼服

丧礼服——造型朴素、庄重，有连衣裙，也有上下分开的套装，不暴露肌肤，夏天也穿长袖，服色以黑色为主，首饰、鞋、帽等也多用黑色。

夜便礼服（晚餐服）——晚餐穿用的便礼服，不太豪华，但很高雅（图12-10）。

专业知识窗

高跟鞋的历史（一）

自15世纪发明高跟鞋以来，鞋跟的高矮宽窄不时有变，但对高跟鞋的狂热却历久不衰。

早在15世纪初期高跟鞋就开始出现，但只是鞋跟稍高，为了骑马时双脚能够扣紧马镫。16世纪末高跟鞋才成为贵族的时尚玩意，据说身材矮小的路易十四为了令自己看起来更具自信及权威，要鞋匠为他的鞋装上10厘米（约4英寸）高的鞋跟，并把跟部漆成红色以示其身份尊贵。到了17世纪，高跟鞋开始成为时装的一个重要元素。

17世纪，高贵的高跟鞋有7厘米（约3英寸）高，鞋身相当细长，鞋跟与鞋底连成一体，走在17世纪的街上，会发现街上所有行人都穿着相同款式的鞋子，因为当时的鞋匠只能造出一个高跟鞋款式。

17世纪末至18世纪，人们开始尝试制造纤细的鞋跟，可惜支撑力不足，唯有加宽鞋跟的顶部以连接鞋底。到了18世纪后期，高跟鞋的高度渐渐回落，取而代之的是加上丝带及蝴蝶结的鞋子。

19世纪，可爱的Mary Jane鞋款首次推出，在19世纪流行了50年之久，当时的造鞋技术已相当成熟，流行以不同用料如缎子、丝绸加皮革来造鞋，款式亦更加多元化。

鸡尾酒会服——用于鸡尾酒宴会上，一般介于午后礼服和夜礼服之间（时间是从傍晚到夜里）比较时髦，有个性。

图12-10　夜礼服的创意范围非常广

二、外出服

外出服又分为休闲服、上学服、上班服等。

休闲服——随便而又轻快，上街购物、散步或与人约会时穿用，造型、色彩均无限制（图12-11）。

上学服——多指大学生上学时穿用的衣服，年轻、朴素大方。

上班服——公司职员、工厂工人上班时穿的服装。

三、室内服

室内服的种类有家庭便服、浴衣、睡衣、睡袍等。

家庭便服——居家从事各种家务劳动时穿用的实用性强、便于穿用和整理的衣服。

浴衣——用毛巾布做成。

睡衣——衬衣与裤子组合的睡衣，宽松、舒适。

睡袍——连衣裙式的睡衣，宽松、舒适。

图12-11　休闲服同色系不同材质的搭配体现出不同的风格

四、运动服

运动服可分为网球服、滑雪服、溜冰服、游泳衣、高尔夫球服、骑马服、猎装等（图12-12）。

网球服——白色上衣与超短裙组合，很符合人体活动机能。

滑雪服——保温、防水、耐寒等性能都很优越，造型有连衣裤或组合套装，午后滑雪时还要加上鸭绒夹克。

溜冰服——一般为毛衣与裤子的组合，花样滑冰时为紧身衣和超短裙，速滑时全身都紧身，以减

图12-12　运动装已经成为现代服装品类里面非常重要的组成部分

高跟鞋的历史（二）

20世纪，凉鞋与高跟结合。当时的女性对服饰抱有更新、更开放的态度，而道德规范亦稍松，设计师开始尝试把"裸露"的凉鞋与高跟鞋结合，成为优雅的晚宴高跟凉鞋。

20世纪30～40年代，露趾被视为不雅。随着露趾高跟鞋穿着的成功，露跟鞋亦开始流行。期间，潮流杂志曾唾弃这崭新的鞋款，认为当众露趾露跟缺乏修养，当然面对女性渴望解放的欲望，露趾很快就被大众接受了。

20世纪50年代，是高跟鞋的蜕变时期。这是高跟鞋历史中最重要的时期，早期的高跟鞋因造鞋技术及用料的限制，鞋跟只能造成漏斗状，即跟部自鞋底开始收窄，到底部再扩大。鞋跟后来虽可发展成笔直，却依然欠缺线条美。直至50年代的钢钉技术改革了高跟鞋，设计师才能设计出现今女士又爱又恨的尖细鞋跟。当年玛丽莲·梦露正因穿上由菲拉格慕（Salvatore Ferragamo）设计的金属细跟高跟鞋而令她一举成名，难怪她曾说："虽然我不知道谁最先发明了高跟，但所有女人都应该感谢他，高跟鞋对我的事业有极大的帮助。"

少阻力。

游泳衣——高弹面料缝制，极贴合身体。

高尔夫球服——开领短袖衫、运动衫和裤子、超短裙的组合。

骑马服——后下摆有开衩的西服夹克和马裤的组合。

猎装——有很多实用性的口袋，面料结实，上装与裤子组合。根据季节，有时还穿背心或长夹克。

五、便装

便装可分为旅游服、徒步旅行服、自行车远途旅行服、海滨服等。

旅游服——用轻而不易起皱的面料制作，根据气候变化可以组合穿用。

徒步旅行服——以衬衫、裤子为基础，根据气候变化，还可以加上背心或夹克。

自行车远途旅行服——T恤或运动衫与长及小腿的骑车裤组合。

海滨服——适合于海滨日光浴的比基尼泳装与海滨外套、披肩等组合。

六、工作服

工作服——主要是指制服（职业服），即军服、警服、学生服、车间的作业服、饭店的职业制服以及作为某集团的标志使用的工作服等。

第三节 童装设计

童装设计所需要注意的是掌握儿童每个发育阶段的体态特征和心理特点。例如，婴幼儿时期儿童的体态基本特征是：头大、颈短、腹大、无腰。在这一时期，儿童处于生长发育快、体态变化大的阶段，所以此阶段童装设计以舒适、方便、美观、实惠为原则。舒适有利于儿童的正常发育；方便的着装形式既便利家长，也有利于培养儿童自己照顾自己的良好生活习惯；美观要符合儿童的心理特点；实惠则可减少家长的经济负担。又如，学龄期儿童的基本特征是：身高增长比较快，男童好动的天性，使肩、背肌肉、骨骼生长明显区别于女童；女童的身高与男童差别不大，但已逐渐开始呈现腰肢、胸部。在这一时期，男女童对外界有了较为明确的认识，并有了相对独立的思考能力，也有了一定的活动范围，形成了自己的审美观点。因此这一时期童装设计在追求舒适、方便、美观、实惠的基础上，对其功能性、实用性、美观性的标准更为明确，因此儿童服装个性化、时尚化、品牌化、系列化的趋势是不可避免的。

人从出生到16岁这一阶段，根据其生理和心理特点的变化，大致可分为婴儿期、幼儿期、学龄前期、学龄期和少年期五个阶段。

一、婴儿期的童装设计

孩子从出生至周岁前叫婴儿期。这个时期，儿童体型的特点是头大身小，这时期婴儿睡眠时间较多，属于静态期，服装的作用主要是保护身体和调节体温。所以，服装的式样变化不多，结构要求简单。婴儿服设计的一个要点是强调其面料选择的合理性，另一要点是强调结构的合理性。

婴儿服的造型结构表现为简洁、舒适而方便。婴儿的服装一般是上下相连的长方形，须有适当的放松度，以便适应孩子的发育生长。因此，打揽（用各种颜色的绣花线将布抽缩成各种有规则的图案，能起到装饰与调节松紧作用，通常用于袖口和前胸及腰围上）是婴儿服中最常用的装饰与造型手法。由于婴儿皮肤嫩，睡眠时间长且不会自行翻身，因此衣服的结构应尽可能减少机缝线，不宜设计有腰线和育克的服装，也不宜于在衣裤上使用松紧带，以保证衣服的平整、光滑、不致损伤皮肤。婴儿颈部很短、皮肤娇嫩，因而对服装的领型有一定要求。一般婴儿服的领口要求相对宽松、领圈偏低，其目的是减少与婴儿颈部皮肤的摩擦。

婴儿的生理特点是缺乏体温调节能力，易出汗，排泄次数多，皮肤娇嫩。因此，婴儿服的面料选择必须十分重视其卫生与保护功能。衣服应选择柔软宽松，具有良好的伸缩性、吸湿性、保暖性与透气性的织物。一般选用极为柔软的超细纤维织成的精纺面料（纯棉、混纺）和可伸缩的高弹面料。

二、幼儿期和学龄前期的童装设计

幼儿期是指1～3岁。在这段时期里，儿童身长与体重增长较快，身高约75～100厘米，身高为4～4.5个头长。体型特点是头大、颈短、肩窄、四肢短、挺腰、凸肚。这个时期的童装，除起到保护身体和调节体温的作用之外，还起到启蒙教育作用。所以幼儿期的服装式样要求灵巧、活泼、多样。服装结构也不宜过分复杂，以穿着宽松、脱换方便为佳。

4～6岁为儿童的学龄前期。在这段时期里，儿童发育成长速度最快，一年约增长6厘米，身高比例大约是5～5.5个头长。同时孩子的智力、体力发展也很迅速，已能自如地跑跳，并具一定的语言表达能力。由于孩子已开始在幼儿园接受教育，生活逐渐自理，如穿脱衣裤鞋袜、洗脸、刷牙、洗手帕等，还能较快地吸收外界信息，对新鲜事物充满了好奇与渴望。表现在穿着上，则是儿童对各种色彩鲜艳、视觉冲击力强的图案与造型表现出极大的兴趣与好感。男孩与女孩在性格与爱好上已有差异。童装以这个时期的款式造型变化为最多，且最能体现各种童趣。

幼儿装是指1～6岁儿童穿着的服装。由于幼儿期与学龄前期服装在设计上基本相同，故该阶段服装统称为幼儿服。

幼儿期的童装设计应着重于形体造型，尽可能减少结构线。轮廓呈方形、A字形为宜。如女童的罩衫、连衣裙，可在肩部或前胸设计育克、褶、细裥、打揽绣等，使衣服从胸部向下展开，自然地覆盖住凸出的腹部。同时，裙不宜太长，以长度至大腿为佳，利用视错可造成下肢增长的感觉。

同时，幼儿服的结构应考虑其实用功能。为训练幼儿学习自己穿脱衣服，门襟开合的位置与尺寸需合理。按常规多数设计在正前方位置，并使用全开合的扣系方法。幼儿的颈短，不宜在领口上设计繁琐的领型和装饰复杂的花边，领子应平坦而柔软。春、秋、冬季使用小圆领、方领、圆盘领等关门领，夏季可用敞开的V字领和大、小圆领等，硬领的立领不宜使用。为了服用的方便，还可以将外套设计为两面穿着，还可以配有可拆卸衣领。

幼儿服的面料，夏日可用泡泡纱、条格布、色布、麻纱布等透气性好、吸湿性强的布，使孩子穿着凉爽。尤其是各类高支纱的针织面料（如纯棉、麻棉混纺、丝棉混纺等），更具有柔软、吸湿、舒适的服用效果。秋冬季幼儿内衣宜选用保暖性好、吸湿柔软的针织面料，全棉或精梳棉涤混纺料均可。外衣以耐洗耐穿的灯芯绒、纱卡、斜纹布、加厚针织布为主。不同面料的组合拼接，也能产生十分有趣的设计效果。在经常摩擦的部位，可用一些防撕扯的新型面料和经过防污处理的布料、辅料及佩饰，避免使用细尼龙绳，避免孩子因任何人为因素而发生危险。

三、学龄期的童装设计

7～12岁的儿童被称为学龄期儿童，也称小学生阶段。这时期的儿童身高约115～145厘米，身高比例约5.5～6个头长，肩、胸、腰、臀已逐渐变化：男童的肩比女童的肩宽；女童的腰比男童的腰细；女童此时的身高普遍高于男童。学龄期儿童已开始过以学校为中心的集体生活，也是孩子运动机能和智能发展较为显著的时期。孩子逐渐脱离了幼稚感，有一定的想象力和判断力，但尚未形成独立的观点。服装以简洁的各类单品的组合搭配为主。

学龄期的男、女童在兴趣、爱好、习惯上也产生了极为明显的差异，反映在服装上，他们对色彩、图案、款型的取舍也有明显不同。如女童偏爱红色、粉色等暖亮色系，而男童偏爱黑、灰、蓝、绿等冷灰色系。在服装款型上，女童偏爱花边、蝴蝶结、飘带等繁多细小的装饰及泡泡袖、蓬蓬裙、铜盘领、A字裙等服装款式，男童则喜欢简洁明了的服装款式，如T恤、背心、夹克、运动裤等，装饰件也以拉链、铜扣、搭襻为主；在装饰图案上，女童喜欢可爱的卡通偶像、甜美的演艺明星、可爱的动物花卉等；男童则喜欢出名的运动明星、传奇的英雄人物、著名的运动品牌标志，如NIKE、阿迪达斯、锐步等（图12-13）。这个时期的儿童已经将生活的中心由家庭转移到学校，开始过以学校为中心的集体生活。这时他们的身体趋于坚实，四肢发达、腹平腰细、颈部渐长，肩部也逐渐增宽。因此，服装的功能性、美观性相结合是这一时期童装最典型的特点（图12-14）。

图12-13　男童装的设计从一定程度上体现了儿童的兴趣趋向

这阶段的儿童，体型已逐渐发育，尤其是女孩，已朦胧呈现出胸、腰、臀的曲线，故选用X型的服装造型可体现稚气可爱的身姿。袖子多采用泡泡袖、灯笼袖，领子多采用荷叶边领。男童在心理上希望自己成为一个男子汉，日常运动和玩耍的范围也越来越广，H型的服装造型可满足其好动、舒适等诸多功能。学童的服装通常由T恤衫、衬衫、夹克、背带裤、背带裙、直身裙、网球裙、百褶裙、长西裤等组合而成，款式简洁大方、宽松舒适、便于运动（图12-15）。

学龄期的服装择料范围较广，仍以价格较低为

图12-14　中国服装设计师刘洋为童装品牌兔仔唛（Tuzama）设计的产品，利用黑色搭配亮色同样可以衬托出儿童的可爱天真

标准。面料要求质地轻、结实、去污容易、耐磨易洗。如春夏季的纯棉T恤、运动套衫；而秋冬季以灯芯绒、粗花呢、厚针织料等为主。由绒线或膨体毛线织成的各式毛衫，亦是这个年龄层儿童的理想服装。

安全因素，是为这个年龄段孩子设计服装时需作考虑的重要因素之一。设计时，可在童装上选用具有反光条纹的安全布料。具防火功能的面料也可选择使用。一些较为时尚、新颖的服装材质，如加莱卡的防雨面料、加荧光涂层的针织类面料等，不仅极大地美化了这个年龄段的孩子，也充分满足了孩子追求新奇的心理要求。

图12-15　黑白二色不再是成年人的专用颜色

四、少年期的童装设计

少年期是指13～17岁的儿童，这个时期的儿童体型已逐渐发育完善，男孩的身高比例大约是7～7.5个头长，女孩的身高比例大约是6.5～7个头长，尤其是到高中以后，一般孩子的体型已接近成年人。男孩的肩越来越宽，显得臀部较小；而女孩越来越明显的腰臀差则体现出女性特点。这时的孩子已有自己的审美意识和独立的思考能力，但自身尚没有经济能力选购服装。女装以能体现女学生娟秀的身姿和活泼性情的服装为主，各类少女服装如背心裙、运动时装、网球裙等，均是理想的服装单品；男装则通常以各类休闲衫与休闲裤的组合为主，其中，各个品牌的运动装是男孩子们最喜爱的服装。

这时期的孩子已经懂得如何使自己的穿着适合不同的场合和目的，除了学生装外，其他服装款式虽然与成年人的服装类似，但在造型上要注意体现属于少年儿童的特殊的美感。此年龄段少年儿童的服装基本上可使用任何面料，尤其是功能类型分得极为细致，如内衣、外衣、运动衫等，各种面料的混纺运用极为普遍，但日常生活服仍以棉、麻、毛、丝等天然纤维或与化学纤维混纺的面料为主。一些丝绸、全毛料等高档面料在正装中也有使用。

这一时期的服装装饰手法较以往更为多样，除常用的花边、抽褶、荷叶边、蝴蝶结等，各种上下呼应的系列装饰手法，也能极好地起到装饰作用，如镶边、明线装饰、双线装饰、嵌线袋使用、贴袋使用等。在出席正式场合上，珍珠、水钻、金银丝刺绣等高档材料也被使用。

五、童装的系列设计

服装系列设计指服装群的成组设计。童装系列设计的成败和优劣，在于如何把握好统一与变化的规律问题，它包含着相互联系又相互制约的两方面。

首先，童装统一的要素，如轮廓、造型或分部细节，面料色彩或材质肌理，结构形态或披挂方式，图案纹样或文字标志，装饰附件或装饰工艺，单个或多个在系列中反复出现，就造成系列的某种内在的逻辑联系，使系列具有整体的"系列感"。童装的统一要素在系列中出现越多，其统一性的联系越强，能够产生视觉心理感应上的连续性，增强服装带给人们的视觉冲击力。其次，童装同一要素在系列中又必须有大小、长短、疏密、强弱、正反等形式上的变化，使款式的单体相互不雷同，也就是使每个单体有鲜明的个性。但是这样异质的介入应当适度，否则跑过头，群体的共鸣就没有了。

系列设计有时空的延展性，所以在统一和变化的规律应用方面，被赋予了更大范围的统一和更大范围的变化。为了使统一和变化这对矛盾在系列的内部完美结合，通常表现出群体的完整统一和单体的局部变化。

童装的造型、材质、色彩、装饰，乃至情调和风格，依据统一变化的规律来协调好各个要素，会产生出以统一为主旋律的童装系列，或以变化为基调的童装系列。以统一为主的服装系列整齐、端庄，但容易流于单调和平淡，接触多了会产生心理上的腻烦。从当今服装潮流看，服装各单体在系列中的差异日益扩展，趋向于灵活多变，达到不落俗套的个性化效果。这就要依赖于对同一要素增减、转换、分离、重新组合等变异手法，在局部增大增强的基础上来求取童装系列的统一感。这样的系列富有力度、风格活泼。当然在具体处理上要防止失控，不能使内在逻辑联系丧失掉，否则就不称其为系列了。

思考题

1. 简述东西方婚礼服和丧礼服用色区别所代表的意义。

2. 简述制服与企业或机构形象的关系。

3. 从旗袍的兴衰分析世界时尚流行趋势和中国文化的关系。

4. 简述女性身体曲线的强调与掩饰与社会经济发展的关系。

5. 说明1947年迪奥推出"新风貌"系列服装在西方服装流行趋势的进程中所具有的阶段性意义。

6. 简述第二次世界大战后几个激进的流行风潮对服装业发展的意义。

7. "嬉皮"对于牛仔裤的普及起到了怎样的推动作用?

推荐参阅书目

[1] 马钦忠. 卡通一代与消费文化 [M]. 长沙: 湖南美术出版社, 2002.

[2] 包铭新, 曹喆. 国外后现代服饰 [M]. 南京: 江苏美术出版社, 2001.

[3] 庄锡昌. 二十世纪的美国文化 [M]. 杭州: 浙江人民出版社, 1993.

[4] 黄明哲. 梦想与尘世——二十世纪美国文化 [M]. 北京: 东方出版社, 1999.

[5] 包铭新. 法国女装 [M]. 上海: 上海文化出版社, 1998.

[6] 杨薇. 日本文化模式与社会变迁 [M]. 济南: 济南出版社, 2001.

第十三章
社会用途类别

设计师从事设计的目的不是为了个人的艺术表现，而是为了通过产品服务大众，这实际上就是社会所赋予设计的某种规定，也是设计师职业所内化的一种本质规定。服装设计作品同样具有强烈的社会性特点，不同类别的服装具有各自的社会功能，分别用于满足不同的社会需求。按社会用途划分，服装可以分为：职业装、礼服、演艺服装、特殊服装等。

第一节　职业装设计

职业装是随经济条件的改善、科学技术的进步、安全保护意识的增强和审美标识用途的确立而逐渐发展起来的。在很长一段时间里，职业装因受到特定条件、观念意识等因素的影响，大多简陋粗糙，并且没能作为一项严格的着装制度及行为规范来执行操作。随着现代社会的发展，由于各种条件得到了相应的改善提高，职业服装上的防护性能和实用机能被充分重视，行业的发展开始需要设计周到、制作讲究的服装来凸显企业的形象。可以说，职业特性和职业需要，是职业装的特殊属性，因此，职业装越来越具有专业化、制度化的倾向，从选料、用料、裁剪、制作到附件配件、外观式样，都是建立在对服装继承、变化推新和精心设计的基础上来完成的。我国目前的职业装在设计、制作和使用上尚处在发展阶段，还不能真正满足对迅速增加的各行业、各工种的用装以及季节性或定期性（如两年一次）的换装需求，也缺乏严格、规范、系统、高质量的操作管理系统与穿着用品，对专用服装所应体现的式样特征及穿用范围也把握得不够准确。因此，我们特别需要学习、借鉴欧美等发达国家精心打造的职业装特点，不断积累经验，提高自身水平。

一、职业装的性质

概括起来，职业装通常具有以下几点特性。

1. 职业性

职业，既是人推动社会发展的劳动分工，也是人赖以生存的谋生方式，其本身具有的劳动性质，需要在严格规范的前提下来获取一定的功效。职业装，通常应突出专业形象以及爱岗敬业、积极进取的精神风貌，着重凸显企业凝聚力和优秀品质，并将衣着的式样与从事的职业有机结合起来，以便充分显示其工作的独特魅力。

2. 标识性

职业服装中的标识性，极易反映有关职业的某种特性，即通过穿着行为所表达的职业特征。很显然，衣着的标识意义在于能够区分不同的职业及职别，显示各种职业在社会中的形象、地位和作用，并在引导激发员工对本职工作的责任心和自豪感的同时，获得来自社会的了解与评价，其广告宣传的标识用途是不言而喻的（图13-1）。

3. 标准性

具有团体性质的公司、企业、商业、教育及医疗等行业，由于涉及广泛和复杂多样的工作内容，所以是需要庞大的组织规模和明确的内部分工来操作运转的。因此，所属职员的服装穿着应遵循标准统一的程式，注意着装在色彩、款式、面料及配饰等方面的整齐协调，寻求正规严谨、视觉醒目的风格特征，便于行业部门的区别管理，也利于职业用装的批量生产。

4. 实用性

穿着的实用性是职业服装中最基本的特征之一。由于具体工作的穿用关系，需要服装具有舒适合体、穿脱方便、易于活动和适于工作等特点。职业服装的穿着目的是为了达到各种职业特定的环境条件及工作情形所需的着装要求，服装要通过舒适合理的衣着作用和防护性能，将员工的生理、心理调整到良好的状态，来进一步提高生产效率和工作业绩（图13-2）。

图13-1　服装加工厂的工人服装整体统一，体现了工种特点

图13-2　不同的功能需求决定了服装的不同形态，科技人员穿着的服装要有更加便于工作操作的具体功能

5. 审美性

职业装除去围绕专属的工作性质来设置一定的穿着形式外，美观成分的添加也是不容忽视的。"工作着是美丽的"不仅仅体现在工作劳动本身，也反映在有美感特征的着装表现上。经过设计美化的工作用装，往往会激发人们对从事职业的热情，增加视觉感官的愉悦，减少劳动操作的紧张乏味，缓解服务接待的疲惫压抑，起到点缀空间和美饰环境的作用，甚至可以对日常的生活用装构成影响。

二、职业装的种类特征

不同职业形成的衣装形式，从功用、穿着目的方面划分，通常可分为礼仪迎宾类服装、宾馆酒店类服装、商场服务类服装等种类。

1. 礼仪迎宾类服装

礼仪行为是社会人际交往的重要程式，包含了深厚的文化内涵。在重大场合中，礼仪模式可凭借规范的动作、精美的服装、饰物道具及音乐礼炮等具体形式，表达高贵隆重的礼遇规格。正规的礼仪穿着是为了充分显示礼宾的尊贵地位和礼仪程度，像国宾仪仗队、军乐队等穿用的服装，代表了当今礼仪服装的最高水平。

国宾仪仗队作为迎宾庆典和国葬哀悼等仪式场合中的必备形式，已被世界各国普遍采用，所不同的只是在各自确定的式样风格上略有变化。

中国的国宾仪仗队阵容是由陆、海、空三军的代表组成，其着装基本仿效了欧美国家军礼服的特点，并且根据我国的实际情况经过多次改进，才形成了现在的大盖帽与腰带佩饰的制服武装配穿形式。陆、海、空三军仪仗队的服色分别为黄绿、白、蓝，在帽子、衣领、袖子、裤子上点缀了不同的色彩装饰（如包边、镶条、嵌条等），同时还设有精致美观的帽徽、穗带、领带、肩章、领章、臂章、武装带、黑皮靴或皮鞋及手套等配饰，体现出英武的着装状态（图13-3）。

图13-3　在升旗仪式上的中国仪仗队

军乐队是各种礼仪场合中不可缺少的重要部分，其悦耳动听的音乐演奏与精致华丽的礼装的完美组合，可以营造隆重庄严的总体氛围。军乐队的服装高度反映了服装款式、面料、制作的工艺水平以及装饰方面的精湛水准。比如，英国皇家卫队的军乐队、荷兰皇家陆军的军乐队、法国的军乐队以及中国的军乐队等都以各自的特色体现了国家的礼仪形象。

优质高档的呢料通常成为仪仗队、军乐队等礼仪服装设计制作的首要选择，并且因季节和温度的变化，其礼装的面料厚薄及式样、色彩也随之更换，形成夏季、春秋季和冬季的衣装种类。这类高规格的礼服实际也为其他形式的职业礼装提供了参照标准（图13-4）。

图13-4　荷兰地方军乐队的制服传达出鲜明的民族形象

2. 宾馆酒店类服装

现代宾馆酒店的模式倾向于将餐饮、住宿、洗浴、娱乐、购物等功能统合在一起，以便为宾客提供周到、舒适、全面的星级服务。彬彬有礼与热情接待是服务业一贯奉行的宗旨，其服装穿着也应体现有关的职业精神，力求使衣着形式能够促成服务者与被服务者之间的高度和谐。宾馆酒店类服装根据具体的服务分工，大致分为门卫服、门童服、迎宾服、行李生服、管理人员服、餐厅服务生服、酒吧服务生服、客房服务生服、柜台员工服、厨师服、清洁人员服、维修工作服，桑拿服、保安服等种类。

门卫服应稳重得体，酒店门卫礼貌端庄的表现极易显示其所在服务机构的规格档次。门卫服装多为：头戴大盖帽、无檐圆形帽或贝雷帽等，身穿单排扣或双排扣的外衣与侧缝镶条的裤子，在局部（帽、衣领、肩、袖口、口袋、门襟等）设有不同的色彩、边饰、襻饰、扣饰、臂章及穗带（图13-5）。

图13-5　酒店门卫与行李生的服装既具有一定的礼仪性又具有一定的功能性，他们带给客人的是对酒店的第一印象，直接体现了酒店的礼仪形象

门童服由侍立在酒店入口开门迎宾送客的男工穿着。一般配戴圆形帽，穿立领或翻领的单排扣或双排扣式收腰短上衣及嵌条长裤，并分别在帽子、衣领、袖口、门襟、口袋等处设置相应的边条、襻、扣等装饰，使整体装束呈现出活泼、大方、亲切、有礼的感觉。如女性担当门童，多为配穿裙子。

迎宾服通常穿用于迎宾礼仪场合。主要采用民族式（如旗袍等）或套装式的礼服款型，通过设置各种漂亮的色彩、镶边、图案、扣饰以及佩戴别致的帽子来加强其礼仪女装的不凡效果。

行李员服由为住宿或离去的宾客提供搬运等服务的男员工穿着。造型与门童相似，但在局部的装饰上稍有变化。管理人员服装是宾馆酒店总经理、副总经理、大堂经理、餐厅经理及其他部门经理的专用服装，需要体现有权威性和一定的约束力（图13-6）。男性服饰为西式套装配衬衫领带，女性着装为西式套装（上衣下裙）配衬衫领带或领结，色彩多用沉稳的深色。女性穿着有时也可用稍鲜艳的颜色。

图13-6　管理人员的服装需要体现严谨、稳重的形象特点

餐厅服务生服是用于餐饮服务的着装，应与餐厅服务员周到贴切的招待服务保持一致，给予用餐者赏心悦目的美感享受。同时，服务员的衣着还必须同具有明显风格特征的餐厅装饰及陈设布置相协调，并要集中体现各类餐饮的特点（图13-7）。常规餐厅的服饰为：女性为衬衫与裙的配套，衬衫和装饰背心与裙的配套，上衣与裙或裤的配套组合；男性为衬衫与长裤的配套，衬衫与背心、长裤的配套以及各式套装（上衣下裤）的穿着形式，并都饰有领结。中餐厅服饰为女性用连身式旗袍、两件式上下分身旗袍、立领对襟式短褂与裙子的穿着，多采用

图13-7　日式餐厅的服务员服装具有突出的民族特色

襻扣、包扣、系结和花边、色边装饰；男性多为两件式立领对襟加襻扣的上衣与长裤的装束。西餐厅服饰通常为：女性穿带领结的衬衣、短裙、加褶边的围裙及配有帽饰的装束，显露出优雅轻松的浪漫情调；男性为领结、衬衣、马甲与西裤组合的着装。餐厅领班的服饰一般通过色彩、款式、配饰（如结饰）的变化来区别。酒吧服务生服与西餐厅服务生服的相近，只是女性的着装更活泼动人（图13-8）。

客房服务生服是为客房服务员配置的穿着。客房是宾馆酒店为宾客提供住宿休息的空间，服务员的主要职能是清洁卫生以及为房客开关房门、送开水等服务。微笑的表情、亲切的话语、优雅的举止都应包括在有关的服务中，与之相配的各式美观、大方、自然、实用的穿着款式，也将对服务的效果产生积极的影响。客房服装的款式多为：女性穿着上衣与裙（或裤）的套装；男性选用的是衬衣与裤子配套穿着的形式。着装要与周围室内环境相协调，色彩倾向柔和雅致，款式设计强调亲近感和标识性。

厨师服装由为宾客烹饪的厨师穿着。服饰多采用前开式单排扣或双排扣的低领上衣，配领围巾及围裙；戴高、矮以及形状、褶饰各异的帽子，用于区分男厨、女厨、主厨、副厨、西餐厨师与中餐厨师等身份。餐饮的性质决定了炊事服装多选用具有象征卫生、洁净意义的白色和浅色等色彩（图13-9）。

其他如清洁人员服、维修工作服、保安服等样式，也需要按具体工作要求来设计。

3. 商场服务类服装

大规模的城市发展促进了各种商业销售形式的提高与完善，为尽可能满足人们在日常生活消费中的购物要求，城市兴建了百货商场、购物中心、专卖店等不同规

图13-8 西餐厅服务人员需要表现出西方人就餐的礼仪特点，整体结构与色彩上都需要体现优雅轻松的浪漫情调

图13-9 厨师服装必须整洁并便于工作，厨师帽的造型具有区分厨师身份的职能

格档次的商业服务场所。销售行业的员工穿着，应与其特有的服务性质相吻合，一方面要传递商场特定的内涵，另一方面要便于销售中的服务推销。商场类职业装因不同的工作用途而分为迎宾礼仪服、柜台售货服、经理服、电梯服、保安服等种类。

商场迎宾礼服与酒店迎宾礼服近似，但因不同的服务内容，使其着装款式有所差别。迎宾人员多由女性担任，是商场着意安排制定的商业促销方式，其衣着为旗袍或套装配帽饰，并加有绶带，常选用各种艳丽醒目的色彩来搭配。

柜台售货服由直接与消费者进行频繁接触的售货员穿着。这种服装既要实用方便，又要具有标识美感。具体服饰为：女性为无领上衣配裙或裤、驳领或翻领式上衣配裙或裤、衬衣配裙或裤、衬衣与背心配裙或裤等多种装束；男性为西式套装或衬衣配长裤的搭配形式。配饰采用帽子、领结和领带，并采用拼色、拼料以寻求款式上的变化。

专柜服为某公司为企业产品专设的销售柜台的售货人员服装，主要凭色彩及样式的变换而有别于其他品牌的销售雇员着装，具有明显的广告宣传意图。

经理服要突出职责和威信，是不同于普通员工穿着的主管人员服装，正统的西服套装与衬衣、领带的搭配形式是最常见的选择。

军装的历史（一）

服装是时代的镜子，世界上不同国家在不同历史时期的军装同样反映了当时的社会背景、文化传统以及政治经济等多方面情况。军装产生的时间可上溯到最早的人类文明时期，在中国、埃及、印度、希腊等古代文明的记述中都可以清晰地找到关于军装的明确记载。基于战争的功能需求，早期的军装就具备了不同的防护功能，同时还需要便于敌我双方在作战时能够相互区分。

在欧洲文艺复兴时期，随着当时政治、社会、经济等多方面的发展，军装的军种与军衔开始有了明确的划分。18～19世纪，欧洲的大部分国家已经确立代表自己国家的独立军装，除了防护的基础功能之外，军种、职能等也都可以明确地识别区分（图13-10、图13-11）。

图13-10 英国皇家海军军服，由于职能的不同而有所区别

图13-11 20世纪初苏格兰军官的服装仍然具有传统军装的装饰性特点

军装的历史（二）

20世纪是迄今为止人类社会发展得最为迅猛的一个世纪，军装也相应发生了翻天覆地的变化。总体来看，近百年的军服发展逐渐趋向总体功能的系统化与合理化。发生于20世纪初的第一次世界大战初期，传统的军装仍然在整体比重中占据主导地位，鲜艳的颜色、精美的装饰是典型的特征，这样的军装在从前的冷兵器时代可以起到非常突出的防护身体及震慑敌人的作用。但随着现代军事的发展，尤其是现代武器突飞猛进的发展，这种曾经使用了几百年的军装逐渐失去了它在战场上的优势。在现代战争中，这种装饰华丽、色彩明艳的军装非常容易被敌人的狙击手发现，并成为瞄准的目标，以往的震慑作用反而退化成了战场上醒目的"活靶子"。所以随着战争的发展，各国的军装逐渐转向朴素化和实用化。

保安服是为保护商场财物和维护商场正常营业秩序的人员专设的装式，其款式与色彩的设计接近于警察制服，但在细节的装饰及色彩的配制上又有所区别，考虑到此类工作所可能面临的危险情形，保安服的色彩多为暗色或灰色等沉稳色调。

三、职业装的具体设计

基于职业性工作的考虑，具体的职业装设计必须针对其所从事的工作需求特点，并进行充分的信息汇集和研究分析，在一定的实用及美观原则下展开。

1. 分析市场及把握操作环节

职业装设计首先受到来自客观形成的市场划分影响。职业装市场大体可分为专业性市场和非专业性市场。在专业性市场中，军队和国家公务员（如税务、工商、邮政等）的制服用装，要由指定的服装企业设计制作；酒店、商店、学校等行业的制服用装以及医院、企业工作用装和特殊职业防护用装的设计制作，则可由专业性或非专业性的部门或企业完成。在非专业性市场中，一些介于工作和休闲之间的穿着，即倾向于时装化但并非专属的职业装，其设计与制作往往具有较大的灵活性而不会过于受到专业性的限制。

在设计实践中，职业装设计通常要通过非常具体的市场调研、品种分析、核算成本、制定价格、式样设计、纸样制作、色彩选定、面料及辅料选购和生产制作，以及相应的商业洽谈等环节来把握实现。

2. 体现实用功能

实用的功能通常是职业装设计中最为注重的方面。功能性设计主要包括有防护、

军装的历史（三）

就像矛与盾的依存关系一样，军装也同样是由战争而发展来的。在20世纪中期的第二次世界大战中，各国的军装开始了功能方面的深入探索。为了适应各个军种与各个兵种作战的特殊需要，各个国家的军装都进行了不同程度的改进，到了战争结束，军装已经成为有效防护士兵身体、提高作战能力的重要作战装备。

20世纪中叶以后，军装的标准化风潮在世界范围内兴起。同时，随着现代科技的迅速发展，各国对于军装机能的研究也成为风潮，很多高科技材料与高科技技术也相继应用在军装领域。军装的材料与性能得到了极大的改善。新研制出的材料兼具保暖与透气两项功能，新型的防反光材料可以躲避敌人的监视，不同的迷彩面料可以运用于平原、沙漠、丛林等各异的作战环境……总之，社会的发展为军装的改进提出了迫切的要求并提供了最高的科技需求。

合体、便于活动等适合工作特点的内容。

在不同的工作性质及环境的影响下，职业服装所起到的作用是显而易见的，尤其表现在艰苦恶劣的条件下，根据具体的职业穿着需要，采用具有各种功能性的厚型、薄型面料，结合适当的款式（如连身、分体、紧束、宽松及相应的领式、肩式、袖式、门襟、口袋等）和色彩，以达到防晒、防火、隔热、保暖、防水、防静电、防尘、防虫、抑菌、防损伤等效用目的。此外，季节的差异也往往引起职业装设计在配色、用料和款式上的变化。

职业人员穿着的服装要与人体保持松紧合适的状态才可能适体，即整体服装款式的长短、肥瘦与人的体形相适应。因此，职业装的设计除去要按照国际通用的系列号与型以及四个体型的规格标准制作外，还可根据需要进行单体测量得出更为准确的尺寸数据，以便有针对性地打板制作。另外，职业装设计还应注意其穿用时的弹性，充分使衣装与人体在工作过程中形成良好便捷的服用关系，为工作者的职业操作创造满意的穿着条件。

3. 体现美感与企业标识

现代心理学的研究表明，在紧张繁忙、乏味枯燥的工作环境下创造视觉上的美感，易于缓解紧张情绪和疲劳感，易于激发工作者的热情，有利于提高工作效率。在职业装设计上，适度表现服装的生动美观同样是十分必要的。适当地运用色彩、配饰，选择得体的廓型和结构来塑造，是设计职业装的常用手法。

标志性是体现职业特点和揭示职业内涵的重要特征，这一特点反映在具体的职业用装上，通常通过专用的色彩、徽章、文字、图形来塑造。

此外，职业装的设计制作应高度重视面料的选用。普通服装所用的毛纺面料很少用纯羊毛和高比例的毛混纺，而高品质的职业服装则较多采用含70%羊毛的毛涤混纺面料，有的还用纯毛类的高档面料。在一些正规制服中，普遍使用了像毛涤驼丝锦、贡丝锦等新型面料。有的职业装设计还选取了织物反面，用以提高穿着性能和改进款式风格。

第二节　礼服设计

礼服（也称社交服）原是指参加婚礼、葬礼和祭祀等仪式时穿用的服装，现则泛指参加某些特殊活动和进出某些正规场所时所穿用的服装，从服装的穿着方式来讲，可分为正式礼服和半正式礼服；从礼服的穿着时间来讲，又可分为昼礼服和夜礼服。礼服造型风格多姿多彩。例如甜美圣洁的婚礼服、华丽高雅的宴会服、个性鲜明的舞会服等。

在人们的印象中，礼服几乎是服装美的极致。礼服的造型具有很强的艺术情趣，色彩以明快而绚丽的色调为主，面料多选用高档的丝织物和新型材料，工艺制作和装饰手段都极为精致考究，这些也正是礼服造型美的特征所在。礼服的种类很多，可分为晚礼服、半正式礼服、婚礼服、创意礼服和中式礼服等。

图13-12　国际著名高级时装设计师劳伦斯·许的设计作品，在体现礼服之美的同时，还传达出东方传统的审美精神

一、晚礼服

晚礼服是欧美上层社会人士在晚间出席宴会、酒会及礼节性社交场合时穿着的服装（图13-12~图13-14）。欧美社会有重视晚间活动的传统，晚间举行宴会、舞会、戏剧和音乐会等要求穿着最正规、最庄重的礼服。女性着装常取袒肩长裙的形式，称Evening-Dress或Evening Gown；男性着燕尾服，称Evening-Dress Suit。传统的晚礼服款式多为收腰线的合体长裙，其设计重点主要在肩部、背部和腰部等，如前低胸、后露背、裸露肩和手臂等。其裸露的程

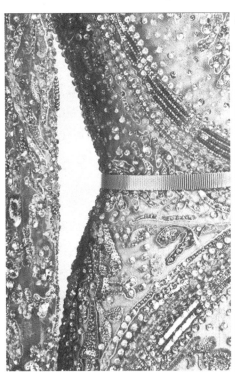

图13-13 欧洲传统晚礼服追求华丽的材料与精湛的做工

度视不同的着装环境而定，着装环境越是高级、温馨而越具有安全感，人们对美的需求也就越强烈。礼服在装饰上极为讲究，运用高档材料，如各种珠宝、云母片、金属片等组成各种花纹图案，点缀在胸部、颈部等，因此，传统的晚礼服常常以华丽、高雅为主要特征。穿晚礼服是社交礼仪的重要组成部分，穿晚礼服的人首先应该梳洗整洁、衣服要浆洗熨烫，女性要化妆等。其次，举止应该优雅，男士要对女士尊重，例如为女士拉椅子、脱大衣等。

在晚礼服的设计上，强调个性、讲究造型、追求新奇成为设计的重要特征。造型结构上更多地运用了对比

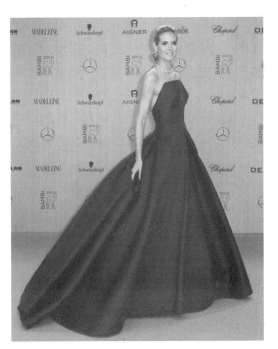

图13-14 身穿礼服的海蒂·克鲁姆（Heidi Klum）出席2015斑比奖的颁奖典礼

手法，或以款式的结构形成对比，或以色彩的配置形成对比，或以面料的搭配形成对比。这种对比使得构成要素之间的个性特征更加突出，从而在着装效果上产生一种强烈而醒目的感觉，以满足人们对晚礼服特有的审美需求。

随着当代服装休闲化的流行趋势，晚礼服也在逐渐简化和随意化。在这一点上，美国人比欧洲人走在前面：女性可以用裤装作晚礼服，男性可以不打领结、领带。但是，只要人们依然衣冠整洁、一丝不苟，依然彬彬有礼，则晚礼服所代表的社交精神并没有实质性改变。

二、半正式礼服

当代社会文化的发展，使得人们逐渐重视夜生活，在一些大都市中，人们的夜生活越来越丰富。随着夜生活的多样化和品位的提高，晚礼服也自然地走进了人们日常的夜生活之中。现代晚礼服与传统的晚礼服相比，在造型上更加舒适实用和美观。如一些中长型和短型的裙装，宽松的长裤套装和裙裤套装等也进入了晚礼服的行列，这种礼服被称为半正式礼服。半正式礼服的设计比起晚礼服而言相对比较随意，设计的方式也更多。

三、婚礼服

婚礼服是新郎、新娘在婚礼上穿用的服装，起源于西欧。特别是在西方一些政教合一的国家中，人们的婚礼均在教堂中举行，以便接受神父或牧师的祝福和祈祷，这样才能被公认是合法的婚姻。因此，新娘要穿白色的礼服，头戴白色的面纱，以示真诚和圣洁，这种装扮也就自然成为婚礼服典型的服饰特征。

挑选婚礼服，美是一个标准。此外，不能忽略的另一个标准是礼貌得体。婚礼服裙长及地，一般在婚纱上还要加上长长的裙拖。如果是在市政厅举行，婚礼服就可以稍微简单一些，礼服可以比在教堂举行婚礼穿得稍短，裙拖和头纱都可以省略，为了强调新娘的身份可以捧上一小束花。那些在鲜花盛开的乡野举行的婚礼，新娘的装束尽可以贴近大自然一些，不必拘泥于传统的婚纱样式。

婚礼服的设计以"X"型和"A"型为主，其款式结构多以复叠式（裙子外部的形重叠盖住内部的形，构成一种有序的层次感，使之显得雍容华贵）和透叠式（以透明或半透明的面料层层叠压而透叠出一种新的形态，使之产生朦胧虚幻之感，增加其神秘的情调）为主；色彩以白色和各种淡雅的色彩（如浅红、浅粉、浅紫、浅蓝、浅黄色等）为主。但是，无论服装色彩如何变化，头上的面纱总是以白色为主。面料多采用丝绸、乔其纱、棱纹绸及各种再生纤维织物等。面纱一般选用绢网、绢纱、薄纱等面料。在婚礼服的装饰手段上，多采用刺绣、抽纱及一些现代装饰手段，如具象而立体的刺绣纹样，以本色面料制作的立体花卉，用云母片及各种宝石镶嵌等组成的多种图案。还有头上的帽子、颈部的花环、手上的网纱手套及珍宝首饰等，都是婚礼服设计中必不可缺的装饰形式。此外，在婚礼服的设计上，常常运用夸张的手法，如夸张其裙子的膨胀感和裙摆的围度。裙拖可长达数十米；袖子的袖口也经常夸张为高大而蓬松的灯笼袖。在婚礼服的整体造型上，由于各种构成因素的充分展示和强化，所体现出的这种高贵、华美的艺术效果，是其他服装无法比拟的（图13-15~图13-17）。

图13-15　婚礼服的设计在高级时装发布会上也是最为重要的部分，图为BERTA Bridal 2016春夏系列

图13-16　婚礼服集中体现了女性的圣洁、柔美与男性的稳重、阳刚

值得一提的是，在当今的婚礼服设计上，有一种被称为"彩虹婚礼服"的设计，即新娘的婚礼服和伴娘的礼服是一种整体设计。有时是新娘的婚礼服与伴娘的礼服在款式上相近，用不同的色调来加以区分；有时则是色彩配置相近而款式设计有别。两者之间既是一种陪衬的关系，又是一种和谐统一的关系。

图13-17　除了精美绝伦的婚礼裙外，新娘的化妆与发型也是婚礼服整体设计的重要部分

图13-18　马克·奎恩的设计带给世人一个异想天开的全新世界

我国传统的婚礼服主要是以旗袍和中式服装为主，面料多用绸缎，色彩多为红色，象征着喜庆、吉祥，寓意着婚姻生活的幸福和美满。但是，近些年来，由于东西方文化的相互交流，中式婚礼服和西式婚礼服在我国都很常见。

四、创意礼服

创意礼服指的是在礼服基本形制的基础上加入诸多创意设计元素的一种礼服设计形式。创意礼服在设计方法和手段上没有什么限制，给予设计师自由发挥的空间比较大。在每季的流行趋势发布会上，许多服装设计大师也十分醉心于创意礼服的设计，如马克·奎恩、约翰·加里亚诺等（图13-18）。

五、中式礼服

所谓的中式礼服就是指在中国传统礼服基本形制的基础上进行设计和创新的礼服形式（图13-19）。我国自古以来就是礼仪之邦，婚礼则一直被看作是人生的一次重大典礼。礼服的挑选是相当慎重的。古代朝廷贵妇的结婚礼服有专门的规定，即使是平民的女儿成婚那天也可以选用贵妇的礼服样式，比如戴镶金缀宝的凤冠、披织绣灿烂的霞帔，系精工细作的红裙之风俗在汉族妇女中一直沿用到清末民初。这种浓重的富贵味和火红的基调与婚礼中锣鼓喧闹的热烈气氛非常吻合，反映了中华民族对婚姻那种热烈的期盼。

图13-19　中国著名服装设计师张肇达所创作的"天堂传说"

第三节　演艺服装设计

演艺服装设计是指专门用于艺术表演的一类服装的统称。包括舞台服装和影视服装两大类。舞台服装门类很多，以戏剧服装为主，如戏曲、话剧、歌剧、舞剧，其他还有杂技、曲艺、演唱等各类演出服装；影视服装，即电影、电视剧服装。表演服装的共同点有：①源于生活，以生活为创作的基础和依据，并对生活素材进行提炼、概括和艺术加工，最终达到生活真实与艺术真实的统一，甚至超越生活；②运用造型艺术的手段，塑造人物外部形象；③创造性地服务于表演，构成表演艺术的有机组成部分。

由于表演艺术的差异性，表演服装在创作思想和表现手段上各具个性特点，其个性特点的鲜明性和普遍性，使得表演服装在客观上形成了三种稳定的艺术形式，学术上通称"样式"。在我国，舞台美术学科的辞书上列有"写实的戏剧服装""非写实的戏剧服装""程式前提的意象化戏剧服装"三个并列的词条，对戏剧服装样式加以分类。

一、写实戏剧服装

写实戏剧服装指以现实主义创作方法设计的服装，包含写实戏剧服装和影视服装（图13-20）。

图13-20　以电影《英雄》为例，这部电影的服装色调纯粹而又浓烈，服装的色彩随着人物的心情而进行相应的设计，张曼玉和梁朝伟在初次相遇时，两人都身着浅绿色长衫，布料飘逸轻盈，衬托出了两颗坠入爱河的心

二、非写实戏剧服装

非写实服装主要指不注重生活真实而强调抒情性、雕塑美的服装，如舞剧服装；还包括受欧美表现主义及抽象主义戏剧风格影响而具有特定美学原则的中性服装、抽象服装，这在非写实的话剧、歌剧、舞剧中均有体现。

三、程式前提的意象化戏剧服装

程式前提的意象化戏剧服装专指以写意为美学原则的、现实主义与浪漫主义相结合的中国戏曲服装。古罗马早期话剧和日本歌舞伎中的某些服装，虽也具有某种程式性，但在美学原则上与中国戏曲服装有质的区别，属于特殊样式。在国际表演服装范畴，中国戏曲服装以"程式前提的意象化""写实化""非写实化"三种样式并存（图13-21、图13-22）。

图13-21 著名京剧表演艺术家梅兰芳先生　　图13-22 中国戏曲服装具有程式化特点

叶锦添与《卧虎藏龙》造型设计

叶锦添，著名造型设计师。凭借在《卧虎藏龙》中的出色发挥成为首位夺得奥斯卡"最佳艺术指导"奖的中国人。叶锦添的服装作品不仅丰富，并且涉足各种艺术形式。1993年因参与当代传奇剧场的《楼兰女》而涉足剧场创作，广泛接触各类剧场模式，对设计界产生了重要影响。

在《卧虎藏龙》中，导演李安运用寓情于景、虚实相间的手法进行艺术表现。叶锦添在服装、造型、道具、布景等方面的匠心独运，进一步营造了具有中国古典山水意境的武侠氛围，并借着这个机会向世界展示了中国传统兼具创新的浪漫美学风范。例如，为呈现俞秀莲女侠本色，叶锦添在服装设计上采用原木色配合米色、浅紫色的服装色调，从视觉上充分凸显俞秀莲的角色魅力，令观众印象深刻。

不同事物之间的比较称为"对比"，而同一类事物在不同方面比较，则称为"类比"。在表演服装这个大类之中，比较样式的差异（个性）称"类比"较为适合。"程式前提的意象化""写实化""非写实化"这三大样式的基本差异，可概括为以下四点。

1. 服务于表演的作用不同

写实话剧和电影、电视剧的表演，就其基本形态来说，是生活化的，力求形似生活，要逼真地再现生活。虽然也有比生活夸张的表演动作，虽然也强调生活真实与艺术真实相统一，但演员表演的艺术意蕴通常是含在生活化的自然表演之中，从而表现为更强调生活真实的一面。所以，这类戏剧、影视艺术竭力排斥夸张化、程式化的表演动作，其中，尤以影视艺术为最甚。写实化服装不参与表演动作，仅具有静态美和真实美。

舞剧、舞蹈音乐剧和某些表现主义、抽象主义风格的非写实话剧表演，前者通过有节奏感的动作来表现故事情节及人物情感，后者则强调有别于自然表演的语言对白和形体动作。上述戏剧中的非写实服装，又分为两种，一种是参与表情达意，构成为表演的一个组成部分；另一种则仅有静态美（图13-23、图13-24）。

中国戏曲艺术，从纵向上看，传统与现代紧密联系；从横向上看，各剧种既有区别又有联系。其综合性、虚拟性、程式性的共同特征，体现在表演上，即是变形夸张的、具有规范化艺术魅力的唱、念、做、打的综合表演，它排斥生活化的表演动作。程式前提的意象化服装不仅参与表演动作，而且已与表演构成为一种不可分割的艺术整体，兼有静态美和动态美，还具有超乎剧情之外的独立审美价值。

图13-23　萨克斯演奏家的演出服装同萨克斯音乐风格完全吻合

图13-24　团体演奏的服装需要具有统一的风格

2. 创作思想观念不同

写实化服装强调"再现"，真实摹写生活，直观地再现客观对象（特定时代、地域、时令中的具体人），十分讲究再现生活气息（如服装的质感、新旧程度、职业痕迹等）。著名电影导演吴贻弓曾说："它应从生活出发，重视现实主义……细节应以真实、自然为宗旨……应以人物和时代为要求，不搞夸张和虚浮的一套""它应具有强烈的时代特点、浓郁的生活气息，鲜明的人物个性，避免程式化、戏曲化"。

非写实服装强调"表现"，追求强烈的主观性。例如舞剧、舞蹈服装，强调抒情，解放四肢，使之有助于形体动作的完美展现；话剧服装和抽象服装，更注重变

综合知识窗

京剧与京剧服装

京剧是以表演为中心的一门综合艺术，京剧将人物归纳为"生、旦、净、丑"四大行当分别表现，京剧演员按照"唱、念、做、打"等程式化的表演手段塑造人物，京剧的音乐与舞台布景也独具特色，京剧服装更是浓淡相宜、异彩纷呈。虽然京剧只有一百余年的历史，但已经发展成为中国最大的戏曲剧种，成为中国古典戏曲艺术的杰出代表。

京剧的前辈表演艺术家根据戏曲表演的特点与形式，以明代服饰为基础，融会了中国历代服饰的精华，创造出了独具艺术规律、臻于完美的艺术形式——戏衣，即京剧服装。京剧服装作为京剧艺术的重要组成部分，深受传统文化的熏染，吸收了丰富的民族营养，显示出浓郁的民族性。同时，京剧服装款式考究，各具特色，装饰浓郁，富丽堂皇，具有独特的美学价值（图13-25）。

图13-25　京剧服装中的黑缎大龙戏珠蟒袍具有大气磅礴的气势

形、象征，外化情感。两者均是"间接性"地表现生活，表现客观物象（具有创作者主观情感的人），其"间接性"迫使观众参与，诱发联想，从而获得独特的审美快感。有的非写实服装，在"形"上已距生活很远。

程式前提的意象化戏剧服装强调"再现基础上的表现"，既追求"直观性"，又追求"间接性"，形神兼备，神韵至上。以中国特有的"写意"为美学原则，表现客观物象（具有创作者主观情意的、处于有规则地自由运动中的人）。其外表形式，介于写实和非写实之间。

3. 表现手段不同

写实化服装以现实主义为基本创作方法。非写实服装以浪漫主义为基本创作方法。其艺术表现手法为夸张、变形、寓意、象征。程式前提的意象化服装以现实主义与浪漫主义相结合为基本创作方法，具体的创作方法是戏曲的意象创造，艺术表现手法为戏曲特有的夸张、变形、寓意、象征。

4. 审美价值范畴不同

写实化服装的审美价值，只属于写实话剧和影视艺术范畴。影视中的某些生活服装，除去破衣烂裳，多具有现代服饰的审美意义。非写实服装的审美价值，属于非写实戏剧艺术范畴。程式前提的意象化戏剧服装，其审美价值，既属于戏曲艺术范畴，又具有超乎剧情的独立审美意义，传统戏装因刺绣精湛而具有工艺品价值，有的甚至也具有文物价值（如清宫戏衣），从服饰艺术价值角度上看，它还是至今仍"活"在舞台上的中国历史服饰，从服饰文化这一角度折射出中国古代文明的辉煌灿烂（图13-26）。

图13-26 "靠衣"由武将穿着，整体风格英武、硬朗

第四节 特殊服装设计

特殊服装设计指的是为特殊用途而进行的服装设计，包括企业劳动类服装、交通服务类服装和文教卫生类服装。

一、企业劳动类服装

在工厂企业的劳动场合中，许多职业工种都存在一定的劳动强度和危险性，所以，有关的面料及穿着式样，主要是从应付实际的劳动操作和安全防护角度出发来考虑的，并具有一定的标识性、审美性（图13-27、图13-28）。现今的生产企业一般都建立了完整可行的劳动操作规程，其中必然制定了对工作服的穿着要求。企业劳动用装可分为食品加工服、电子仪器加工服、炼钢及铸造工作服、建筑施工服等种类。

食品加工服由从事食品加工过程的工人穿着，其设计样式必须便于食品加工操作并符合卫生标准。主要服饰为：系扎袖口的罩衣（罩衫），裤子与帽子、口罩、手套配穿，选用白色或柔和的浅色。

电子仪器加工服由有关制作加工的人员穿着。由于现代电子仪器精密程度的提高，要求加工制造时需保持无尘的环境。一些生产计算机芯片的车间场所，要求洁净的程度甚至超过医院外科手术应具备的无菌条件，并因此专门设有玻璃面罩及连身衣裤等严格密封的工作服。常用服饰为：夹克式上衣与工装裤配穿，或者连身工作装，服装上设有多个口袋，领口、袖口、裤口紧束，配有帽子、口罩、手套等。

图13-27　在特殊工作环境下工作的人员需要配备相应的保护服

图13-28　建筑工人制服的安全防范性能是设计中最关键的部分

炼钢及铸造工作服专为从事相关炼钢铸造的工人配备。因面临被高温烘烤灼烫的特殊劳动环境，其用装首先考虑防护性及散热透气性。常用服饰为：便于劳动操作的连帽长外衣式特种面料工作服或夹克式工作套装，配有帽子、护目镜、手套、皮鞋、毛巾等保护用品，主色为白色、黄色等。

建筑施工服对可能发生的意外伤害有一定的防护作用，由建筑工人在具体的施工操作中穿用。常用服饰为：便于活动的宽松夹克服，工装裤与头盔、鞋配穿，服色多为橙色、米黄色、蓝色。

像电工、气焊工，水暖工、维修工、搬运工等工种，也都设有相应的工作用装和劳动保护用品。由此可见，工作服虽然只是企业生产过程中的一个细小环节，但带来的实际功效和影响却远远超出了衣着本身。

二、交通服务类服装

交通设施的提供和改善，是现代文明的重要标志，现代交通水平的提高，不仅仅在于运输工具快捷、舒适、安全的性能保障，还在于司乘人员细微的体贴、关爱、周全的服务，所穿用的职业服装在展示交通行业风貌的同时，也有助于加强改进交通旅行中规范优质的服务。交通服务用装大致分民航服、列车服、公交服等种类。

民航服由从事航空客运服务的职业人员穿着。民航客机中负责接待服务的工作通常由年轻的女性担任，其着装式样多按所属航空公司的"形象特征"和服务宗旨来定，而优美悦目的观感也是必不可少的（图13-29）。主要服饰为：各式衬衣与裙子、各式套装（各种领式的单排扣或双排扣上衣与裙或裤配穿）的组合；饰有帽子（如船形帽、礼帽、贝雷帽等）、领结、领带、帽徽、胸章、臂章、纽扣及各式围裙（背带式、围腰式）等。领班的着装多由专设领结或色彩等来显示。民航驾驶员在整个飞机航行中担当了极为重要的角色，其装束一般为头戴有徽章、帽条及檐饰的大盖帽，内穿系领带衬衣，并配穿饰有肩襻、胸章、臂章、袖条的西式制服套装（单排扣或双排扣上衣与长裤）。但驾驶员在机内驾驶期间，经常是衬衣配领带、长裤的穿着。

图13-29　民航制服是航空公司形象的反映，制服设计多按所属航空公司的"形象特征"和服务宗旨展开，瑞丽航空公司空中服务人员服装的民族性非常突出，彰显空姐们的气质

列车服由从事长途运输的列车员工穿着。因客车室内环境与装饰功能的改善以及空调、洁具的提供，现在的乘车条件有了很大的改观。与乘客一路相伴的列车服务员，除去给予热情、礼貌、周到的服务外，还须身着美观舒适的服装来显示其职责并营造温馨的气氛。主要服饰为：男性穿西式套装、内着衬衣、领带及戴大盖帽，设有帽徽、帽条、肩襻、袖条等装饰；女性着各式帽型（大盖帽、船形帽）、各式套装（上衣下裙或裤）与衬衣领带（或领结）的穿着形式，并饰有肩襻、袖条、臂章在衣装的局部。服色多选用藏青、蓝、墨绿、浅咖啡、米黄及红等颜色。列车长和乘警等的服装则多通过专设的臂章、帽式及衣款来显示。

公交服是为城市公交车司乘人员配置的穿着，具有显示工种、展现公司形象和便于职业工作的效用。服饰设置为：夹克套装、西服套装（上衣下裙或裤）与工作帽配穿。男、女服装及工种着装区别可凭衣款、徽章、帽子、色彩的变化来体现。

三、文教卫生类服装

文化教育和医疗卫生方面的职业服装，主要是通过学校、医院等行业人员的穿着来体现，其象征、审美及实用意义非常明显。文教卫生用装主要包括了学生服、学位服、医疗服等。

1. 学生服

学生服是在校学习的学生穿着使用的服装。对教书育人的学校而言，规范统一且富有朝气的着装显然有助于学生严格自律、培养良好健全的心智和集体主义的意识，表现纯洁、友善、活泼、美感、自信的象征含义和精神面貌（图13-30）。我国目前的校服式样随着社会的发展不断改观，在与国际接轨的大环境下对学生装有了更高的要求。学生服特征：男生为立领制服套装，或衬衣与裤子配套，或内着衬衣、领巾（或领带）的西服套装的穿着形式；女生穿翻领制服与长短适宜的裙子（或裤子），或衬衣与背带裤（或半截裙）配套的穿着，设有领巾或领带装饰。一般，针对不同年级以及男、女学生的服装会有特殊的要求。比如，中学生服装较沉稳，女生的裙长不宜短于膝盖处；小学生服装相对显得活泼，装饰

图13-30　学生服的整体特点要活泼、开朗，同时又不失严谨、自信

性稍强些，女生的裙长可短于膝盖处；男生夏季可统一着短裤。利用不同的色彩、款式和配饰的设置，能够形成学生服的标识用意。各个季节的学生服也需要由相应厚薄及性能的面料和式样来设计组合。

2. 学位服

学位服源于16世纪的欧洲，是作为高等学府在毕业典礼上授予学生学位时的固定装束，其由帽顶部中央饰有一条流苏条带的黑色方形帽、宽袖袍服及设有边饰的垂布组成。在这隆重的场合，学位服是参加仪式的校长、导师及学成毕业的博士、硕士、学士们必备的，在式样、色彩上都有特定的规则。以美国某大学的学位服为例，其罩袍连帽上不同的色彩象征不同的学科领域，如绿色表示医学、紫色表示法学、橙色表示工学等。我国的学位服目前是参照国务院学位委员会审定意见，按国际标准并结合各院校自身特点设计完成的。比如，南方某大学学位服式样表现为：校长与导师戴设有流苏的方帽、穿镶黑襟边的红色袍服；博士戴设有红色流苏的方帽、穿镶红襟边的黑色袍服；硕士戴设有深蓝色流苏的方帽、穿镶黑襟边的深蓝色袍服（图13-31、图13-32）。在整个学位服上还设有图案装饰和盘花扣饰。

图13-31　中国20世纪20年代的学位服是"洋为中用"设计思路的结晶

3. 医疗服

医疗服作为医用性质的服装，是经过长期的医疗实践而逐渐完善起来的，具有

学位评定委员会主席服　　导师服　　　　校长服　　　名誉博士服

博士服　　　　学士服　　　　硕士服

文科　理科　工科
医科　军科　农科
垂布（披肩）

流苏

学士　　硕士　博士　校长导师

图13-32　学位服图解

中国学位服发展

中国早期的学位服是由西方传入的。自1601年起，欧洲传教士开始踏上中国的土地，传播他们的宗教教义，当时欧洲的学位服也随之传入了中国。到了19世纪后半叶，在中国建立的基督教学校已经达到数百所，源于欧洲的学位服也已经完全落户于中华大地上。不过，当时在中国使用的学位服只是欧美学位服的拷贝。

真正意义上的中国学位服出现在20世纪20年代。总体的造型同已经传入中国的欧美学位服造型比较近似（宽松的衣身，肥大的衣袖，黑丝绒宽边衣襟），但含蓄地融入了中国传统服装的结构特征（例如，传统的欧美学位服是同西装、衬衫、领带搭配穿着的，但与中国的学位服搭配穿着的却是立领学生装，直挺的立领既具有传统中式服装衣领的特点，又更加干练利落，更具时代特征）。

在新中国成立以后，由于当时没有确立学位制，所以学位服也在很长一段时间里被束之高阁，很少被人问津。直到20世纪80年代，《中华人民共和国学位条例》开始实施，学位制度的确立为学位服的再次出现与进一步发展创造了条件。到了80年代末，中国大学里使用学位服已经是很普遍的事情了。不过，当时的学位服还是没有统一的规范，各个学校选用的学位服都不尽相同。1994年，国务院学位委员会确立了一系列规范的中国学位服体系，并推荐全国的学位授予单位使用，中国现代学位服就此确立。

在《国务院学位委员会办公室关于推荐使用学位服的通知》中明确指出：这一系列统一、规范的学位服包括学士服、硕士服、博士服等，由学位帽、流苏、学位袍、垂布四部分组成。各部分的色彩也因学位的不同而有明确的区分。同时，各学位授予单位还要在学位袍的左胸处绣、印或者佩戴单位的标记。此外，还对学位服的使用场合与穿着规范进行了详细的介绍。

隔离、避免病菌沾染和美观标志的作用。主要服饰特征为：医生服为前开式带袖卡的单排扣白大褂配白罩帽及口罩。男、女医生着装多凭衣领及帽式区别。护士服多是为由女性担任的护士所设，根据实际用途穿立领或小翻领的单排扣（双排扣）前开式（或后开系带式）的白色长褂，戴白色的罩帽或叠帽及口罩等，护士长及领班护士的着装可用特种设色或佩戴标志显示。护士服较多采用白色、粉色，或深蓝色与白色搭配；手术服一般设有内穿的前开系扣式白色衣褂、外穿的后开系带式袖口设松紧的蓝绿色罩衣以及一次性的罩帽、口罩和橡胶手套等。主刀医生与辅助护士的穿着，常常要靠设色、帽型及衣款的不同来区分。其他像清洁服、病员服等，也都依据具体用途分别予以设计制作。

思考题

1. 请举例说明在职业装设计过程中，服装自身形态同工作环境、企业形象的密切关系。

2. 国宾仪仗队服装的礼仪性同燕尾服的礼仪性的区别是什么？

3. 试分析中国传统戏曲服装的审美特征。

4. 如何理解演艺服装设计"写实"与"写意"的关系？

5. 请举例分析企业劳动类服装设计中的功能性要求。

6. 试分析民航服同列车服设计定位的异同点。

推荐参阅书目

［1］刘元风，李迎军. 现代服装艺术设计［M］. 北京：清华大学出版社，2005.

［2］李当歧. 西服文化［M］. 武汉：湖北美术出版社，2002.

［3］杨治良. 服装心理学［M］. 兰州：兰州人民出版社，1989.

［4］吉尼·斯蒂芬·伏琳. 时尚——从观念到消费者［M］. 王立非，等译. 西安：陕西师范大学出版社，2003.

［5］上海市戏曲学校中国服装史研究组. 中国历代服饰［M］. 上海：学林出版社，1984.

［6］叶锦添. 繁花——叶锦添作品集［M］. 北京：生活·读书·新知三联书店，2003.

［7］邓跃青. 现代服装设计［M］. 青岛：青岛出版社，2004.

第十四章
加工技术类别

现代社会科学技术的飞速发展给人们的生活带来了巨大的变化，从与日常生活息息相关的服装来讲，纺织、印染以及服装加工技术的进步给服装设计领域带来了许多新的契机，而服装设计也可以从加工技术类别上加以划分。本章主要讲述内衣、裘革、针织以及羽绒四个大类服装的设计内容。

第一节　内衣设计

随着人们生活水平的不断提高，人们不但对外衣的款式和材质有着浓厚的兴趣，而且对内衣和家居服也开始有所追求。人们开始注意到室内与室外服装的区别，尤其是现代女性越想展现外衣的美观大方，就越注意内衣对时装的重要作用。因此，内衣设计已被提到服装设计日程上。

女士内衣是女性最亲密的伙伴。对于体型姣好的女士，内衣无疑起到了衬托和突出曲线的作用；而体型不理想的女士们也同样可以借内衣达到修正体型的目的。现代内衣的面料更趋舒适、紧密、高弹和美观，颜色也愈加丰富多彩，有无带文胸、运动型内衣、晚装内衣、修正型内衣、吊带内衣裙等。女士内衣的功能可归纳为以下五点：吸收汗污、保持皮肤清洁、保护肌体不受外界刺激、修正体型、塑造形象，把身体的动作自然地传达给外衣。

女性的乳房没有骨骼，由乳腺和脂肪组成，其主要支撑力是乳房的韧带及胸肌。女性乳房随着年龄的增加及地心引力的作用，从25岁开始下垂，同时会因下垂而呈现外八字形分开，而内衣可以支撑身体下垂的赘肉，辅助体型的调整。所以，挑选适合自己身体体形的内衣，能防止乳房下垂，调整体形（图14-1）。

对于发育期的女性（12~18岁）来说，体形一直在变化，所以不宜选择带钢托及衬垫的内衣。内衣尺寸要根据体型来定，过松的内衣不利于造型，过紧则影响发育。质地以全棉并含少许氨纶，稍带弹性为宜。文胸适宜全罩杯式，内裤则以四角形的、能包住整个臀部为佳，腰线不能太低。

成年女性（18岁以后），体型不再有太大变化，可选择固定体型的内衣，如带钢托的全包式、3/4杯半包式文胸均可。内裤可选用能完整包住臀部的四角形或平角形内裤，以防止臀部下垂。

已婚及中年女性体型更需保护及矫正，如不保护就会破坏体型的平衡，因此，应选用给身体一定向上承托力与支撑力的内衣，文胸可采用较宽底边的，也可以是连罩腹部的。内裤选有提臀收腹作用的款式，如选择高腰或中腰型款式更为理想。

内衣的实用性和贴身性使得90%以上的内衣都选用了针织面料，以适应现代人对内衣的种种要求。与机织面料相比，针织面料的手感好、弹性佳、透气性强，穿着舒适、轻便，而化纤针织面料还具有尺寸稳定、易洗、快干和免烫等特点，所以内衣宜采用针织面料制作，当然有时也采用机织面料制作，或针织与机织面料相结合。常用的针织面料有全棉针织布、棉与化纤混纺针织布、丝织针织布等，当内衣的装饰性加强时，也使用化纤混纺针织布（图14-2、图14-3）。

从实用和审美的角度来讲，内衣一般可分为三个类别，即基础内衣、装饰内衣和实用内衣。由于三种内衣在穿着功能上各有侧重，因此，在设计上也各有特色。

图14-1　内衣能很明显地改变女性腰身的曲线

图14-2　舒适的文胸对女性乳房有着很好的保护承托作用

图14-3　内衣能最大限度地体现女性温柔妩媚的性别特征

一、基础内衣

基础内衣也就是矫形内衣，一般具有两种功能：一是修正人体的某种缺陷，使体型更为完美，如矫正胸部造型、束平腹部等；另一种是辅助衣服造型的内衣。主要类型有：文胸、腰封、胸衣（集文胸、腰封、吊袜带于一体）、束带、束衣、束裤、软垫等。

1. 文胸

文胸是衬托女性胸部曲线最直接的基础内衣，其主要功能是保持乳房的稳定，矫正乳房的大小和高低形态。同时，抑制肋下或上腹部多余的脂肪，从上下左右将属于胸部的脂肪很自然地回归到其本来的位置，以求达到理想的胸部和体型的曲线美。它分为功能型和调整型两类。功能型文胸指一般的文胸，可具有支撑乳房、防止乳房下垂的功能。调整型文胸有加层网衬，在肋边或罩杯下部多用束腹的材质制成，罩杯以全罩杯为标准型，有矫正和调整体型的特殊功能。文胸由肩带、罩杯、衬垫、钩扣、胸托、装饰等几大部分组成。

肩带可分为固定式及活动式两种，用于固定文胸。肩带和底边是罩杯的两个支撑点，特别是单层文胸，如果没有肩带，罩杯就没有任何作用。肩带有垂直状、外斜状、内斜状三种，两根肩带的距离亦有宽窄的分别，全包式文胸肩带较正，两带间距离比较适中；斜包式文胸两带间距则稍宽。一般说来，极端的肩带内斜有收拢乳房外侧的作用，而肩带极端外斜有提起乳房中间的作用。

罩杯的作用是包容胸部脂肪，塑造坚挺丰满的乳房形象。罩杯可以更好地调整乳房的造型，使乳房的下垂、外扩情形得到改善。

衬垫按其材质可分为海绵、丝绵、无纺衬三类。海绵的透气性较好，洗后不变形。丝绵较柔软、舒适、透气性佳。无纺衬有软、硬之分，软无纺衬穿着贴身、舒适；硬无纺衬稳定、造型效果好。

钩扣可分为单钩、双钩、前钩三种，起固定调节作用，可调范围各档约为2.5厘米。文胸以后扣较为常见。前钩（又称前扣）是矫正型产品，适用于胸部外扩者，具有聚胸作用。有些适宜搭配低胸外衣的文胸，罩杯几乎是分开来连接在底边上的，聚拢效果差，因此采用前扣的式样效果较好。而且前扣容易产生乳沟，同时又不会在合体而轻薄的外衣表面产生背钩的结构印痕，使背部光滑、平整、美观。

胸托可分为钢托及胶片两种，能固定罩杯边缘，不使罩杯上下滑动。钢托采用特种钢材及处理工艺加工而成，用于支撑乳房，不使其下垂，使胸部达到完美的塑形效果。胶片采用特种塑胶材料制作，用于支撑衣片，防止布面向中间打皱、影响舒适与美观。

专业知识窗

内衣史话（一）

内衣的英译可译为Lingerie，之所以如此，全因古时候的内衣是由薄的亚麻布所制，而麻的法文是Linge，所以便有了Lingerie。早在我国上古时期，就已织成最早的麻布，它的密度是10根/厘米。但那时内衣与外衣无甚区别，只是原始的遮体、保暖之用。4000年前，麻布密度已达到了24根/厘米。随着丝织技术的传播，内衣逐渐产生了区别于外衣的功能，称为抹胸、裹肚等。从《簪花仕女图》中的薄纱低胸绣花衫，我们看到了唐代女子的"亵衣"；而《西厢记》中的宋代女子则穿抹胸及内裹肚，一根幼带围颈，一块绫遮胸，掩起千般风情，万种妩媚。但中国毕竟还是保守的民族，直至清朝末期随着洋纱洋布进入中国，西方的胸衣才真正演绎在中国女子的身体之上。

装饰用于美化文胸、修饰文胸不同的部位，有艺术价值，品种有蕾丝花边、胸花等（图14-4）。

蕾丝花边可分为：无弹花边、电脑刺绣花边、弹性花边等。无弹花边是普通花边，价格适中，应用范围广。电脑刺绣花边凹凸感明显，华贵秀气。弹性花边又称氨纶蕾丝，伸缩性好，没有压迫感。

文胸的设计造型可分为以下几种类型：

机能性文胸：机能性文胸用以将乳房向上集中，使其不会外扩或松散。机能性文胸一般适合胸部丰满健硕的女性穿着。

无缝型文胸：无缝型文胸一般分为有钢圈和无钢圈两种。其罩面和里衬无剪裁线条而一体成型。其结构简洁整体，穿着时可根据胸部的大小来选择不同的规格。

舒适型文胸：舒适型文胸在设计上不使用钢圈，是以弹力棉性材料塑型而成，穿着会产生一种无拘无束、舒适自然的感觉，是西方现代女性所喜欢的文胸之一。

钢圈型文胸：钢圈型文胸主要起到托举乳房的作用，无论是丰满的胸部还是扁平的胸部，都能塑造出较为完美理想的体型曲线。

长型文胸：长型文胸在造型上具有修饰体型的功能，一般是胸罩与腰夹相连，产生一定的稳定作用，尤其适合发胖期的女性穿用。

从文胸造型的杯体面积上来讲，可分为全杯型（将整个乳房全部包住）；3/4杯体（显露出乳房的上部）；1/2杯体（袒露出半个乳房）；还有水滴型杯体（仅包住乳房的很少一部分而呈水滴状）。以上各种形式的文胸，对于胸部的辅正和修饰各有其美。

文胸在材料的选择上，一般采用钢丝和棉混纺织物。钢丝用于塑造文胸的构架，棉混纺织物用于制作文胸的罩面。在现在的文胸设计中，常常体现为设计造型与高科技的密切结合，并越来越讲究其设计的机能性、科学性和审美性（图14-5）。

文胸的面料可分为天然纤维及化学纤维两种，天然纤维类又分丝质和棉质两种。丝质

图14-4　刺绣、抽纱或加饰各种花边使内衣的外观更加美艳

图14-5　健康和美丽并重，使内衣成为女性生活中对品质要求的一部分

触感柔细，染色效果好，且具有护肤、润肤作用；棉质的文胸吸汗透气，保温性好，对皮肤无刺激、无过敏。化学纤维类，有锦纶和涤纶织物等，伸缩性好且牢度强，并拥有耐洗、易洗、快干等优点。

2. 束衣裤

一般来讲，女性的身体会随着年龄的增长而发生变化，曾经非常窈窕的身段，也会由于生活方式的改变和岁月的流逝而变得风采不再，因此，束裤、束衣是生育后妇女和中年女性必不可少的内衣之一。由于束衣裤对于身体的束缚作用，在设计中对其材料的选择和研究就显得更为重要了，应选用那些既具有吸汗、透气、护肤性能，又具有极强的回弹力、轻柔、久穿不变的天然纤维混纺织物。

束裤有调整腰、腹和臀部曲线的功能，原来漂亮的身体曲线会因年龄增长或长期穿戴内衣不当等原因变得不漂亮。束裤非常强的弹性有利于曲线的恢复。束裤对人体的肌肉有引导作用。束裤的功能有：收束腹部多余的脂肪，提高下垂的臀部，纤细腰围，修饰下半身的线条。它可以从腰、腹到臀及大腿等处集中收束提升臀部。束裤的大致分类有三角型、平脚型、长腿型、高腰型、收腹型、提臀型、V字型、轻型束裤等。

全身束衣可以全面地调整胸部、腰部、臀部的围度，集文胸、腰封和束裤的功能于一身，既实用又方便。束衣包括束胸和束腰两部分，两者既可连成一件，又可单独存在。束腰是用来收束腰部多余的赘肉，防止或改善水桶腰；束衣不仅起到束

服装艺术设计—第2版—

专业知识窗

内衣史话（二）

内衣又被译为Under Cover 或Under Wear，这是1983年以来服装界的用语。它包括紧身胸衣（Corset）、乳罩（Bra Cup）、腰封（Waist Nipper）、连胸紧身衣（All-in-one）、背心式衬裙（Camisole）、短腰（Short）等许多种类。胸衣最早产生于古罗马时期。在16世纪，还有铁、木材质的紧身胸衣，当时的女子可谓"体无完肤"。直到十字军东征，随着纺织技术的运用和发展，16世纪末期，开始使用鲸须、钢丝、藤条等来制作紧身胸衣。在16世纪30年代，当时的时装武器就是吊袜带、紧身胸衣与裙撑，可见西方人对内衣的重视。对其功能的理解也不仅为遮体保暖，而更多的是塑造身体曲线。内衣也设计得极为复杂，穿一件内衣，可能要花上几个小时的时间。到了19世纪帝政时期，紧身胸衣才得到简化。

巴瑟尔时期（1870~1890年），内衣制造得越发精美，蕾丝、丝绸、薄纱充分运用，但对内衣的塑身要求已逐渐淡化，因为人们发现胸衣中的纬向金属丝对人体的呼吸道无益。1900年，莎洛特有了健康胸衣。1907年，内衣更放松了对腰部的束缚。到了1910年，内衣的位置以超过臀围线以下10~40厘米为宜。伴随弹性织物在服装中的广泛应用，内衣变得越来越舒适易穿。

胸和束腰作用，更可以在束缚这些部位的同时，收束上腹部的赘肉。

腰封是为修饰腰部而设计的基础内衣，它特别能反映出女性胸部和臀部的线条，适合穿着低领礼服时选用。

二、装饰内衣

装饰内衣主要是指衬衣裙，是指穿在贴身内衣外面和外衣里面的衣服。它的作用有以下几点：①使外衣穿脱顺滑、方便，以免外衣出现不必要的皱褶，从而保持服装的基本造型；②避免人体的分泌物污染外衣，也可以避免外衣的粗糙面料以及残留染料对人身体的刺激；③减轻人体对贵重外衣料的直接磨损，延长衣服穿着寿命；④掩饰和修饰人体的缺陷，如衬裙可以掩饰突出的小腹等。装饰内衣的主要类型有：吊带衣裙、衬衣、衬裙、衬裤、衬衣裤。

装饰内衣在设计上多运用刺绣、抽纱或加饰各种花边等方法。装饰内衣的主要种类有套裙、短衬裙等，其材料多采用丝绸织物或丝棉混纺织物（图14-6）。在现代装饰内衣的设计中，一改过去那种繁琐的款式造型，取而代之的是简洁高雅的设计。另外，内衣外衣化和内衣时装化已形成时尚潮流，新颖而奇特的装饰内衣设计屡见不鲜。例如情趣内衣设计，将金属酒杯、羽毛、裘皮等用于内衣造型之中，使之产生一种特殊的、新奇的视觉效果；有的设计选用超薄透明的弹性材料，在其内衣的造型上追求一种若隐若现、朦朦胧胧的视觉美感。

正面　　　　　　背面　　　　　　正面　　　　　　背面

图14-6　中国清末的内衣体现了中西结合的特点

三、实用内衣

实用内衣具有透湿、吸汗、保持外衣清洁及形态自然的作用，如汗衫、内裤；同时运动休闲时也可以穿着，如紧身裤、健身胸衣等。主要类型有：汗衫、内裤、卫生裤、紧身衣、健身胸衣。其中内裤款式可分为紧身式和宽松式两种。在紧身式内裤款式可分为高腰型、中腰型、低腰型、平腰型、四角型等。

四、内衣的设计趋势

21世纪服装的主要特征是最大限度地表现自由和个性，满足人类的表现欲和自信心，呵护身体、保持健康将是主导流行趋势，有时也会追求一种浪漫的怀旧情调。

1. 科技含量越来越高

面料的科技含量越来越高，即使是天然纤维也要重新改造，去掉它们原有的缺点。而化学纤维也必须不留化纤的痕迹，获得全面的天然效果，以环保的态度来解决服装材料的问题，使它们拥有"防抗"功能：防皱、防烟雾、抗静电、防过敏、防微生物、防细菌、防湿气和防异味，正是这些不外露而实用的功能真正体现了新世纪内衣设计以人为本的精神（图14-7）。

图14-7　1890年美国的健康胸衣成为时尚

2. 重视服装的功能

21世纪之初人们更加重视服装的功能，这是适应信息时代高节奏生活的需求。穿脱方便、活动自如、格调和品位高雅，是新世纪消费者对内衣设计的三大需求，当然，可机洗也是必备条件。

3. 设计风格多元化

设计风格多元化将是21世纪服装设计的趋势，人们越来越重视生活的品位及个性的表现，繁琐与简洁、功能与装饰等设计特征的表现，将阶段性地交替出现在服装潮流中。在经济走向全球化，文化走向大融合的背景下，地域文化将作为一种设计元素不断地出现在服装设计中。

五、内衣的色彩设计

色彩本身具有一种神奇的力量，早已融入人类的生活。色彩可以表达我们的个性，传递我们的感情，再现我们的心声。艺术家利用色彩的自然属性巧妙创造艺术作品；服装设计师利用色彩立体视觉的刺激达到设计、生产和销售产品的目的，并在此基础上追求更高的利润。所以，掌握好色彩的流行，已成为一个时代引领文化潮流的重要特征之一。

色彩在自然界中和人们生活中是千变万化的，人们对色彩的喜好也是千变万化的，设计师应该抓住色彩的流行性，并将之运用到设计中去，以激发人们的购买欲。色彩的流行是针对消费人群中的一部分而言的，任何事物任何时候都不可能为全社会所接受。对一个人来说，不管国际上和社会上流行什么色调，首先要选择适合自己的色彩，这样才能表达出自己的个性，体现自己的风格。

色彩的联想作用和象征性影响着人们对色彩的喜好。每个人对各种色彩的固有感觉，也是大多数人所认定的普遍联想感觉。如传统的本白、肤色、粉红，一般被认为有女性化特征；粉紫、香槟色、浅绿等浅色则给人清爽素雅感；而黄色、黑色、深紫色、大红、玫瑰红、中灰则代表了华丽与性感。

红：热情、爱情、喜悦、活力、亢奋、权势、上进；

橙：富裕、跳动、活跃、积极、热烈、生机、乐天；

黄：愉快、希望、丰收、金钱、智慧、发展、安逸；

绿：草木、和平、遥远、健康、生长、安静、森林；

蓝：宁静、诚实、悠远、广漠、海洋、天空、纯净；

紫：优雅、高贵、壮丽、神秘、不安、永恒、享受；

白：干净、明亮、纯洁、天真、清楚、明了、欢喜；

黑：静寂、悲哀、绝望、沉默、恐怖、严肃、死亡；

灰：中庸、平凡、温和、谦让、沉闷、压抑、朦胧。

六、男士内衣

1. 崇尚人体之美

人类对于强壮的男性躯体的推崇可以上溯到远古时期，这在原始人遗留下来的壁画中就可以得到证实。在随后的古希腊、古罗马时期，大量的雕塑、绘画实物也都是明证。但是，在人类历史相当长的一段时间里，男人的躯体是在严密的层层包裹下度过的，在那个时候，人们对于服装的崇尚大大强过对于人体自身的关注。例如，在古代的中国、日本，强健的躯体就长期被宽袍大袖所掩盖。在欧洲，男人健硕的体魄也是通过穿着在身体之上的服装体现的，塞有大量填充物的衣服让男人看起来肩膀更宽阔了，胸肌更发达了，性器官也更突出了，但谁会知道在这个强壮的外壳里边的真实躯体是不是骨瘦如柴呢？

现代社会颂扬男性躯体的风尚兴起于20世纪70年代的末期，对男性躯体的推崇是从当时广告界的一场小型革命开始的。1981年，安东尼奥·劳贝在他的插图里把古典雕塑理想化的形体与超现实主义鲜活生动的绘画融合在了一起，于是展开了一场对男性健康自然躯体再认识的讨论。从此，健康的人体冲破衣料的缠裹得见天日。在80年代的欧美，无论是在服装表演上、还是在广告宣传中，都是男性公开展现自己健壮的形体，而女性则表现得异常的"端庄稳重"。21世纪初期，瘦弱的"中性化"风潮再度冲击传统的男性审美标准，在流行时尚历经了翻云覆雨的变化之后，人们理智地认识到：无论是胖是瘦，健康才是男人努力的关键，这种新时代理想的身材并非像传说中力大无比的巨神阿特拉斯那样，只是一块块肌肉粗陋地拼凑（人们对四肢发达头脑简单的人始终是抱有否定态度的），也不是弱不禁风的"瘾君子"的形象。现代社会男性青春健康的形象因为有了健康的生活习惯与良好的体育运动习惯而得以保持，并将延续至将来。

2. 内衣与泳衣

能够日夜守护男性"禁区"、与主人"亲密接触"的装备非内衣莫属。在20世纪中叶以前，内裤的实用价值仍然是它存在的唯一理由。直到20世纪50年代，男士内衣才逐渐突破了纯粹的实用性能而在服装中具有了"性"的意味。从此，"实用性与象征性"从物质与精神两个层面成为男式内衣的两大特性。

以前，穿三角内裤的男人还是被大众嘲笑的对象，穿着传统的宽松肥大内裤的人剥夺了他们的自尊，认为三角内裤的造型滑稽可笑。这种状况一直延续到新的材料被开发使用，三角裤由于改用了性能优良的弹性面料而转变成为紧身适体的造型后，三角形内的这个男性的"禁区"才开始被世人关注，这种内裤也因为带有强烈的"性符号"象征而迅速风靡。在此之后，三角裤在20世纪50年代被进一步开发。到了80年代，它又因设计大师卡尔文·克莱恩（Calvin Klein）的再度运用而达到了流行的顶峰。现在，作为男人的"亲密伙伴"，内衣的舒适性仍然是最为重要的，同时，它在造型与材质上的变化又传达出某些其他的含义。伊夫·圣·洛朗品牌的内衣，那与男性身体曲线完全吻合的分割线与纽扣设计就具有性强调的涵义，它的缝制工艺也进一步强化了这一点。

内衣与泳衣曾经没有什么分别，但普通内衣在空气中的穿着状态与在水中的穿着状态有着天壤之别。逐渐地，泳衣从内衣中分离出来。在人工游泳池普及之前，湖畔、河岸、江边、海滩是泳衣出现的主要场所，它必须符合海滨浴的特点，而当时的普通内裤则无法达到这一要求。所以，历史上男人更喜欢裸泳，一直到19世纪，针织的、受拘束的、不便于运动的紧身衣还没有得到习惯裸泳的男人的足够重视。这种情况持续到了裸浴被维多利亚清教徒的教义劝阻为止。

悠闲随意、色彩艳丽、性感，这就是对泳装的基本限定。在20世纪的20年代，无袖连身服取代了当时用作泳衣的紧身背心与运动短裤，它被认为既穿着舒适又得体优雅。这类装饰有抽象鱼纹的服装，在1914年意大利未来派画家Giacomo Balla的作品中还可以见到，它也成为现代自行车运动员比赛用服装的前身。1917年，美国公园的规章制度中明确规定：游泳衣上端开口不能低于腋下。但到了1930年，随着松紧带的发明，这一规定也被废除。泳衣材料与功能的改进，引起了紧身泳裤的流行以及后来三角泳裤的普及。尽管仍有一些人还在留恋旧式的连体宽松游泳衣，但更适合现代游泳运动的服装普及是大势所趋。新材料的开发对于竞技体育同样具有重要意义，近几年出现在奥林匹克运动会游泳馆里的紧身连体泳衣，就最大限度地提高了运动员的游泳速度。

21世纪的男士内衣装备更加异彩纷呈，紧身平角内裤、三角内裤、性感的T字内裤、平角泳裤、三角泳裤以及宽松的沙滩裤等纷纷登场。它们不仅是每个男人必不可少的物质装备，更是健康、性感男士的最亲密的战友（图14-8、图14-9）。

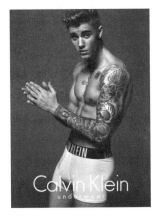

图14-8　健康是男士内衣的首要衡量标准　　　图14-9　多样的男士内衣款式适合不同的需要

第二节　裘革服装设计

动物的毛皮经过加工处理，可以成为珍贵的服装面料。通常，我们把鞣制后的动物毛皮称为"裘皮"或"毛皮"，而把经过加工处理的光面或绒面皮板称为"皮革"。直接从动物体上剥下来的皮叫作"生皮"，湿的时候很容易腐烂，晾干以后则变得坚硬无比，而且怕水，易生虫，易发霉发臭。经过鞣制等处理，才会使其具有柔软、坚韧、耐虫蚀、耐腐蚀等良好的服用性能。

裘皮和皮革服务于人类有着悠久的历史。早在远古时期，人类就发现了兽皮可以用来御寒和防御外来的伤害，在与大自然的不断抗争中，人类制革的方法也在不断地改进完善。如今，裘皮与皮革已成为人们喜爱的流行服装与服饰的主要材料之一。最初，人们是用动物的油脂骨髓等涂在生皮上，经过日晒和揉搓后使生皮变得柔软、防水、不易腐烂。后来又发展到用烟熏处理，以及利用槲树皮汁液浸渍等鞣制方法。还发明了用石灰浸渍原料皮进行脱毛，并用食盐和矾进行鞣革。19世纪中期发明了"铬鞣法"，使制革工业得到迅速发展，进入了工厂化大生产，从而奠定了制革工业的科学基础。随着近代化学工业的发展，各种用于皮革的染料、涂饰剂和助剂的生产使皮革在工业和民用等方面的应用展现了广阔的前景。

皮革经过染色处理后可得到各种外观效果，主要作为服装与服饰面料。不同的原料皮，经过不同的加工方法，可形成不同的外观风格。铬鞣的光面革和绒面革柔软丰满，粒面细致，表面涂饰后的光面革还可以防水。皮革的边角条块通过编结、镶拼以及同其他纺织材料组合，既可获得较高的原料利用率，又具有运用灵活、花色多变的特点，深受人们的喜爱。

裘皮是防寒服装理想的材料，它的皮板密不透风，毛绒间的静止空气可以保存热量，使之不易流失，保暖性较强。而且，裘皮轻便柔软，坚实耐用，既可作为面料，又可充当里料与絮料。特别是裘皮服装，在外观上保留了动物毛皮自然的花纹，而且通过挖、补、镶、拼等缝制工艺，可以形成绚丽多彩的款式。裘皮服装由于其透气、吸湿、保暖、耐用、华丽高贵，已成为人们穿用的珍品。从动物的毛皮到消费者穿着的毛皮服装，整个过程涉及许多环节。首先是对毛皮动物的饲养，然后将所获得的生毛皮转至毛皮批发商和皮货商手中，接下来就是毛皮批发商、生产商、皮货商将手中的生毛皮送到毛皮加工厂进行硝皮、鞣制、染色等加工处理，生产出的熟皮又返回到他们手中，再由毛皮时装设计师进行毛皮服装设计、加工制作，最后到达消费者手中。

一、裘皮服装设计

在裘皮服装设计阶段，主要包括面料材质设计和裘皮时装款式设计两方面的工作。

1. 裘皮面料材质设计

裘皮面料的材质设计是指针对皮革面料本身的特性，采取一定的技术，对毛皮进行整饰，使之符合设计要求。对于材料的艺术处理通常采用以下传统的装饰手法：

（1）抽刀法。这是将皮革对角线切割成若干长条，然后错开一定的量进行重新缝合，其主要的作用是将毛皮伸展到所需要的长度，使裘皮的结构与造型更加优雅、柔顺和修长（图14-10）。

（2）间皮法。在毛皮与毛皮之间嵌上其他皮革，这种方法既可以节省材料，减轻裘皮的重量，又不影响毛皮的自然形态，使裘皮外观呈现出一种起伏凹凸的律动之感（图14-11、图14-12）。

（3）原只切割法。这是根据裘皮的造型和结构的设计需求，将不同规格的毛皮整整齐齐地切割成不同大小或不同的形状，然后直接缝合成型。原只切割法其工艺比较简单，是裘皮造型结构最基础的处理手法（图14-13）。

（4）拼接法。这是将毛皮按设计构想切割成各种花纹图案，然后与另外的毛皮相拼接，这种方法一般是选用同类色或邻近色的两种同质的毛皮，既有丰富的视觉效果，又能形成统一感。

在今后的裘皮服装竞争中，面料设计的不断创新将维持裘皮服装在时装界的竞争优势，新的工艺不断出现，为裘皮服装的设计奠定良好的发展基础。对面料材质的设计可以把厚重的毛皮面料变轻，把典雅变成新潮、狂野，使单调的毛皮面料变得色彩丰富，使毛的分布与动物身上不一样，变化的可能性非常多。这个设计环节的技术含量高低将在很大程度上影响毛皮最终产品附加值的高低，技术与艺术的结合是毛皮制衣重要的环节。目前国内一般采用染色、剪绒和印花三种基本技术。

毛皮行业的硝皮、染色技师是走在国际时装界最前线的。在专业技术不断提高

图14-10　运用抽刀法的裘皮设计

图14-11　运用间皮法的裘皮设计，裘皮与针织穿插结合

图14-12　借鉴间皮法的裘皮设计，裘皮与透明面料的结合

的今天，毛皮面料突破了传统的色调少、质地厚的局限，开发出质地轻柔的毛皮、色彩斑斓的皮革、经过剪毛及拔毛处理的毛皮、双面毛皮以及激光雕刻毛皮等多个面料种类。毛皮面料处理及制作的新技术发展，使毛皮面料更加实用，用途更广。设计师通过染色、拔毛、剪毛、网织和其他各种新技术，将毛皮变成了能运用在任何服装设计中的理想面料。

2. 裘皮时装款式设计

近年来，世界各服装名牌纷纷开始将毛皮运用到服装设计中去，毛皮服装热潮澎湃，全裘皮服装、裘皮饰边服装、裘皮饰品、家居用品等使毛皮设计出现多样性。如FENDI、DIOR等国际服装名牌均在他们的作品里运用了毛皮作为设计元素，毛皮频频出现在他们的最新作品中。毛皮时装在时尚流行都市中浮光掠影，将会在时装舞台上占有越来越重要的角色。现在中国很多服装公司的冬季服装系列里或多或少都有毛皮的点缀，无论是领子、帽条、衣边、装饰花等都会运用到毛皮，除了设计出各种风格的全毛皮服装之外，还将毛皮同其他原料如皮革、羊绒、牛仔、丝绸、蕾丝、薄纱等相结合。

图14-13 运用原只切割法的裘皮晚礼服设计极尽奢华

（1）裘皮饰边设计。当今，时尚毛皮即意味着创造力，清新大胆的时尚创意、多种材料的配伍应用，可以创造出独一无二的服装款式。在时装领域，毛皮越来越多地与其他面料搭配：如羊绒大衣的皮饰边；皮革夹克与毛皮搭配；羽绒服、牛仔服与裘皮搭配。毛茸茸的点缀性饰边大行其道，无论是头饰、领饰、襟饰、腰饰、袖口饰、襟缘饰、裙缘饰与鞋袜等，凡是能够想到的饰边部位，都可以随心所欲地点缀毛皮，令款式新颖的服装锦上添花。款式平常的服装也因此而大放光彩，使毛皮设计更趋于时尚化，种种细节将多种工艺恰到好处地融合，使个性化的创意得到最佳表现，并会促进毛皮的多元化消费（图14-14、图14-15）。

（2）毛皮时装的设计。设计师需要学习包括服装标准、纺织材料、服装色彩、服饰图案设计、立体结构设计、立体裁剪、成衣工艺学、刺绣技法等多方面知识，还涉及很多先进的专业机器设备的制造使用以及化工方面的科技知识。与一般面料时装设计所不同的首要问题就是要掌握毛皮基本面料的拼接所涉及的基本选料、抽刀、毛皮走向、拼接方式、缝制技巧等技术。在基本的比例、平衡、韵律、强调和统一的设计原则下，突出毛皮面料特有的立体感、动感和光感，一件毛皮时装作品审美的好坏也因此而衡量。

（3）流行与创新设计。在信息全球化的时代，越来越多的消费者钟爱高档产品。他们对产品的考究和优雅程度的要求不断提高，毛皮时装的设计应符合国际流行趋势的要求才能有生命力。近几年，人们对毛皮制作技术不断地改进，高科技加工工艺使得毛皮越来越轻盈，貂皮、狐皮等已脱离了传统的束缚，展现了富有创意的新外观，在原本的高贵、典雅上又增加了时尚的因素。那些原本并不高档的毛皮，如兔皮、羊羔皮等经过起皱、涂饰、熨烫等制作工艺的处理，使毛皮更加时尚，毛皮高贵典雅的本色也得以升华。制作工艺与创意的完美结合，种种细节与不同手工艺的巧妙融合，往往能够创造出许多令人惊喜的效果，制造出不同凡响的毛皮时装。

图14-14　现代风格的裘皮饰边随意、舒适　　图14-15　华丽的饰边大衣借鉴了编织的手法

在时尚的引领下，技术创新为人们展现了一个丰富多彩的毛皮世界，毛皮服装的设计将逐步从以原料基础价值为重心向以技术附加价值为重心转移。

二、皮革服装设计

由于皮革的张幅、厚度等因素以及皮革本身的性能决定了皮革服装设计缝制的特点。服装的款式也应适应皮革的特点，采用镶嵌、轧花、拼接、褶裥、编结及结构线分割等多种形式使小块革料得以应用，并改善由于皮质差异所带来的缺陷。因此皮革服装应该根据皮革原料的特点来展开设计。

皮革面料是经过鞣制加工的原料皮，每张皮的张幅不一，边缘不齐，即使同一张皮，其各部位的皮质也有较大差异。所以，在选择用料时就应使一件服装上所用皮革的质地、色泽尽可能一致，在裁剪中减少损耗，合理入型，提高材料的利用率。普通服装用纺织品作原料，具有色泽、花纹、厚薄、幅宽的一致性，便于多层裁剪。而皮革服装是以近似于动物原型皮的革为面料，根据衣服大小、款式、品种，将若干色泽、粗细、厚薄、软硬接近的动物皮选配在一起，经过合理的搭配裁制成衣服。

皮革服装在裁剪时要尽可能避开或合理地利用动物原皮存在的所有伤残。在排料时，还要把动物皮的主次部位恰当地安排在衣服的主次部位上，这是划料的关键，其工艺要求比普通服装要复杂得多。皮革服装要根据所使用皮革材料面积大小来确定皮革服装的分割。皮革服装的分割一定要根据动物皮革的形来确定样板的分割。由于皮革服装的分割块数比较多，所以裁剪必须要先制作纸样，然后根据纸样一块一块地取料。哪怕是制作一件衣服也不例外。由于服装分割的块数较多，所以制作纸样的要求也比较高。如有相似样板也要明确的标记来加以区别，否则，几十块样板无法搭配，从而也就无法配皮和划料。

皮革服装也需依据设计好的纸样裁剪，一般先用粗平布做样衣，纸样经修正、确认后便可用作入型的样板，入型即为划样。将样板置于皮革的反面，对正皮革纹路，然后沿样板周边扑粉，在皮革上留下清晰的轮廓线，然后逐片进行裁剪。皮革裁剪后需要进行整烫定形，可以在革的反面用熨斗干熨，熨斗温度在90~100℃较为适宜。

皮革服装的缝制可以采用手缝或机缝，手缝多用于制装时的绷缝，而衣片的缝合、装饰线、面与里料的缝合等，都以机缝效果为好，这样可以得到平整的外观。

总之，从全毛皮的长款大衣到时尚点缀的装饰，设计师将裘皮、皮革设计的空间不断丰富，裘皮、皮革服装有很大的设计空间和开发潜力，新工艺不断出现，也需要培养优秀的专业设计师将毛皮与其他面料结合，合理搭配，不断开拓出新时装，使裘革服装可以在一年四季中穿着。

近年来，由于生态保护的呼声日益高涨，世界各地都出现了反对穿用动物毛皮的抗议活动，出现了拒绝购买裘皮、皮革服装的现象，这在较大程度上影响了皮革服装业的生产销售、生存和发展。皮革行业应努力宣传使消费者分清普通家畜毛皮和珍稀动物毛皮的区别，使消费者了解到使用普通家畜的毛皮事实上是对资源的合理利用，饲养家禽家畜从而利用是很正常的人类行为，自古有之，不能同生态保护中涉及的珍稀动物的概念相混淆，这将有利于皮革行业的健康发展。

专业知识窗

毛皮生皮的化学成分

蛋白质：30%~50%

水：55%~75%

脂肪：2%~20%

糖类及其他：<2%

第三节　针织服装设计

随着现代服装的发展，针织服装已成为现代服装的一个重要组成部分，与梭织服装相比，针织服装有着一定的优势和特性。针织服装具有良好的弹性和舒适性，质地柔软，穿着舒适，可以充分体现人体的曲线美，久穿不会产生疲劳感，既具有很好的散热性，又有很强的保暖性。同时，由于针织服装具有造型简练、工艺流程短、生产效率高等特点，因此，从设计到成型可在极其有限的时间内完成。针织服装产品换代快速，能及时地顺应流行趋势，以满足人们对新款式的审美需求。

特别是近期以来服装审美倾向的变化，人们对那些束缚身体的服装造型已感到厌倦，取而代之的是轻松自然、穿着舒适的服装造型，因此针织服装和其他休闲装一样，越来越受到人们的关注。而且，当今的针织服装早已不是以内衣为主，而针织服装外衣化和时装化已是大势所趋（图14-16）。

针织服装是指以线圈为基本单元，按一定的组织结构排列成形的面料制成的服装（图14-17）。针织服装一般来说是相对于梭织服装而言的，而梭织服装的最小组成单元则是经纱和纬纱。近年来，全球针织服装取得了非常稳步的发展，针织服装在成衣中的比例已由30%增长到如今的65%。近几年国内针织服装业也获得了迅猛的发展，各大商场服装销售区中，针织服装在成衣中的销售比例也达到了45%，尽管与国际水平相比还有距离，但可以看出这是一个极具发展潜力的服装门类。

针织服装的基本门类：①针织毛衣——各类羊毛衫、羊绒衫、驼绒衫等；②针织运动服——竞技类专业运动服及休闲类运动服；③针织时装——各类针织面料做的时装外套；④针织内衣——各类内衣，包括棉毛衫裤；⑤针织T恤——各类T恤；⑥针织配件——各种类型的袜子、围巾、帽子、手套等。就针织时装而言，其风格也是多种多样的，有以实用

图14-16　针织服装时装化已经成为一种大的趋势

图14-17　针织服装的塑型特点能够将身体舒适地包裹起来

为主、符合流行的针织套装，讲究上下装的配套呼应，既舒适自然又切合时尚；也有讲究个人风格品位、突出独到设计的针织时装礼服。

针织服装的主要特征：①弹性好，针织服装面料由于靠一根纱线形成横向或纵向联系，当一向拉伸时，另一向会缩小，而且能朝各方面拉伸，伸缩性很大。因此针织服装手感柔软，穿着时适体，能显现人体的线条起伏，又不妨碍身体的运动。②透气性好，针织服装面料的线圈结构能保存较多的空气量，因而透气性、吸湿性和保暖性都比较优良。③尺寸稳定性差，由于是线圈结构，伸缩性很大，针织服装面料尺寸稳定性不好。这些性能特征是一般针织服装所共有的，是设计师在设计任何针织服装前所必须考虑的因素。

一、针织面料

针织面料是服装材料中极具个性特色的类别，在结构、性能、外观及生产方式等方面都与梭织面料有很大的不同。

首先，从结构来讲，针织面料不是由相互垂直的经线和纬线交织成型，而是纱线单独地构成线圈，经串套连接而成的。针织面料的结构单元是线圈，线圈套有正反面之别。从外观来看，凡正面线圈与反面线圈分属织物两面的，是单面针织物；混合出现在同一面的，则为双面针织物。根据线圈结构的不同，针织面料可分为基本组织、变化组织和花色组织三大类别。根据线圈串套构成的不同，又可分为纬编织物与经编织物两种。在纬编织物中，一根纱线即能形成一个线圈横列；在经编织物中，要由许多纱线才能形成一个线圈的横列。

从生产方式看，针织面料的生产效率高，工艺流程短，适应性强。原料种类与花色品种繁多，各具特色的针织面料能满足不同服装的用途需要。

针织面料与梭织面料相比，主要在弹性、透气性、脱散性、卷边性等方面有很大区别。针织面料的手感弹性更好，透气性更强，穿着舒适、轻便。既能勾勒出人体的线条曲线，又不妨碍身体的运动。但也伴有外观形态不够稳定的缺陷。化纤针织面料具有尺寸稳定、易洗快干和免烫等优点。

在针织服装的造型中，制约成衣档次和产品风格的重要因素在于材料的性质和性能。一般而言，用于针织服装的材料主要分为天然纤维和化学纤维两大类别。其主要的材料品种有羊毛纱、雪兰纱、"美丽奴"纱、羔羊毛纱、兔毛纱，另有天然毛纤维和化学纤维混纺纱。

羊毛纱具有良好的手感和弹性。其产品外观上织纹清晰，并且不易变形，方便洗涤和存放。

兔毛纱色泽洁白、柔细轻盈，保温性和手感极好。但由于兔毛纤维光滑而无卷曲，不易单独纺纱，因此，兔毛一般是与其他纤维混合纺纱，更多的是与羊毛混纺，其成衣效果很好。另外，兔毛的牢度较差，其成衣容易造成脱毛现象。

混纺毛纱是利用天然纤维与化学纤维混合纺纱而成，是现代针织服装常用的材料之一。混纺毛纱既有着天然毛纱的柔软和良好舒适的感觉，同时又有着很强的韧性和牢度，且价格便宜，其成衣的服用范围很大。

另有一些高科技针织纱，如超细特精纺纱，其特征轻柔飘逸，穿着极为舒适，多用于织造内衣。还有生物技术丝光毛纱，是将丝纤维熔化再喷涂到羊毛纤维表面而形成丝光，使毛纱内含丝素，对人的皮肤有着一定的滋润功能。

二、针织面料的组合设计

为了发挥各种面料的性能特点，并扩大服装设计的空间，针织服装常采用面料织纹的变化、色彩变化等方法来丰富服装的实用功能和外观形态。如在衣服的袖口、领子和下摆处镶以伸缩性能优异的罗纹布，在需要透气、舒爽的部位镶拼针织网眼布，或者以印花代替针织服装中常用的提花等。具体运用手法变化多端，主要有以下几种类型。

1. 织纹变化

因为织造工艺的不断改变，使织纹的形态突破了传统的束缚，有了更丰富的表现外观。如现在十分流行的各种镂空织纹变化，使针织服装有了轻盈、透明的观感，相当柔美。

2. 色彩变化

色彩变化即是在针织面料中夹杂不同的颜色，以色彩的变化打破织物的单调感。若取高调色彩，可获得活泼、明快的感觉；取低调色彩，则获得沉静、理性的感觉。现在常用的色彩变化手段除传统的交织方法以外，还流行晕染、绞染及镶拼等方法。这一设计多适宜青年消费群。

3. 花色面料交织

以花样、颜色相同而品种不同，或品种、颜色相同而花样不同，或花样相同而颜色不同，或花样、颜色相同而花型大小不同的各类花色针织面料，运用"统一中求变化"的形式美原则，进行规则或不规则的交织或镶拼，适宜表现外观简约的设计构想，成衣效果有拙朴的感觉。

4. 织、印结合

以平素针织物与印花针织物，或提花针织物与印花针织物结合，使其在互相对

287

第十四章　加工技术类别

比中更显各自的特色。

5. 不同材质镶拼

以针织面料与机织面料或皮革等
镶拼，汇集不同材质的特性于一体，
这一手法近年来在针织服装设计中十
分流行，可产生多种奇妙的装饰效果，
塑造女性或前卫性感或利落干练的形
象（图14-18）。

三、针织服装设计特点

设计是一项充满创造性的工作，
针织服装设计亦然，每个新款从酝酿
到诞生，皆经过设计者一番苦心思考
的过程。这其中，灵感的涌现与否更
是设计者才华多寡的表征。没有灵感
的设计往往是毫无生气的设计原理的
罗列，失去了感动他人的元素。但灵

图14-18　搭配不同肌理的针织面料能产生丰富的变化

感又是如此倏忽即逝的一种突发性思维，是人力所无法控制的。古希腊哲学家柏拉
图就在其对话集《伊安篇》中，把灵感解释为一种神力的驱使和凭附，可见灵感获
得之不易。虽然如此，灵感又不是神秘不可捉摸的现象，它往往是设计者对某个问
题长期实践与探索，不断积累经验使思维成熟后迸发的结果。具体到针织服装设计，
主要的设计灵感来源有以下几个方面：

1. 仿生学的启示

仿生学是近几年来发展起来的一门介于生物科学与技术科学之间的科学。它将
各种生物系统所具有的功能原理和作用原理运用于新技术工业设计上，为设计打开
了另一片全新的天地。在现代服装设计中，模仿生物界形态各异的造型而设计的作
品往往别具魅力。欧洲著名工业设计家卢金·柯莱尼就指出："人类所遇到的任何问
题，在自然界中都能找到答案。"

2. 建筑学的启示

从建筑的造型、结构以及对形式美法则的运用中触类旁通进行服装设计，也不
乏先例。早在古希腊时期，他们的缠裹式服装"希顿"（Chiton）就明显受古希腊各

种柱式的影响；在13世纪，欧洲的女子服装就吸收了哥特式建筑的立体造型，从而产生了立体服装。

3. 音乐的启示

在悠悠的世界文化长河中，音乐是最早出现并无疑是最具感染力的艺术之一。因此，服装从音乐中汲取灵感而不断发生变化是有着悠久传统的。音乐中的节拍形成了节奏，音乐中的不同旋律，都早已被服装专家吸收到设计中去了，成为服装设计不可忽视的灵感来源。现代音乐中各种不同节奏的乐曲可给人以不同的联想。传统的古典音乐，如轻音乐、小夜曲等，令人情不自禁地联想到婚礼时穿用的长裙和造型优雅的晚装；而节奏强烈、风格前卫的现代摇滚、重金属音乐，则往往给服装以中性化的心理暗示。

4. 绘画的启示

各艺术门类之间是相通的。绘画中的线条与色块，以及各种不同的绘画流派，均给设计师无穷的灵感。

5. 民族服装的启示

由于民族习惯、审美心理等的差异，造就了不同的服饰文化。傣族婀娜的超短衫、筒裙，印度鲜艳的沙丽等，都非常和谐优美。在现代的女装设计中，中国、印度、日本等东方风格的服饰细节丰富，披肩、流苏、立领、绣花的运用随处可见。

6. 社会环境的启示

人类与生俱来对新事物的孜孜以求是形成服装循环渐变的重要因素。在社会大文化背景下所产生的新事物往往能左右服装流行的风潮。例如，近年来，回归大自然、崇尚复古的风潮颇甚，充满女性风味的设计也重新抬头。

总而言之，科学技术的发展，使大量的新型针织材料被开发出来，为针织服装提供了无限发展的可能性。同时，随着服装文化的进一步变革，追求轻松、自然、舒适已成为人们审美的主流。因此，针织服装在受到人们青睐的同时，也以其独特的造型向外衣化和时装化的方向发展。

法国设计师索尼亚·里基尔（Sonia Rykiel）

索尼亚·里基尔以编织和针织服装闻名，具有"针织女王"的美称。索尼亚·里基尔设计的服装个性强烈，设计思想相当活跃自由，富有创新精神，设计风格比较鲜明。1968年5月，索尼亚·里基尔在巴黎塞纳河左岸开了第一家品牌店。同年，她被美国一份名为《女士日装》的出版物评为"针织女王"。她的毛线衫成为了其品牌的象征。

索尼亚的天赋在服装设计中得到了淋漓尽致的发挥，她发明了把接缝及锁边裸露在外的服装，她去掉了女装的里子，她甚至于不处理裙子的下摆。她创造了一种易于被识别的独特的风格，那就是条纹图案、亮片、字母文字和炭黑色。

在她每季的纯黑色秀台上，鲜艳的针织品、闪光的金属扣、丝绒大衣、真丝宽松裤及黑色羊毛紧身短裙散发出令人惊叹的魅力。她还运用假兔毛和狐狸毛制作冬天的大衣、夹克和裤子。灰色、棕褐色、藏青色和黑色是所有系列的主要色调，但是她也不忘加入一点其他的亮色作为衬托。

索尼亚·里基尔认为："一个女人必须自己打扮自己，而不是被我打扮。我更喜欢让她们自己选择，这对我、对她们都会更有趣。"

索尼亚·里基尔特立独行的性格在其服装中展露无疑，她绝不盲从所谓的主流。她说："风格，它来自于你内心深处的灵魂，但并不是每个人都能拥有它。"个人特质是索尼亚·里基尔在设计服装时认为最重要的一部分，所以，她总是希望让穿着者能从每季的服装中探究到搭配的技巧，并陶醉在穿衣的乐趣中。

第四节　羽绒服装设计

在羽绒服装设计中，了解羽绒的常识是很重要的一点，这是因为羽绒这种特殊材料的一些特性对羽绒服装的设计会有重要影响。羽绒一般分为两类，一类是天然羽绒，另一类是人造羽绒。

一、天然羽绒

禽类被覆的羽毛除满足其不同的飞翔能力外，主要起防寒保暖的作用。由于羽毛绒具有轻、软、保暖的特点，人类很早以前就利用禽类羽毛绒制成羽绒制品和天然装饰品，为人类服务。又由于羽绒作为一种天然产品，具有其他产品所不能替代的优点，特别是现在提倡"绿色消费""回归自然"，所以羽绒及其制品越来越受到各国消费者的青睐。

天然羽绒主要是由水禽（如鸭、鹅等）胸部的柔软羽毛构成的。按其颜色及品种的不同，可分为灰鸭绒、白鸭绒、灰鹅绒、白鹅绒。羽绒具有树状结构，其中数以百计的羽枝是从细颈根部衍生出来的。每根羽枝沿着它的两边具有许多更小更细的羽枝和外观像鱼钩状的倒刺，这些倒刺在羽枝上是按一定规律排列的。羽枝和倒刺都很细而柔软，极易弯曲。由于羽绒结构上的特征，使得当它承受压力时，这些羽枝和倒刺难以相互挤入，最后以细微的抵抗力被压缩，但在压力解除后很快恢复原状。

羽绒的结构特点使它的集合体具有较高的蓬松性，制成的产品可包含大量的空气，具有松软、轻盈和保温性好等优点。羽绒产品以鸭绒为主，宜于制作防寒服的填充料，如羽绒登山服、滑雪服之类的冬服，深受群众欢迎。也适于制作被褥、睡袋、枕芯等寝具，使用量日益增多。

二、人造羽绒

由于羽绒是天然良好的保温材料，常常供不应求，所以人们研制了人造羽绒。人造羽绒是以涤纶、腈纶和丙纶超细纤维为原料，参照天然羽绒的结构和物理性能，应用现代的化学、物理学等工艺技术制造的。人造羽绒的外形、手感、比重、蓬松性、回弹性等近似天然羽绒。其中有些品种的保暖性、吸湿性、透气性等性能已赶上或超过了天然羽绒。

漫天冰封的隆冬时节里，飞雪覆盖着大地，万物沉寂。在这样寒冷的天气里，人们的衣着也相应地发生着变化，随着气温的降低而逐渐加厚，此时，羽绒服——这种季节性非常强的服装品类慢慢地占据了冬季服装市场不可或缺的一份领地。那么，谈及羽绒服装设计，同其他服装设计一样，首先需要掌握几个关键因素。

1. 服用人群

首先确定要为什么样的人群设计服装，这是最重要的一点。因为由此要确定所作的设计针对的是哪一消费群体。要了解他们的性别、年龄以及身高、体形等基本生理特征和由此所大致决定的消费水平。譬如，针对18～25岁年龄段的年轻女性所作的设计就要求款式年轻、偏瘦，颜色明快、亮丽，价格适中，因为年龄特征所决定的审美倾向大致相同。而这一年龄层的大多数女性消费能力不是特别强，所以价格要适中，由此又决定了设计采用的面料不能过于昂贵。而如果针对的是年龄范围在40～55岁的男性消费群，那么款式就要相对稳重些，考虑到大多数中年人的体型特点，就要求号型不能过瘦。由于中年男性消费者大多数是有一定的社会地位，工作职位也相对较高，那么颜色选择上就要以深沉、大气为主，用料可以挑选优质、价格稍高的种类，服装定价也可以偏高一些。

2. 服用场合

对羽绒服来讲，通常意义上设计服装所考虑的服用场合和服用时间（大概的穿着时间，设计对象是在哪个季节穿着即将设计的服装，因为气候条件会决定设计所采用的材料薄厚程度、保暖与否、透气与否或者其他要求）就可以考虑得少一些，因为羽绒服这一服装种类本来就带有很多特殊的规定性了，例如，它一定是在冬天穿着，而且通常是作为外衣穿着，所以在面料、里料、填充物的考虑上可选择范围相对较窄。

3. 其他因素

其他因素包括的信息很多，也是作为补充出现的注意要素。除了以上的主要几条以外，还有一些很具体的内容需要注意，例如服用者的体型特征、特殊要求，或者不同地域消费者的审美和消费倾向、偏好的差异等（图14-19）。

图14-19 羽绒服的时装化也成为一种发展趋势

三、羽绒服的设计制作过程

羽绒服的具体设计制作过程与其他种类的服装设计有所不同，但是大体一致，下面就几个大致的步骤做一下简单介绍。

1. 面、辅料选定

在羽绒服企业中，每季要推出新产品之前，要先进行面、辅料的选择。羽绒服由于工艺的特殊性，面料的防羽性尤其重要，在面、辅料选择中应格外注意。如同其他服装企业一样，每家服装企业都有几个固定的面、辅料供应商，这些供应商会应厂家的要求提供新的面、辅料样本，企业的服装设计师对这些候选面、辅料进行挑选，或提出自己的设计要求，然后向供应商定制面、辅料大样，一般为几米到几十米不等，以供制作样衣使用。

2. 设计图纸

根据以上谈到的关键因素来进行具体的设计实施。先勾画出款式的线稿，然后根据面料颜色、种类绘制彩图。每季要求设计师们提供上百款设计图，然后根据这些图纸进行筛选，以备制作样衣使用。

3. 工艺交接

工艺交接是生产步骤中非常关键的一个环节，是将设计图交到制板师手中，将设计图转换为板型，并投放生产线（图14-20）。

图14-20　羽绒服在保暖的同时也注重美观

4. 样衣制作

在生产线上，根据制板师制出的板，裁剪相对应的面料、辅料，进行充绒、整形，从而制作出样衣。

5. 审样

设计师、制板师根据制作出来的样衣对设计和板型进行修正。因为平面制出的板在转成立体时可能会存在一些无法预知的误差，但是，从样衣上却可以直观地反映出来，所以，根据样衣进行进一步的修板是十分必要的。

6. 改样衣

对样衣进行审核、修板之后重新制作样衣，可能这种修改是需要多次反复，方能达到理想的效果。

7. 定款

修改样衣之后，设计师的思路就可以直观地呈现出来，所以此时，企业要进行新产品款式的确定，决定新一季推出的品类，大致有几个系列，每个系列有几个款式。总的来说，这是与企业的主营方向直接联系的。如果企业的主营方向是北方市场的高级羽绒服，那么，它每季所推出的新品肯定是遵循着这个大的市场定位的，所有的品种都要符合这个范围。

羽绒服挑选保养五大忌

一忌尺寸选择不当。羽绒服过肥会使服装和人体间流动空气层加大，体温散失快，过瘦会使羽绒服中的空隙缩小，内含静止空气变少，从而降低保暖性。

二忌烫伤。羽绒服多采用锦纶等化纤作面料，因锦纶织物耐热性极差，当温度达到160℃时，就会变形，所以穿羽绒服时要避开热烟筒、香烟的热灰、花炮的散落物等。

三忌洗涤不当。洗涤羽绒服应用软毛刷轻刷，切不可用搓板，也不能拧绞。

四忌洗涤过频。羽绒服虽可整洗，但因羽绒强度较差，经常洗涤会使羽绒粉碎、结团，降低保暖性。

五忌暴晒。锦纶织物怕日光暴晒，在烈日下较长时间暴晒会使锦纶面料纤维老化。

一般来讲，一等品的羽绒服填充物的含绒量在90%左右，几乎不可能达到100%。所以在购买羽绒服时，要看标签上关于含绒量的标注，不能够忽视，这是能够直接决定羽绒服保暖性的标志之一。

8. 核算和采购

核算和采购是决定企业生产成本的一个环节，通过样衣的制作过程和排料计算，如何能够最大限度地利用每一米面料，确定产品数量，核算一共需要多少面料，并据此向面、辅料供应商采购面料。

9. 制作大货

根据最后修订好的板进行号码的缩放，也就是推板，然后投放生产线进行大批量生产。制作过程基本分为三个步骤：首先是缝制内胆，将里料按照板型的规格，严格地缝制出装羽绒的内胆；然后，将内胆运送到专门充绒的生产间进行充绒；最后，将面料和内胆缝合，如果是面料和内胆分离的设计，就分别进行缝制，然后通过拉链或纽扣连接，如果设计的是面料不可拆卸的，就需要面料和内胆一起缝合，然后进行绗缝。最后整烫，进行质量检验、出厂。

以上是企业中进行羽绒服制作的基本过程，根据具体情况不同，过程也会有变化，但是可以让大家了解到基本的情况。

思考题

1. 西方历史上的紧身胸衣代表了怎样的性别观念？
2. 试阐述中国古代女子外貌审美理想的变迁与经济和社会文化发展的关系。
3. 不同的胸衣与外衣搭配时有哪些注意事项？
4. 在服装设计中对于针织服装的特殊处理应注意哪些方面？
5. 羽绒服如何通过色彩定位消费群？
6. 试分析我国南北方羽绒服市场的差异和销售侧重点。

推荐参阅书目

[1] 申凡，戚海龙. 当代传播学 [M]. 武汉：华中科技大学出版社，2000.

[2] 姚鹤鸣. 传播美学导论 [M]. 北京：北京广播学院出版社，2001.

[3] 齐奥尔格·西美尔. 时尚的哲学 [M]. 费勇，吴䜣，译. 北京：文化艺术出版社，2001.

[4] 列·斯托洛维奇. 审美价值的本质 [M]. 凌继尧，译. 北京：中国社会科学出版社，1984.

[5] 周来祥，陈炎. 中西比较美学大纲 [M]. 合肥：安徽文艺出版社，1992.

[6] 张日昇. 青年心理学——中日青年心理的比较研究 [M]. 北京：北京师范大学出版社，1993.